白灵菇　　　　　鲍鱼菇　　　　　北冬虫夏草

大球盖菇　　　　褐菇　　　　　　猴头菇

滑菇　　　　　　灰树花　　　　　鸡腿菇

毛木耳　　　　　双孢蘑菇　　　　杏鲍菇

羊肚菌　　　银耳　　　榆黄蘑　　　竹荪

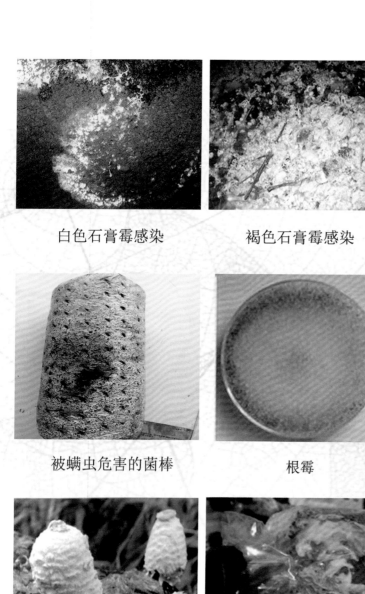
白色石膏霉感染

褐色石膏霉感染

红色链孢霉

被螨虫危害的菌棒

根霉

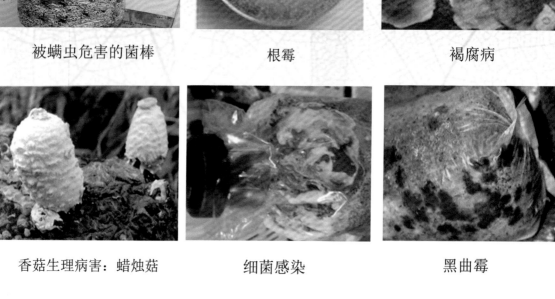
褐腐病

香菇生理病害：蜡烛菇

细菌感染

黑曲霉

木耳憋芽现象

黄曲霉

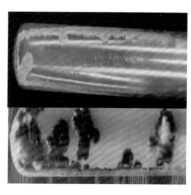
酵母菌

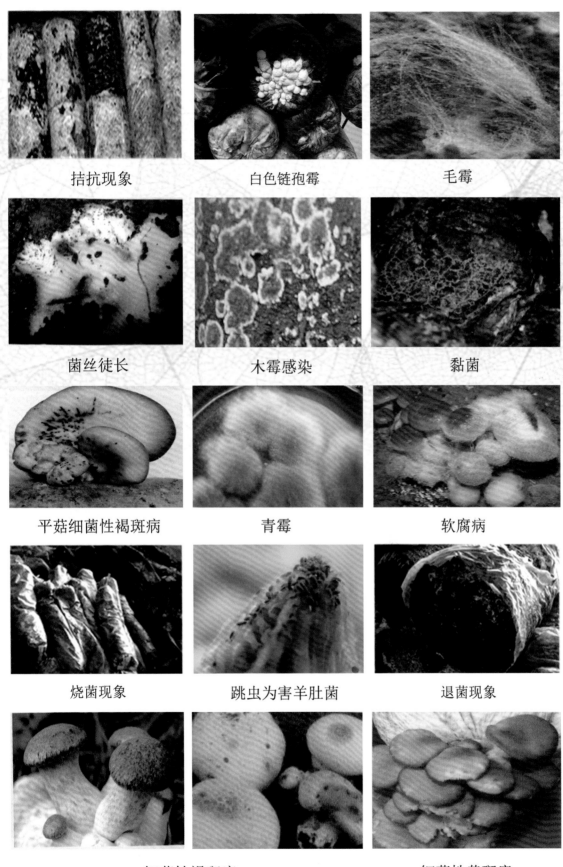

拮抗现象 　　白色链孢霉 　　毛霉

菌丝徒长 　　木霉感染 　　黏菌

平菇细菌性褐斑病 　　青霉 　　软腐病

烧菌现象 　　跳虫为害羊肚菌 　　退菌现象

细菌性褐斑病 　　细菌性黄斑病

标准平菇反季节栽培大棚

常压灭菌柜

出菇室常用的网格式出菇架

划口出菌

接种后覆盖地膜

食用菌包装

套环出菌

养菌车间（卧式）

养菌车间（立式）

原基分化

中大型菇厂的冷却室

装袋作业

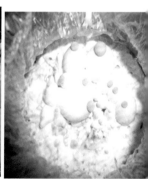
子实体形成

辽宁省职业教育"十四五"规划教材

高等职业教育"十四五"规划教材

辽宁省高水平特色专业群建设项目成果教材

食用菌生产与加工

杨桂梅　崔兰舫　主编

中国农业大学出版社

·北京·

内 容 简 介

本教材分5部分:基础篇、菌种生产篇、栽培篇、病虫害防治篇、保鲜与加工篇。基础篇包括认识食用菌及食用菌生产、食用菌的类型与形态结构识别、食用菌生理与生态环境认知和消毒灭菌;菌种生产篇包括母种生产、固体菌种生产、液体菌种生产、菌种质量鉴定与保藏;栽培篇包括常见食用菌栽培;病虫害防治篇包括食用菌常见病害的识别与防治和食用菌常见虫害的识别与防治;保鲜与加工篇包括食用菌保鲜和加工。以上均以项目化模式编写。本教材可供高职高专院校农林类相关专业根据当地食用菌生产实际及教学安排针对性地选取学习内容,还可以供食用菌从业人员参考。

图书在版编目(CIP)数据

食用菌生产与加工/杨桂梅,崔兰舫主编.—北京:中国农业大学出版社,2020.12(2024.8重印)

ISBN 978-7-5655-2494-3

Ⅰ.①食… Ⅱ.①杨…②崔… Ⅲ.①食用菌-蔬菜加工-高等职业教育-教材 Ⅳ.①S646.09

中国版本图书馆 CIP 数据核字(2020)第 271809 号

书　　名	食用菌生产与加工
作　　者	杨桂梅　崔兰舫　主编

策划编辑	张　玉　张　蕊	责任编辑	张　玉
封面设计	郑　川　李尘工作室		
出版发行	中国农业大学出版社		
社　　址	北京市海淀区圆明园西路 2 号	邮政编码	100193
电　　话	发行部 010-62733489,1190	读者服务部	010-62732336
	编辑部 010-62732617,2618	出　版　部	010-62733440
网　　址	http://www.caupress.cn	E-mail	cbsszs@cau.edu.cn
经　　销	新华书店		
印　　刷	涿州市星河印刷有限公司		
版　　次	2021 年 2 月第 1 版　2024 年 8 月第 2 次印刷		
规　　格	787×1 092　16 开本　18.5 印张　460 千字　彩插 2		
定　　价	57.00 元		

辽宁省高水平特色专业群建设项目成果教材
编审委员会

编写人员 ◆◆◆◆◆

主　编　杨桂梅（辽宁职业学院）
　　　　崔兰舫（辽宁职业学院）

副主编　郑一强（阜新高等专科学校）
　　　　马野夫（辽宁职业学院）

编　者　马野夫（辽宁职业学院）
　　　　孙　巍（辽宁职业学院）
　　　　伊立强（辽宁职业学院）
　　　　李　涛（辽宁职业学院）
　　　　仲　峥（铁岭市银州区供销合作社联合社/铁岭市银川区
　　　　　　　　华豫食用菌专业合作社）
　　　　宋　扬（辽宁职业学院）
　　　　陈知途（辽宁三友农业生物科技有限公司）
　　　　杨桂梅（辽宁职业学院）
　　　　郑一强（阜新高等专科学校）
　　　　崔兰舫（辽宁职业学院）
　　　　侯绍春（辽宁职业学院）
　　　　董宏月（辽宁三友农业生物科技有限公司）
　　　　曹维荣（辽宁职业学院）
　　　　鲍宜如（桓仁满族自治县农业农村局）

总　　序

《国家职业教育改革实施方案》指出,坚持以习近平新时代中国特色社会主义思想为指导,把职业教育摆在教育改革创新和经济社会发展中更加突出的位置。把发展高等职业教育作为优化高等教育结构和培养大国工匠、能工巧匠的重要方式。以学习者的职业道德、技术技能水平和就业质量,以及产教融合、校企合作水平为核心,建立职业教育质量评价体系。促进产教融合校企"双元"育人,坚持知行合一、工学结合。《职业教育提质培优行动计划(2020—2023年)》进一步指出,努力构建职业教育"三全育人"新格局,将思政教育全面融入人才培养方案和专业课程。大力加强职业教育教材建设,对接主流生产技术,注重吸收行业发展的新知识、新技术、新工艺、新方法,校企合作开发专业课教材。根据职业院校学生特点创新教材形态,推行科学严谨、深入浅出、图文并茂、形式多样的活页式、工作手册式、融媒体教材。引导地方建设国家规划教材领域以外的区域特色教材,在国家和省级规划教材不能满足的情况下,鼓励职业学校编写反映自身特色的校本专业教材。

辽宁职业学院园艺学院在共享国家骨干校建设成果的基础上,突出园艺技术辽宁省职业教育高水平特色专业群项目建设优势,以协同创新、协同育人为引领,深化产教融合,创新实施"双创引领,双线并行,双元共育,德技双馨"人才培养模式,构建了"人文素养与职业素质课程、专业核心课程、专业拓展课程"一体化课程体系;以岗位素质要求为引领,与行业、企业共建共享在线开放课程,培育"名师引领、素质优良、结构合理、专兼结合"特色鲜明的教学团队,从专业、课程、教师、学生不同层面建立完整且相对独立的质量保证机制。通过传统文化树人工程、专业文化育人工程、工匠精神培育工程、创客精英孵化工程,实现立德树人、全员育人、全过程育人、全方位育人。辽宁职业学院园艺学院经过数十年的持续探索和努力,在国家和辽宁省的大力支持下,在高等职业教育发展方面积累了一些经验、培养了一批人才、取得了一批成果。为在新的起点上,进一步深化教育教学改革,为提高人才培养质量奠定更好基础,发挥教材在人才培养和推广教改成果上的基础作用,我们组织开展了辽宁职业学院园艺技术高水平特色专业群建设成果系列教材建设工作。

本套教材以习近平新时代中国特色社会主义思想为指导,以全面推动习近平新时代中国特色社会主义思想进教材进课堂进头脑为宗旨,全面贯彻党的教育方针,落实立德树人根本任务,积极培育和践行社会主义核心价值观,体现中华优秀传统文化和社会主义先进文化,弘扬劳动光荣、技能宝贵、创造伟大的时代风尚。突出职业教育类型特点,全面体现统筹推进"三教"改革和产教融合教育成果。在此基础上,本系列教材还具有以下 4 个方面的特点:

1. 强化价值引领。将工匠精神、创新精神、质量意识、环境意识等有机融入具体教学项目,努力体现"课程思政"与专业教学的有机融合,突出人才培养的思想性和价值引领,为乡村振兴、区域经济社会发展蓄积高素质人才资源。

2. 校企双元合作。教材建设实行校企双元合作的方式,企业参与人员根据生产实际需求提出人才培养有关具体要求,学校编写人员根据企业提出的具体要求,按照教学规律对技术内容进行转化和合理编排,努力实现人才供需双方在人才培养目标和培养方式上的高度契合。

3.体现学生本位。系统梳理岗位任务,通过任务单元的设计和工作任务的布置强化学生的问题意识、责任意识和质量意识;通过方案的设计与实施强化学生对技术知识的理解和工作过程的体验;通过对工作结果的检查和评价强化学生运用知识分析问题和解决问题的能力,促进学生实现知识和技能的有效迁移,体现以学生为中心的培养理念。

4.创新教材形态。教学资源实现线上线下有机衔接,通过二维码将纸质教材、精品在线课程网站线上线下教学资源有机衔接,有效弥补纸质教材难于承载的内容,实现教学内容的及时更新,助力教学教改,方便学生学习和个性化教学的推进。

系列教材凝聚了校企双方参与编写工作人员的智慧与心血,也体现了出版人的辛勤付出,希望系列教材的出版能够进一步推进辽宁职业学院教育教学改革和发展,促进辽宁职业学院国家骨干校示范引领和辐射作用的发挥,为推动高等职业教育高质量发展做出贡献。

2020 年 5 月

前　言

党的二十大报告明确提出了"深化教育领域综合改革,加强教材建设和管理",体现了对教材建设的高度重视。职业教育教材是落实职业标准、课程教学标准的重要载体,对于培养具备实践能力的技术技能型人才起着重要的支撑作用。本教材根据"三教"改革任务,以培养适应行业企业需求的复合型、创新型高素质技术技能人才,及提升学生的综合职业能力为目的,从产教融合的角度找准突破口,来统筹规划编写。

《食用菌生产与加工》编写以职业能力培养为主线,与我国的食用菌产业现状和发展趋势密切结合,将大量实践经验和新理念、新技术、新方法融入教材,理论内容遵循知识体系本身的连贯性、相关性、工艺性,并进行提炼与整合,技能训练按照行业企业生产项目为牵动,把传统模式与项目化模式相结合,从生产者、管理者的角度出发,按照生产工艺流程组织生产、管理生产。教材主要体现以下特色:

1. 秉持绿色发展理念,强化价值引领,教学目标突出思想性和目的性。 倡导优质的种植从选用优质原料、科学管控开始,通过科学规范管理提升产品品质和学习者的环境保护意识。

2. 以应用能力为主线,体现职教特色。 以国家标准、行业标准和地方标准为依据,组织相关理论知识,形成一个完整的"项目"或"任务";理论内容遵循知识体系本身的连贯性、相关性、工艺性,并进行提炼与整合。

3. 以项目设计为载体,重在能力培养。 设置的项目都是当前以及未来食用菌生产需要的技能。通过项目教学,把与技能相关的理论知识融合到技能项目中去,这样学生在各个技能项目的实训中,既明确了能力目标,努力训练这一能力,又能掌握为实现这一能力所必备的理论知识。经过综合实训,学生可以基本掌握食用菌生产的综合技术能力。

4. 立体的课程资源,方便师生学用。 本教材图文并茂,采用了很多来自生产一线的图片和生产事例,有利于培养学生分析问题和解决问题的能力;配套的网络课程资源种类繁多,内容丰富,能够实现教师"教"有准备,学生"学"有资源,"学"有兴趣,"做"有保障。

本教材分5个部分,由基础篇、菌种生产篇、栽培篇、病虫害防治篇、保鲜与加工篇构成,基础篇包括认识食用菌及食用菌生产、食用菌的类型与形态结构识别、食用菌生理与生态环境认知和消毒灭菌,以传统的格式编写;菌种生产篇包括母种生产、固体菌种生产、液体菌种生产、菌种质量鉴定与保藏;栽培篇包括常见食用菌栽培;病虫害防治篇包括食用菌常见病害的识别与防治和食用菌常见虫害的识别与防治;保鲜与加工篇包括食用菌保鲜和加工。以上均以项目化模式编写。

本教材可供高职高专院校农林类相关专业根据当地食用菌生产实际及教学安排,针对性地选取学习内容,还可以作为食用菌从业人员的参考资料。

本教材编写分工如下:杨桂梅老师撰写了项目七、项目十二、项目十三、项目十五中的任务二、项目十六中的任务一、项目二十一和项目二十二,负责教材统稿及全书的修改和插图的设计、安排等工作;马野夫老师撰写了项目二十;孙巍老师撰写了项目八;伊立强老师撰写了项目十四中的任务二、项目十七;仲峥老师撰写了项目九、项目十、项目十一和项目十四中的任务一;李涛老师撰写了项目十五中的任务一;宋扬老师撰写了项目二、项目四、项目五、项目六、项目二十三;郑一强老师撰写了项目十八,项目十九;陈知途老师撰写了项目十六中的任务二;崔兰舫老师撰写了项目二十四中的任务一;侯绍春老师撰写了项目二十四中的任务二、任务三、任务四;曹维荣老师撰写了项目一;鲍宜如老师撰写了项目三。

本教材在编写过程中,得到学院领导、辽宁三友农业生物科技有限公司、兄弟院校同行及朋友们的大力支持和帮助,在此深表感谢。

由于时间和水平有限,诚恳地希望各位专家同行和广大读者将使用中发现的问题告诉我们,以便日后修订完善。若有建设性的意见,希望赐教。另外,本书在编写过程中引用了大量的文献资料,其中有些作者不详,未能注明,在此表示衷心的感谢。

编　者

2024 年 8 月

◆◆◆◆◆◆ 目 录

食用菌生产基础篇

项目一 认识食用菌及食用菌生产 ················ 3

项目二 食用菌的类型与形态结构识别 ················ 10

项目三 食用菌生理与生态环境认知 ················ 33

项目四 消毒灭菌 ················ 42

食用菌菌种生产篇

菌种生产概述 ················ 55

项目五 母种生产 ················ 58

　任务一 食用菌组织分离 ················ 61

　任务二 食用菌母种扩繁 ················ 63

项目六 固体菌种生产 ················ 69

　任务一 木屑原种生产 ················ 70

　任务二 谷粒原种生产 ················ 72

　任务三 栽培种生产 ················ 74

　任务四 枝条菌种生产 ················ 75

项目七 液体菌种生产 ················ 78

　任务一 摇瓶菌种生产 ················ 81

　任务二 移动式发酵罐液体菌种生产 ················ 83

　任务三 带控制柜的发酵罐液体菌种生产 ················ 85

项目八 菌种质量鉴定与保藏 ················ 88

　任务一 食用菌菌种质量鉴定 ················ 96

　任务二 菌种保藏与复壮 ················ 97

食用菌栽培篇

项目九 食用菌企业选址与布局 ················ 103

项目十 常用栽培原料的选择和处理 ················ 114

项目十一　袋栽杏鲍菇工厂化生产 ·· 119
　　任务一　料包生产 ·· 119
　　任务二　接种 ·· 126
　　任务三　发菌管理 ·· 129
　　任务四　杏鲍菇出菇管理 ·· 132
项目十二　瓶栽杏鲍菇工厂化生产 ·· 136
项目十三　金针菇工厂化生产 ·· 142
　　任务一　袋式金针菇工厂化生产 ·· 144
　　任务二　瓶栽金针菇工厂化生产 ·· 148
项目十四　平菇栽培 ·· 155
　　任务一　反季节平菇栽培 ·· 162
　　任务二　秋季平菇栽培 ·· 170
项目十五　香菇栽培 ·· 176
　　任务一　秋冬季香菇栽培 ·· 179
　　任务二　反季节香菇栽培 ·· 184
项目十六　黑木耳栽培 ·· 190
　　任务一　立式地栽黑木耳 ·· 192
　　任务二　黑木耳棚室吊袋栽培 ·· 196
项目十七　滑菇栽培 ·· 203
　　任务　滑菇工厂化生产技术 ·· 205
项目十八　双孢菇栽培 ·· 209
　　任务一　双孢菇菇房架式增温剂发酵栽培 ·· 210
　　任务二　双孢菇工厂化生产技术 ·· 214
项目十九　羊肚菌栽培 ·· 220
　　任务一　羊肚菌棚室营养袋栽培 ·· 221
　　任务二　羊肚菌大田营养袋栽培 ·· 223
项目二十　鸡腿菇栽培 ·· 230
　　任务　鸡腿菇畦栽技术 ·· 233

病虫害防治篇

项目二十一　食用菌常见病害的识别与防治 ·· 241
　　任务一　菌丝体阶段常见病害的识别与防治 ·· 242
　　任务二　子实体阶段常见病害的识别及其防治 ······································ 250
项目二十二　食用菌常见虫害的识别与防治 ·· 258

保鲜与加工篇

项目二十三　食用菌保鲜 ·· 267
　　任务一　杏鲍菇冷链综合保鲜技术 ·· 270
　　任务二　双孢蘑菇速冻保鲜技术 ·· 272

　任务三　蟹味菇套盘包装保鲜技术 ……………………………………………… 273

项目二十四　食用菌加工 ……………………………………………………………… 275

　任务一　香菇干制技术 …………………………………………………………… 278

　任务二　双孢蘑菇真空冻干技术 ………………………………………………… 279

　任务三　滑菇盐渍技术 …………………………………………………………… 279

　任务四　双孢蘑菇软罐头加工技术 ……………………………………………… 280

参考文献 ………………………………………………………………………………… 283

食 用 菌
生产基础篇

项目一　认识食用菌及食用菌生产
项目二　食用菌的类型与形态结构识别
项目三　食用菌生理与生态环境认知
项目四　消毒灭菌

项目一

认识食用菌及食用菌生产

> **知识目标**：了解食用菌的概念、经济价值以及食用菌产业发展前景和趋势。
>
> **能力目标**：我国食用菌产业发展与现状；认识发展食用菌产业的意义；能识别规模化生产的食用菌。

一、食用菌的概念

食用菌又称食用真菌，广义的食用菌是指一切可以食用的真菌。它不仅包括大型真菌，而且还包括小型真菌，如酵母菌、曲霉等。狭义的食用菌是指高等真菌中可供人类食用的大型真菌，通常形体较大，多为肉质、胶质和膜质。俗称"菇""菌""芝""耳""蕈""蘑"，如香菇、黑木耳、块菌、虫草、口蘑等。我国古代把生于木上的食用菌称为菌，长于地上的称为蕈（xùn）。

二维码1　认识食用菌及食用菌生产

在全世界150多万种真菌中，能够产生大型子实体的有1万种左右，其中食用菌有2 000多种。我国食用菌资源非常丰富，目前已知的食用菌约1 000种。我国已人工驯化栽培和利用菌丝体发酵培养的达百种，其中栽培生产的有70多种，形成规模化生产的有30多种。已知食用菌中绝大多数种类为野生菌，有待我们去驯化和开发利用。

二、食用菌的发展前景

食用菌风味独特，营养丰富，既有食用功能又有保健功效。食用菌生产具有"不与农争时、不与人争粮、不与粮争地、不与地争肥，比种植业占地少、用水少，比养殖业投资小、周期短、见效快"等特点，为农业资源综合利用，实现农林牧立体种养、良性循环打下良好基础。食用菌产业是现代有机农业和特色农业的典范，以其独特的生产优势，市场优势，劳动密集和资源密集的行业优势，促进农业可持续发展的生态优势及其美味、保健、绿色、安全为特点的产品优势，成为一个颇具生命力的朝阳产业。

（一）食用菌的营养与药用价值高

食用菌是高蛋白、低脂肪，富含维生素、矿物质和膳食纤维的优质美味食物，已被联合国推荐为21世纪的理想健康食品。利用真菌生产高质量的食用菌类食品,已成为21世纪"白色农业"的发展方向。因此,食用菌将会成为人类未来的重要食品来源。其营养成分见表1-1。

表1-1　食用菌的营养成分(每100 g干品主要成分)　　　　　　　　　　　　　　g

种类	产地	水分	蛋白质	脂肪	碳水化合物	粗纤维	灰分
双孢蘑菇	北京	11.3	38.0	1.5	24.5	7.4	17.3
口蘑	北京	16.8	35.6	1.4	23.1	6.9	16.2
香菇	北京	18.5	13.0	1.8	54.0	7.8	4.9
金针菇	北京	10.8	16.2	1.8	60.2	7.4	3.6
平菇	北京	10.2	7.8	2.3	69.0	5.6	5.1
羊肚菌	北京	13.6	24.5	2.6	39.7	7.7	11.9
牛肝菌	四川	22.4	24.0	—	48.3	—	5.3
大红菇	四川	15.1	15.7	—	63.3	—	5.9
木耳	北京	10.9	10.6	0.2	65.5	7.0	5.8
银耳	北京	10.4	5.0	0.6	78.3	2.6	3.1

注:引自中国医学院卫生研究所《食物成分表》(1983),直线表示未经测定。

食用菌子实体中蛋白质的含量很高,占鲜重的3%~4%或占干重的30%~40%,介于肉类和蔬菜之间。食用菌所含的蛋白质是由20多种氨基酸组成的,其中有8种是人体必需氨基酸。

食用菌脂肪含量较低,仅为干重的0.6%~3%,是很好的低能值食物。在其很低的脂肪含量中,不饱和脂肪酸占有很高的比例,多在80%以上。不饱和脂肪酸种类很多,其中的油酸、亚油酸、亚麻酸等可有效地清除人体血液中的垃圾,起到延缓衰老,降血脂,预防高血压、动脉粥样硬化和脑血栓等心脑血管系统疾病的作用。

食用菌还含有丰富的维生素,如维生素 B_1、维生素 B_2、维生素 B_{12}、维生素 D、维生素 C 等。食用菌维生素含量约是蔬菜的2~8倍。一般每人每天吃100 g鲜菇就可满足维生素的需要。鸡腿菇含有维生素 B_1 和维生素 E,对糖尿病和肝硬化都有治疗效果;灰树花含有维生素 B_1 和维生素 E,具有防治黄褐斑及抗衰老等功效。

食用菌是人类膳食所需矿物质的良好来源。含有丰富的矿物质元素,这些营养元素有钾、磷、硫、钠、钙、镁、铁、锌、铜等。矿质元素种类数量与其生长环境有密切关系,有些食用菌还含有大量的锗和硒。

我国利用食用菌作为药物已有两千多年历史,是利用食用菌治病最早的国家。汉代的《神农本草经》及明代李时珍的《本草纲目》中就有食用菌药用价值的记载。食用菌对调节人体机能,提高免疫力,降低血压和胆固醇,抗病毒、抗肿瘤以及延缓衰老等有显著功效。如灵芝含有硒(Se)元素,有提高人体免疫机能及延缓细胞衰老等作用;猴头菇可治疗消化系统疾病;马勃鲜嫩时可食,老熟后可止血和治疗胃出血;茯苓有养身、利尿之功效;木耳有润肺、清肺的作用,是纺织工人和理发师的保健食品;冬虫夏草有良好的营养滋补和免疫排毒功效,可以抑菌防癌、抗病毒,是延年益寿的食疗、药膳佳品;双孢蘑菇中的酪氨酸酶可降低血压,核苷酸可治疗肝炎,核酸有抗病毒的作用;香菇中的维生素 D 原能增强人的体质,还可防治感冒和肝硬化等。

随着科学技术的发展,食用菌的药用价值日益受到重视,有许多新产品如食用菌的片剂、糖浆、胶囊、针剂、口服液等应用于临床治疗和日常保健。特别是从食用菌中筛选天然抗肿瘤药物,近几年发展很快,至少有150种大型真菌被证实具有抗肿瘤活性。目前已在临床应用的有多种菇类多糖,如香菇多糖、云芝多糖、猪苓多糖、灰树花多糖、灵芝破壁孢子粉等,被作为医治癌症的辅治药物,可以提高人体抵抗力,减轻放疗、化疗反应。食用菌已成为筛选抗肿瘤药物的重要来源。

(二)市场广阔

随着世界经济的发展,人民生活水平和科学文化认识水平的提高,对食用菌的需求量会越来越高。经济的发展总伴随着食物结构的改变,营养学家提倡科学的饮食结构应是"荤—素—菌"搭配。欧美不少国家把人均食用菌的消费量当作衡量生活水平的标准。从中国食用菌协会了解到:随着人民生活水平的提高,从2000年开始,我国国内居民食用菌消费量逐年增加,平均年增长31.8%。2013年我国人均食用菌消费量已近23.29 kg,是世界第一食用菌消费大国。中国人口众多,其膳食结构逐步向营养、抗病、保健、无公害方向发展,食用菌作为保健食品在我国的消费潜力巨大。鲜菇加工的品种多样,涉及领域有医药、罐头、酱制品、食品添加剂、保健茶、休闲食品、蔬菜制品等。不仅提高了食用菌的利用率,而且大幅度地增值,提高了经济效益。国际市场上食用菌及其加工品的交易日趋活跃,我国食用菌产品的出口量也逐年上升。无论国际市场还是国内市场,食用菌的销路都非常宽阔,属于供不应求的紧俏品,有潜在的巨大市场。

(三)社会效益显著

食用菌产业是劳动密集型产业,可直接或间接转化大量的农村、城郊富余劳动力。同时,食用菌产业的壮大发展还会带动其他相关产业,比如商贸、交通运输、机械加工、原辅材料、农膜包装、旅游餐饮、金融银行业的发展,可达到农民增收、农业增效、财政增长的目的,能形成"兴起一个产业,富裕一方百姓"的农村经济新格局。

(四)经济效益高

食用菌生产以其独特的低投入、高产出、见效快的优势,成为广大农民群众增收致富的一大产业,从事食用菌种植的农户们或是通过此项生产脱掉了贫困的帽子,或是在增收致富道路上又找到了新的途径。另外,各种食用菌系列深加工产品不仅可提高食用菌的利用率,而且大幅度地增值,从而提高经济效益。

(五)生态效益好

食用菌产业是高效、生态、环保的产业,能将种植业、养殖业、加工业和沼气生产有机结合起来,形成多层次利用物质及能量的自然平衡的生态系统,可大大提高整个生态系统的生产能力。发展食用菌产业是解决农林牧业废料再利用、保护生态、发展农村循环经济的重要途径。

我国年产秸秆类农业废料6亿t,林业废料1亿t,畜牧业废料3亿t,作为原料可供生产鲜食用菌3亿~5亿t,这些工农林牧的副产品如各种农作物的秸秆、玉米芯、棉籽壳、麸皮、米糠、高粱壳、花生壳以及各种畜禽粪尿;林业上各种木材加工剩余的木屑,柞蚕场轮伐、果树修剪下的枝杈,酿造业上的酒糟、醋糟等均可作为生产各种食用菌的原料。

利用食用菌废料可生产肥料、饲料、粉末状活性炭、无土栽培蔬菜基质。菌糠作为良好的有机肥料,回田下地,可使大田作物丰收,产量增加;用作饲料,可减少精料,增强家畜抗病力。

"农畜废弃物—食用菌—有机肥—农作物""农畜废弃物—食用菌—饲料—养殖—沼气—农作物"等多种循环利用模式的广泛应用,可实现多元增值,净化环境,改善一些农村脏和乱的面貌,以食用菌为核心的产业链可促进林业、种植业、养殖业及循环链条其他环节的发展。

三、食用菌生产概况

(一)世界生产概况

欧洲工业革命后,随着微生物学、真菌学、遗传学、生理学等学科的发展,德国、法国、英国、美国、日本等国家把食用菌的栽培和加工推进到科学化的阶段,并发展成为重要的产业。20世纪初,法国在双孢蘑菇纯种的分离培养方面首先获得成功。1928年日本人森喜作首先分离和培养出香菇纯菌种,结束了由宋代处州(今浙江丽水)人发明的,经历了漫长历史的原木砍花法栽培,开创了香菇段木栽培时代。其后各国开始利用粪草(堆肥)、秸秆、木屑等大规模培养食用菌。第二次世界大战后,荷兰、美国、日本等发达国家的食用菌生产趋于工厂化、机械化和集约化。20世纪60年代,欧洲、北美洲的食用菌产量占世界总产量的90%以上。20世纪70年代,东南亚的发展中国家和地区,如中国、日本、韩国等食用菌生产发展速度大大超过欧洲和美国,欧美独占鳌头的产业格局开始动摇,食用菌主产地由欧洲变成亚洲。

(二)我国食用菌生产概况

1.我国食用菌栽培的历史

我国疆域辽阔,国土地形地貌复杂,气候类型繁多,森林、草原植被和土壤种类、生态类型多种多样,为野生食用菌的生长、繁衍创造了良好的生态环境。我国是食用菌开发最早和最多的国家,而且食用菌栽培历史悠久、劳动力充足、纤维素资源丰富、气候适宜、内需大,发展食用菌产业的条件得天独厚。《齐民要术》《菌谱》《广菌谱》《本草纲要》等都有食用菌栽培和利用的记载。

在当今世界广泛栽培的食用菌中,香菇、木耳、金针菇、草菇、银耳、茯苓、灵芝、猪苓等菌类的人工栽培我国都是最早的。例如,茯苓的栽培起始于南北朝(公元420—589年);木耳的栽培大约在7世纪起源于湖北省房县;香菇的栽培起源于浙江的龙泉、庆元和景宁一带,至少有800多年的历史;草菇的栽培起源于广东的曹溪南华寺,约有200年的历史。1932年华侨把草菇的栽培方法带到马来西亚,很快遍及东南亚和北非,所以草菇在世界上有"中国菇"之称。银耳的栽培起源于湖北房县,距今已有100多年的历史。

20世纪70年代,我国主要栽培的基本都是木腐菌——香菇、黑木耳、银耳,且多为砍树砍花自然接种的半人工栽培。70年代前基本是半人工栽培,70年代后进行全人工栽培。改革开放40年来,我国食用菌产业得到飞速发展,食用菌产量由1978年不足40万t猛增到2018年的3 842.04万t,总产值2 937.37亿元。我国食用菌产量占世界总产量的70%以上,食用菌成为继粮食、蔬菜、果品、油料之后的农业第五大产业,超过了棉花和茶叶。食用菌产业作为新兴产业在我国农业和农村经济发展中的地位日趋重要,已成为我国广大农村和农民最主要的经济来源之一。生产模式有传统农户种植模式、企业(或合作社)+传统农户种植模式和工厂化培植模式,已经实现了传统生产和现代化种植方式并存。

2.产业现状

我国食用菌和药用菌的栽培种类已超过百种,其中可实现商业化生产的60多种。2018

年中国食用菌协会统计:产量过 100 万 t 的品种依次是香菇、黑木耳、平菇、双孢菇、金针菇、杏鲍菇和毛木耳。排在前 7 位的品种总产量占全年全国食用菌总产量的 51.89%,是我国食用菌生产的常规主品种。从全国食用菌产量分布情况来看,总产量在 100 万 t 以上的有 12 个省:河南、福建、山东、黑龙江、河北、吉林、江苏、四川、广西壮族自治区、湖北、江西、陕西、辽宁。产量 50 万 t 以上、100 万 t 以下的有:广东、湖南、贵州、浙江、内蒙古、安徽、云南 7 个省(区)。全国食用菌年产值千万元以上的县 500 多个,亿元以上的县 100 多个,从业人口逾 2 000 万,形成了黑龙江省东宁市、辽宁省岫岩县、河北省平泉市、河南省西峡县、浙江省庆元县、湖北随州市、福建古田县等一大批全国知名的食用菌主产基地。河南省是我国食用菌产量最高的省份,福建省的产量仅次于河南,是我国生产发展最早、栽培品种最多、生产方式技术总体水平最高的地区,很多新的栽培技术与方法均起源于此,其产值、出口创汇一直位居全国榜首。

从由中国食用菌商务网、食用菌产业分会、《食用菌市场》编辑部联合撰写的《2019 年度全国食用菌工厂化生产情况调研报告》显示,2019 年度,在产业扶贫、乡村振兴、健康中国等国家战略决策推动下,我国食用菌工厂化的产能取得了新的突破,产品质量得到进一步加强,产业效益得到有效保证,在平稳中实现了转型和发展。截至 2019 年 12 月,全国食用菌工厂化生产企业共有 417 家,其中福建省 84 家,江苏省 80 家,山东省 30 家,河南省 28 家,浙江省 23 家,为五大工厂化企业集聚区。其他省区市企业数量有小幅增减,但变化不大。全国比较规范的食用菌专业合作社已超过 4 000 家,这些专业合作社通过规范自我,建立与菇农有效的利益联结机制,实现了标准化生产,增强了菇农风险抵御能力,并使他们分享到食用菌生产、流通等多层次、多环节的增值收益。

由于贸易形势多变、转型升级困难、需求分众加快,给行业中的每个主体都带来更多挑战。同时,菌种管理混乱、珍稀品种推广缓慢、环保政策趋紧等,也桎梏着我国食用菌工厂化的发展。在产业扶贫、乡村振兴等一系列方针政策的指引下,作为现代农业的代表,我国食用菌产业和工厂化发展也迎来了前所未有的良好机遇。南菇北移、东菇西移的趋势有所显现,食用菌产品的深加工水平不断提升,目前调味品、保健品和药品等种类近 500 种。三产融合能力增强,产业特色鲜明,行业已经进入发展的新阶段。

为实现我国食用菌工厂化产业健康可持续发展,加强菌种研发和监管,完善种质资源管理;加强废弃菌包综合利用,建设循环经济模式;加强智能化设备和技术创新,提高生产效率;加强林木资源替代料的研发,解决菌林矛盾;科学布局生产品种,追求利益最大化等是我国食用菌产业的发展方向。

3.主要栽培模式

(1)食用菌栽培模式按照栽培时间分类　可分为季节性栽培、周年栽培和反季节栽培。我国食用菌大部分的生产都属于传统的季节性生产,近几年周年化栽培和反季节栽培发展较快,周年栽培根据市场需求和食用菌不同温型品种选择适宜的出菇期,最充分地利用大自然的温度、最大限度地利用现有的栽培设施条件全年生产,已有 20 多个品种用于周年化栽培。如秋冬季选择低温型的品种,如金针菇、杏鲍菇、滑菇、平菇、香菇、双孢菇等,冬春季选用中温型品种,如黑木耳、黄伞、大球盖、平菇、香菇等;春末夏季可选用高温型或中高温型品种,如草菇、鲍鱼菇、灵芝、鸡腿菇、榆黄蘑等。周年栽培对技术及各环节的管理要求都比较高,是实现食用菌的高效生产、满足市场周年需求、提高设施设备利用率的最佳模式;反季节栽培使食用菌市场淡季不淡,同时拥有较大的利润空间。

(2)按照生产场地分类　可分为大棚栽培、林下栽培、露地栽培和菇房内栽培。大棚栽培分为日光温室大棚、地下式和半地下式菇棚及简易草棚,近几年发展迅速,特别是北方各省,多利用自然温生产;地下式和半地下式菇棚优点是冬暖夏凉,缺点是通风效果较差,主要适宜在干旱少雨和黏性土壤的地区。

(3)按照培养料处理方法分类　可分为生料栽培、熟料栽培、半熟料栽培、发酵料栽培等。熟料栽培是木腐菌主要的原料处理方式,发酵料栽培是草腐菌常选用的生产方式,生料栽培较少使用,现仅有平菇生料栽培技术稳定,可以规模化生料栽培。

我国的食用菌栽培模式形形色色,同一菇类栽培模式各异,不同菌类栽培模式多样,还可根据腐生类型分为草腐菌(草菇、双孢蘑菇、球盖菇等),木腐菌(木耳、香菇、银耳)等;按规模大小分为工厂化、半工厂化、规模化、一家一户家庭化。按栽培容器分为瓶栽、袋栽、盘栽等,袋栽也有不同模式:半袋一头出菇模式、小袋两头墙式出菇模式、大袋两头墙式出菇模式等。

4.我国食用菌产业的发展趋势

我国幅员辽阔、气候多样的自然条件,大量农村人口和劳动力资源及工业化远未完成的经济结构特点,区域间发展不平衡的国情,使我国食用菌产业在这一产业经济发展的转型过程中,主要表现出以下趋势。

(1)生产方式向组织化、规模化、规范化、标准化和专业化转变　我国食用菌生产,多以农户作坊式分散分户季节型栽培为主,不能适应大市场、大流通的要求。近几年来,食用菌产业正在发生着两个突变,即经营体制由分散分户、自产自销的小农经济向高产优质高效益的产业化、商品化市场经济转变;经济增长方式由粗放型经营、农村副业地位向集约型、工厂化、精细化、一体化的现代企业经营地位转变。我国已涌现出一批专业菌种公司、培养料公司、栽培农场,实行工厂化栽培,规模经营,提高种菇效益。逐步形成以市场引导生产的产业化发展运行机制,提高我国食用菌的经营管理水平,增强在国际市场上的竞争能力。

(2)品种结构更加完善,草腐菌类发展潜力巨大　我国已人工驯化栽培和利用菌丝体发酵培养的食用菌达百种,其中栽培生产的有70多种,形成规模化生产的有30多种。食用菌生产品种由原来以平菇、香菇为主,发展到平菇、香菇、金针菇、双孢蘑菇、草菇、木耳、白灵菇、茶树菇、姬松茸、鸡腿菇、灰树花、猴头菇、杏鲍菇、灵芝等品种。在传统栽培的大宗种类产量稳定增长的同时,新增种类市场空间将更大,因此,未来食用菌产品的品种结构将更加完善,符合市场需求。随着国家大力倡导和发展循环经济政策的出台、建设节约型社会、促进"三农"问题解决各项措施的落实,草腐菌类增长将超过木腐菌。

(3)南菇北扩,西部崛起,老产区稳定增长,全国性普遍增长　我国的食用菌产业发展起源于福建、浙江等南方省区,随着经济的发展,南菇北扩已经成为不可阻挡的发展趋势。北方相对干燥冷凉,利于环境控制和优质品的生产,同时可以和南方时令错开,正好满足周年上市供应的要求。随着各项惠农政策的出台,农业产业结构的调整、循环经济产业重视程度的增加,食用菌产业备受青睐,已经成为很多地方重点发展产业,新老产区的共同发展构成全国性的普遍增长。

(4)多种生产方式并存,高投入促进产业现代化进程　我国区域经济发展不平衡,市场需求不同,必然导致食用菌工业化、农业式两大生产方式的共存,工业化的大、中、小不同规模的生产共存,农业方式的园艺设施分散栽培、园艺设施集约规模栽培、庭院经济型的小生产等不同生产方式的共存。各种生产方式在实践中各自完善,提高技术水平和管理水平,提高产品质量,以满足市场的要求。同时,在市场建设和市场秩序不断完善的过程中不断提高适应市场的能力。

食用菌家庭分散简易生产的比重将逐渐减少,园艺设施规模栽培保持稳步增长,小工厂周年生产将快速增长,成套设备的工厂化周年生产也将取得长足的发展。

值得高度注意的是,日本、荷兰等国外食用菌企业已经瞄准中国,积极筹划、选址、投资建厂,设备、技术、管理成套进入中国市场。这些企业的进入,一方面对加快我国食用菌产业的现代化进程发挥作用;另一方面也是个严峻挑战,我国的科技、企业、管理等各方急需紧密团结,加强合作,迎接挑战。

(5)高附加值产品增加,产业链延长　随着对食用菌营养和健康功能认识的不断加深和普及,食用菌由以销售鲜菇、干制菇或腌制菇为主,发展为精深加工,向保健食品、药品方向开拓新产品。以食用菌为主要原料的各类强化食品、保健品、调味品、辅助疗品、药品日益受到消费市场的青睐,销量逐年增加。以食用菌为原料进行食品和药品的加工有效地增加了食用菌的附加值,延长了产业链。

(6)发展环境不断改善,产业持续健康发展　随着新技术、新品种的不断开发和推广,国家封山育林政策的实施,人们环保意识的增强,会逐渐淘汰传统的木段栽培方式,向代料栽培方式发展。拓宽培养材料不仅能降低生产成本,也是保持我国食用菌生产长期繁荣的必由之路。同时,食用菌产业发展受到中央和地方政府及其各部门的普遍重视,诸多省(直辖市、自治区)根据当地实际出台了相关优惠和扶持政策,给予公共财政的支持和产业发展引导,进一步调动了生产的积极性。各级政府对产业发展的指导作用日渐显著,这将强有力地促进产业的规模化、规范化、标准化,促进产业经济增长方式的转变和健康持续发展。

(7)销售市场网络化　主产地区培育食用菌专业交易市场,在销地城市建立批发市场,在菜市设立食用菌柜台,形成产、供、销一条龙。随着信息产业的发展,市场网络迅速扩大,市场信息传递迅捷,产、供、销联系日益紧密,产销渠道将日臻通畅完善,这就需要生产者和经营者都要及时掌握市场信息,以立于不败之地。

我国作为食用菌栽培历史最悠久、栽培种类最多、栽培技术最全面、产量和消费最多、从业人员最多的产业大国,已经成为全球食用菌产业转移的主战场。在未来10~20年内我国将不仅仅是个食用菌产业大国,而必将成为食用菌强国。

■思考与练习

1.什么是食用菌?
2.简述食用菌的营养价值及药用价值。
3.简述我国食用菌业的发展趋势。

项目二

食用菌的类型与形态结构识别

一、食用菌的形态结构

食用菌种类繁多,形态各异,颜色不一。其形态特征因种类而异,并与生长环境密切相关。虽然它们的形态有很大的差异,但基本结构大致相同,都是由菌丝体和子实体两个基本部分组成。

二维码2 食用菌的
类型与形态结构识别

(一)菌丝体的形态结构

菌丝是组成菌丝体的基本单位,通常是无色透明的、多细胞的管状丝状体,是由担孢子吸水后萌发产生的芽管不断分枝伸长形成的,通常以一点出发向四周呈辐射状扩展,反复分枝、交织而成丝状体或网状体,称菌丝体。生长在固体基质内的菌丝称基内菌丝,具有吸收水分和养分的功能,生长在培养基物表面空间的菌丝体,叫气生菌丝。

1.菌丝的一般形态

食用菌的菌丝都有横隔膜,它将菌丝分成许多间隔,从而形成有隔菌丝。根据菌丝发育的顺序和细胞中细胞核的数目不同,可分为初生菌丝、次生菌丝和三生菌丝(表2-1)。

(1)初生菌丝(或称一次菌丝)　是由孢子萌发而成的菌丝。开始时菌丝细胞多核、纤细,后产生隔膜,分成许多个单核细胞,因此它又被称为单核菌丝或一次菌丝。子囊菌的单核菌丝发达且生活期较长,而担子菌的单核菌丝生活期短且不发达。

(2)次生菌丝(或称二次菌丝)　由两条初生菌丝经质配而成的菌丝称为次生菌丝,次生菌丝的每个细胞含有两个细胞核,又称双核菌丝。双核菌丝要比初生菌丝粗壮,是食用菌菌丝存在的主要形式,生产上使用的菌种都是双核菌丝。

大部分食用菌的双核菌丝顶端细胞上常发生锁状联合,是双核菌丝细胞分裂的一种特殊形式。先在双核菌丝的顶端细胞的两核之间的细胞壁上产生一个小突起,形似小分枝,分枝向下弯曲,其顶端与细胞的另一处融合,在显微镜下观察,形似一把锁,故称为"锁状联合"。

表 2-1　食用菌菌丝的类型及特点

菌丝类型	菌丝来源	菌丝特点	应用情况
初生菌丝	由担孢子萌发而成	初为单胞多核,很快分隔为多细胞单核,生长期短、菌丝弱	初生菌丝为单倍有性的,可用于食用菌育种
次生菌丝	由两条初生菌丝经质配而成	菌丝双核且粗壮,多靠锁状联合分裂	次生菌丝是菌丝存在的主要形式,也是生产上的菌种
三生菌丝	由次生菌丝进一步发育形成的组织化了的双核菌丝体	菌丝有组织地紧密缠结在一起,形成特殊的形态,如菌索、菌核、子座等	此种形式有利于食用菌的繁殖或增强对环境的适应性

　　多数担子菌的双核菌丝,在进行细胞分裂时,于菌丝的分隔处形成的一个侧生的喙状结构,是双核菌丝细胞分裂的一种特殊形式,也是菌种鉴别的主要内容之一。锁状联合现象存在于担子菌中,尤其是平菇、香菇、银耳、木耳、金针菇、灵芝等的菌丝都以锁状联合方式生长,但不是所有担子菌都有锁状联合,比如双孢蘑菇、红菇、草菇等就例外。也有极少数子囊菌中的地下块菌能进行锁状联合方式生长。见图 2-1。

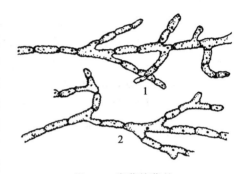

图 2-1　真菌的菌丝

1.有隔多核菌丝　2.有隔单核菌丝

(引自常明昌,2009)

　　双核菌丝上的横膈膜处常产生一种特征性的侧生突起,即在两个核间的壁上出现一个极短的小分枝,形成一个钩状部分。然后两核之一移进了钩状部分,此时细胞中两个细胞核同时进行有丝分裂,形成子核 aa'bb'。其中一个子核 b 留在钩状突起内,又沿着突起转送到细胞的基部,另一个子核 b'则进入顶部。母核 a 分裂成 aa'后,其中一个子核 a'随新细胞生长方向移到顶端,和一个 b'配在一起,另一个子核 a 则和另一个移来的子核 b 配合在一起。然后在细胞中间和钩状突起处分别形成一个新隔膜。这样一个母细胞就形成了两个双核(异核)子细胞(图 2-2)。在两个细胞的隔膜处则残留下一个明显的突起,也就是锁状联合(图 2-3)。

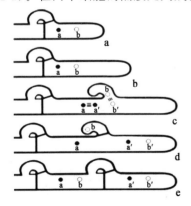

图 2-2　菌丝体锁状联合形成

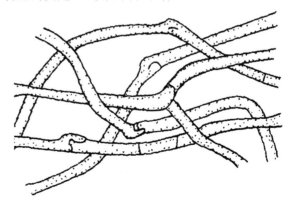

图 2-3　菌丝锁状联合结构

(引自常明昌,2009)

(3)三生菌丝(三级菌丝)　在不良条件下或到达生理成熟时,由次生菌丝进一步发育而形成的组织化了的双核菌丝,称为三生菌丝,或三次菌丝,也称结实性双核菌丝。如菌核、菌索、子实体中的菌丝。尚未组织化的双核菌丝,称为次生菌丝,已组织化了的双核菌丝体称为三生菌丝。

2.菌丝的组织体

菌丝体无论在基质内伸展,还是在基质表面蔓延,一般都是以疏松状态存在的。但在不良条件或繁殖时,菌丝就会紧密缠结,形成变态菌丝体,称为菌丝组织体。常见的有菌索、菌核、子座等,这种形式有利于食用菌的繁殖或增强对不良环境的适应性。

(1)菌索　菌丝缠结成的形似绳索状的菌丝组织体。形似根须,顶端生长点可不断延伸,表面菌丝排列紧密,常角质化,对不良条件有较强抵抗力,遇适宜条件又可从生长点恢复生长。菌索也是一种输导组织,如天麻的生长就是靠蜜环菌的菌索输送养分。

(2)菌核　菌丝和营养贮藏物质密集成的具有一定形状、坚硬块状物的休眠体。菌核初形成时颜色较浅,成熟后多呈现较深的黑色或褐色,且大小不一,小的如鼠粪,大的比人头还大。菌核中贮存较多养分,对干燥、高温或低温有较强抵抗力。因此,菌核既是贮藏器官,又是适应不良环境的休眠体。当环境条件适宜时,菌核中可再度萌发出新菌丝,或直接长出子实体。如茯苓、雷丸、猪苓等中药材都是真菌的菌核。

(3)子座　由菌丝组织构成的可容纳子实体的棒状或头状结构。它是真菌从营养生长阶段到生殖生长阶段的一种过渡形式。子座形态不一,食用菌的子座多为棒状,如名贵中药冬虫夏草、蝉花、蛹虫草等的子座均呈棒状,子囊孢子生于棒状子座的顶端。

(4)菌膜　菌膜是由食用菌菌丝紧密交织而形成的一层薄膜。如香菇的栽培种或者栽培菌棒表面就有一层初期为白色、后期转为褐色的菌膜。在段木栽培各种食用菌的过程中,老树皮的木质层上也往往形成菌膜。

(5)菌丝束　是由正常菌丝发育来的,结构简单,正常菌丝的分支菌丝快速平行生长且紧贴母体菌丝而不分散开,次生的菌丝分支也照这种规律生长,使得菌丝束变得浓密而集群(合生),而且借助分支间大量的连接而成统一体。简单的菌丝束只是大量菌丝和分支密集排列在一起。

菌丝束一般肉眼可见,如在双孢菇子实体基部的一些白色粗壮丝状物即为菌丝束。它能将基质中的养分和水分及时输送给子实体。

(二)子实体的形态

能产生有性孢子的肉质或胶质大型菌丝组织体,称为子实体。它是食用菌的繁殖器官,一般都生长在基质表面,如土表、腐殖质上、朽木或活立木的表面,可供人们食用,也就是人们常称之为"菇、菌、蘑、耳、蕈"的那部分。不同种类的食用菌形态、大小和质地各不相同。形态有伞状、喇叭状、花朵状、珊瑚状、球状、片状、耳状、棒状、块状等;大小一般几厘米至几十厘米;质地有肉质、胶质、革质、木栓质、木质等。

目前,栽培的食用菌极少数是子囊菌,多数属于担子菌。担子菌中以伞菌目最多。下面以伞菌为例(图2-4),简单地介绍其子实体的形态。

伞菌子实体的形态、大小、质地因种类不同而异,但其基本结构类似。伞菌子实体主要由菌盖、菌柄组成,某些种类还具有菌幕的残存物——菌环、菌托。

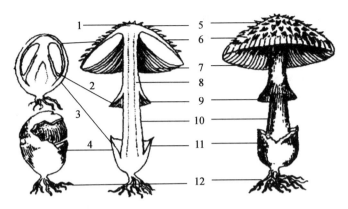

图 2-4　伞菌类子实体的形态结构示意图

1、8.菌肉　2.内菌幕　3、4.外菌幕　5.鳞片　6.菌盖

7.菌褶　9.菌环　10.菌柄　11.菌托　12.菌丝体

1.菌盖

菌盖又叫菌伞、菌帽,伞菌类子实体位于菌柄之上的帽状部分,是主要的繁殖结构,也是我们食用的主要部分。食用菌菌盖大小也因种而异,大的可达几十厘米,小的则只有几毫米。

(1)菌盖的形状　菌盖的形状是真菌分类依据之一,食用菌种类不同,其菌盖表面形状也就不同。常见的菌盖有钟形、圆形、半圆形、卵圆形、半球形、斗笠形、圆锥形、匙形、扇形、喇叭形、漏斗形等(图 2-5)。菌盖中央有平展、凸起、下凹或呈脐状。菌盖边缘多全缘,或开裂成花瓣状,上翘或内卷、反卷,边缘表皮延生等。

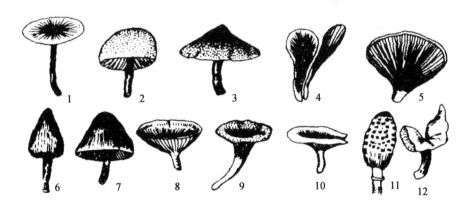

图 2-5　菌盖形状

1.圆形　2.半球形　3.斗笠形　4.匙形　5.扇形　6.圆锥形　7.钟形

8.漏斗形　9.喇叭形　10.浅漏斗形　11.圆筒形　12.马鞍形

(2)菌盖的颜色　菌盖的颜色多种多样,有红、黄、绿、紫、白、灰、褐等。菌盖的颜色是种属的重要特征之一,但是子实体菌盖的颜色也不是一成不变的,会因为生长环境的变化和生长阶段的不同而有所差异,并且同一种系不同品种间也会有颜色差异。

(3)菌盖的表面特征　菌盖表面大多数为光滑的,有的干燥,有的湿润黏滑;或有皱纹、条纹、龟裂等;有些表面粗糙具有纤毛、从毛鳞片、颗粒状鳞片、块状鳞片、角锥鳞片和龟裂鳞片等。同形态颜色一样,均为种属特征,是分类依据之一。

(4)菌盖的组成 菌盖由表皮、菌肉及菌褶或菌管三部分组成。菌盖表皮为角质层,位于菌盖最外层,其下方为菌肉。菌肉是菌盖的实体部分,具有较高的营养价值,绝大多数的菌肉为肉质,少数为胶质、蜡质和革质等。有些菌肉受伤后会变色,此为重要的分类依据。

①表皮 菌盖表皮内菌丝含有不同色素,使食用菌菌盖呈现不同的颜色。

②菌肉 菌盖表皮与菌褶之间的组织称为菌肉,也是食用、药用的主要部分。菌肉薄厚不同,质地有肉质、胶质、蜡质或革质等。食用菌的菌肉大部分为白色,受伤后也不变色,只有部分食用菌受伤后菌肉变色,比如红肉菇变红色,小美牛肝菌变蓝色等。

③菌褶和菌管 菌褶和菌管生长于菌盖的下方,上面连接菌肉。菌褶常呈刀片状,少数为叉状。菌褶等长或不等长,排列有疏有密。菌褶一般为白色,也有黄、红等其他颜色,并随着子实体的成熟而表现出孢子的各种颜色,如褐色、黑色、粉红色以及白色等。菌褶边缘一般光滑,也有波浪状或锯齿状。

菌管就是管状的子实层,子实层分布于菌管的内壁。菌管在菌盖下面,多呈辐射状排列。(如牛肝菌、灵芝等,见图 2-6)。

菌褶和菌管由子实层、子实下层和菌髓三部分组成。子实层是着生有性孢子的栅栏组织,是真菌产生子囊孢子或担孢子的地方。它由平行排列的子囊或担子以及囊状体、侧丝组成。

菌褶和菌柄的连接方式,主要有直生、弯生、离生和延生 4 种类型。

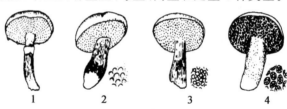

图 2-6 菌管孔的排列特征

1.菌管放射状排列 2.菌管圆形 3.菌管多角形 4.菌管复孔

2.菌柄

菌柄又叫菇柄、菇脚。菌柄位于菌盖下方,上部与菌盖相连,下部着生于培养基质上。主要作用是支撑菌盖生长,并将培养料中的水分和养料输送给菌盖。其形状、粗细、颜色、质地等因种而异(图 2-7)。

菌柄一般生于菌盖中部(如草菇、金针菇、双孢蘑菇等),有的偏生(香菇等)或侧生(平菇等)。多数食用菌的菌柄是肉质,少数为纤维质、蜡质、脆骨质等。有些种类的菌柄较长,有的较短,有的甚至无菌柄。菌柄常呈纺锤状、圆柱状、棒状、假根状,实心或空心。其表面一般光滑,少数种类的菌柄上有网纹、棱纹、鳞片、茸毛或纤毛等。菌柄的颜色各异,有的与菌盖同色,有的则不同。

3.菌幕、菌托与菌环

(1)菌幕 分为外菌幕及内菌幕。包被于整个幼小子实体外面的菌膜,称为外菌幕。连接于菌盖与菌柄间的膜,为内菌幕。随着子实体的长大,菌幕会被撑破,消失,但在一些伞菌中会残留,分别发育成菌环或菌托。

(2)菌环 随着子实体的长大,内菌幕破裂,残留在菌柄上发育成菌环;有的部分残留在

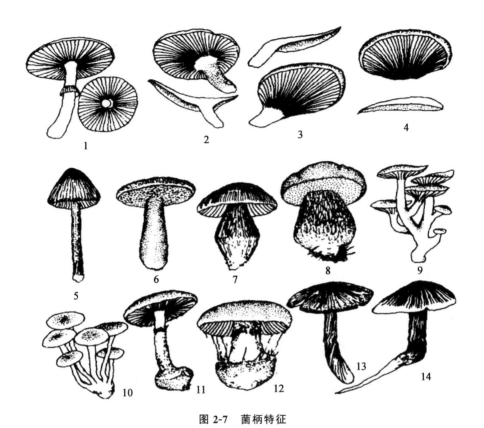

图 2-7 菌柄特征

1.中生 2.偏生 3.侧生 4.无菌柄 5.圆柱形 6.棒形 7.纺锤形 8.粗状 9.分枝 10.基部联合 11.基部膨大呈球形 12.基部膨大呈臼形 13.菌柄扭转 14.基部延长呈假根状

菌盖边缘,形成盖缘附属物。有的菌环在菌柄上部,有的在下部,而有的种类生长在菌柄的中部,菌环多为单层,也有双层,大部分种类菌环长久地留在菌柄上,少数种类菌环易消失或脱落。

(3)菌托 随着子实体的长大,外菌幕被撑裂,残留于菌柄基部发育成的杯状、苞状或环圈状的构造,称为菌托。菌托的形状有鞘状、环状、鳞茎状、瓣裂状等(图 2-8)。还有很多伞菌有外菌幕,但在子实体生长发育过程中逐渐全部消失,并没有形成菌托。

子实体从诞生到采收 3～5 d,或者 7～8 d,有的朝生暮死,昙花一现。鬼伞属食用菌,成熟后几小时即水解自溶,多数子实体形成几天内萎缩死亡。

二、食用菌的生活史

食用菌的生活史,就是食用菌一生所经历的生活周期。是指从孢子到孢子的整个生长发育过程。即孢子在适宜的条件下萌发,形成单核菌丝,单核菌丝融合形成双核菌丝,当双核菌丝发育到生理成熟阶段,菌丝扭结发育成子实体,子实体产生新一代孢子,至孢子散落而完成整个生活史的过程。

为了更清楚地表述整个生活史过程,以下以担子菌为例,介绍担子菌生活史的几个阶段。

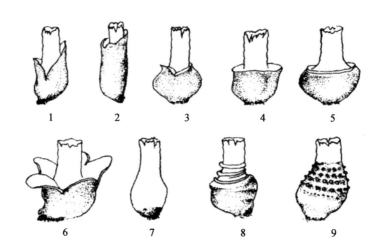

图 2-8 菌托特征
1.苞状　2.鞘状　3.鳞茎状　4.杯状　5.杵状
6.瓣裂状　7.菌托退化　8.带状　9.数圈颗粒状

(一)担孢子萌发成单核菌丝体

担孢子萌发即生活史的开始。孢子萌发要有充足的水分、一定的营养、适宜的温度、合适的酸碱度、充足的氧气等。孢子萌发形成单核菌丝,单核菌丝体能独立地、无限地进行繁殖,但一般不会形成子实体。有些食用菌的单核菌丝还会产生粉孢子或者厚垣(yuán)孢子等来完成无性生活史。

(二)双核菌丝的形成

两条交配的单核菌丝在有性生殖上是可亲和的,而在遗传性质上是不同的。两个单核菌丝进行质配后,形成新的菌丝,每个细胞都有两个核,称为双核菌丝。双核菌丝细胞的横隔膜处通常产生锁状联合。双核菌丝能独立地和无限地进行繁殖,具有产生子实体的能力。有的食用菌的双核菌丝还可形成无性孢子,如银耳能形成芽孢子、节孢子;香菇、草菇能形成厚垣孢子;毛柄金钱菌能形成分生孢子。这些无性孢子在环境条件适宜时,又能萌发成双核菌丝或单核菌丝(由无性的单核孢子萌发)。

(三)子实体的形成

在培养基质内大量繁殖的营养菌丝,遇到光、低温等物理条件和搔菌之类的机械刺激,以及培养基的生物化学变化等诱导,或者有适合出菇(耳)的环境条件时,菌丝即扭结成原基。原基一般呈颗粒状、针头状或团块状,内部没有器官分化。原基进一步发育成菇蕾,菇蕾有菌盖、菌柄、产孢组织等器官的分化,菇蕾再进一步发育成成熟的子实体。

(四)有性孢子的形成

在子实体发育成熟时,在菌褶或菌管处形成子实层,子实层中的部分细胞,在双核菌丝末端发育成棍棒状的担子细胞,进一步产生有性的担孢子。其发育过程是:担子细胞中的两个单倍体核发生融合,进行核配,成为一个双倍核;双倍核随即进行减数分裂,结果是染色体减半,双方的遗传物质重组和分离,形成四个单倍体核;四个单倍体核分别形成担孢子。当环境条件适宜时担孢子弹射、萌发,又开始新的生活周期。

三、食用菌的分类

食用菌的分类是认识和研究食用菌的基础。野生食用菌的采集、驯化、鉴定、杂交育种以及自然界资源开发利用等工作都需要一定的分类学知识。

每一种食用菌在不同地区常有不同的名称,有的是同种异名,如同为一种侧耳,在不同地区就有冻菌、平菇、北风菌、蛇菌、平蘑或平茸等不同名称;有的是同名异种,如同称为"冬菇"的,有的地区是指香菇,有的地区却是指毛柄金钱菌。所以,当地通用的俗名虽然描述性强,通俗易懂,但局限性大,容易混乱,也不便于科技交流。用双名法定出某一种食用菌的名称,第一个是属名,用拉丁文的名词;第二个是种名,用拉丁文的形容词。

食用菌在分类学上的地位,也是按生物分类系统上通用的单位,即门、纲、目、科、属、种。有时还有亚纲、亚目、亚科的单位。食用菌的分类主要是以其形态结构、细胞、生理生化、生态学、遗传等特征为依据的,特别是以子实体的形态和孢子的显微结构为主要依据。根据各类群之间的相似程度,将其划分为界、门、纲、目、科、属、种七个分类等级。其中"种"为分类的基本单位。

食用菌隶属于生物中的微生物界(菌物界)、真菌门中的担子菌纲和子囊菌纲。食用菌绝大多数属于担子菌纲,少数属于子囊菌纲。

全世界约有菌物 150 万种,经研究和描述的有 6 万～7 万种,其中有 1 万多种是大型真菌。我国地理位置和自然条件十分优越,蕴藏着极为丰富的食用菌资源。目前,我国已发现食用菌有 1 000 多种,隶属于 166 个属,54 个科,14 个目。

(一)子囊菌亚门中的食用菌

少数食用菌属于子囊菌纲,约隶属于 7 个科,包括块菌科、腔地菇科、盘菌科、肉盘菌科、羊肚菌科、马鞍菌科、麦角菌科等。它们的子实体大都是盘状、鞍状、钟状或脑状。

(1)块菌科　包括白块菌、夏块菌、黑孢块菌等菌类,这些菌类有着独特的味道和营养保健价值,被誉为"菌中之王"。

(2)腔地菇科　包括网孢地菇、瘤孢地菇,是味道鲜美的食用菌。

(3)盘菌科　常见的有森林盘菌及泡质盘菌等,聚集丛生于堆肥、花园或温室的土中。

(4)肉杯菌科　美洲丛耳是我国较为常见的食用菌,具有一定的食用、药用价值。

(5)羊肚菌科　包括羊肚菌、尖顶羊肚菌、黑脉羊肚菌等,也都是味道鲜美的食用菌(图 2-9)。

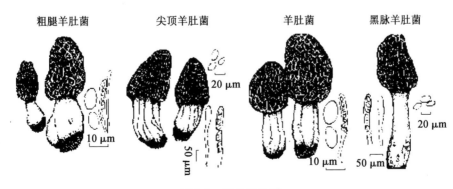

图 2-9　常见羊肚菌

(6)马鞍菌科　包括马鞍菌、棱柄马鞍菌。

(7)麦角菌科　冬虫夏草,是名贵的药用菌类,能止血化痰、补肾保肝、提高人体内免疫机能等。此菌类不易培养,药效很高,经济价值极高。

这些食用菌,种类少,经济价值高,且多为野生菌。如何做好它们的野生驯化、半人工栽培及人工栽培都具有十分重要的意义,也是食用菌研究开发的好方向。

(二)担子菌亚门中的食用菌

绝大多数食用菌属于担子菌纲。隶属于40个科,大致可分为四大类群,耳类、非褶菌类、伞菌类及腹菌类。

1.耳类

包括银耳目、木耳目、花耳目的食用菌。常见种类有:

(1)银耳科　代表菌有银耳、茶色银耳、金耳、橙黄银耳、血耳等。银耳、金耳是著名的食用兼药用食用菌。

(2)木耳科　代表菌有木耳、毛木耳、褐黄木耳、皱木耳、大毛木耳等。木耳是食用兼药用的著名食用菌。

2.非褶菌类

指非菌褶目的可食用菌类。包括珊瑚菌科、杯瑚菌科、枝瑚菌科、绣球菌科等。

3.伞菌类

包括伞菌目、牛肝菌目、鸡油菌目、红菇目的食用菌。其中以伞菌目食用菌种类最多,常见栽培种类有平菇、草菇、金针菇、双孢蘑菇、香菇、鸡腿菇、大肥菇等。常见种类如下(图2-10):

图2-10　伞菌类的食用菌

1.粪鬼伞　2.野蘑菇　3.白鳞环锈伞　4.灰托柄菇

5.尖鳞伞　6.灰离褶伞　7.美味牛肝菌　8.大杯伞

(引自常明昌,2009)

(1)侧耳科　糙皮侧耳、紫孢侧耳、佛州侧耳、鲍鱼侧耳等。

(2)口蘑科　金针菇、姬松茸、松口蘑、大杯伞等。

(3)光柄菇科　草菇、灰光柄菇等。

(4)蘑菇科　双孢蘑菇、草地蘑菇等。

(5)球盖菇科　滑菇、大球盖菇等。

(6)粪锈伞菇　杨树菇、田头菇等。

(7)鬼伞科　毛头鬼伞、鸡腿菇等。

(8)鸡油菌科　包括鸡油菌、白鸡油菌、小鸡油菌等,在国际市场上很受青睐。

(9)牛肝菌科　包括美味牛肝菌、松乳牛肝菌、松塔牛肝菌、黑牛肝菌等。

(10)红菇科　包括大白菇、黑菇、正红菇、变色红菇、松乳菇等。

4.腹菌类

包括腹菌目、须腹菌科、灰色菇科、鬼笔目(图2-11)等可食用的菌类。常见的菌类有:

图2-11　腹菌类食用菌
1.红鬼笔　2.短裙竹荪

(1)须腹菌科　包括红须腹菌、柱孢须腹菌等。

(2)灰色菇科　荒漠胃腹菌。

(3)鬼笔目　鬼笔科的红鬼笔、长裙竹荪、短裙竹荪菌。

四、商业化生产的食用菌形态特征识别

1.平菇的形态特征

平菇(*Pleurotus ostreatus* Fr.),又称杨树菇、北风菌、冻菌、蚝菌、天花菌、白香菌等,通常所说的平菇泛指侧耳属里的众多品种,如金顶侧耳、桃红侧耳、美味侧耳、紫孢侧耳等。平菇在分类学上属于真菌门、担子菌亚门、层菌纲、伞菌目、侧耳科、侧耳属。

二维码3　商业化生产的食用菌种类识别

菌丝体白色,密集,粗壮有力,气生菌丝发达,爬壁性强,不分泌色素,生长速度快,抗逆性强。25℃ 6～7 d可长满试管斜面,有的平菇品种在试管中形成子实体。显微镜下观察,菌丝粗细不匀,分枝性强。锁状联合结构多,锁状联合突起呈半圆形,大小不一。

子实体覆瓦状丛生。菌盖初为圆形、扁平,成熟后则依种类不同发育成耳状、漏斗状、贝壳状等多种形态。菌盖表面色泽因品种不同而变化,有白色、乳白色、鼠灰色、桃红色、金黄色等。菌盖较脆弱,易破损。菌褶白色,延生,在菌柄交织成网络。菌柄侧生或偏生,短或无,内实,基部常有白色绒毛(图2-12)。

2.杏鲍菇的形态特征

杏鲍菇[*Pleurotus eryngii*(DC. ex. FR)Quel.],分类学上属担子菌纲、伞菌目、侧耳科、侧耳属,又称刺芹侧耳、雪茸、鲍鱼菇或干贝菇。

杏鲍菇菌丝体白色、浓密,子实体单生或群生,菌盖幼时略呈弓形,后渐平展,成熟时其中央凹陷呈漏斗状,表面平滑。幼时浅灰黑色,成熟后呈浅黄色,有近放射状黑褐色细条纹,并具丝状光泽。菌肉白色,具杏仁香味。菌褶乳白色。菌柄偏生或侧生,中实,幼时瓶状,渐呈棒状至哑铃球状。孢子白色或浅黄色(图2-13)。

3.白灵菇的形态特征

白灵菇(*Pleurotus ferulae* Lanzi)属于担子菌纲、伞菌目、侧耳科、侧耳属,又名阿魏蘑、阿魏菇、阿魏蘑菇、白阿魏蘑、阿魏侧耳。

白灵菇子实体大型,洁白如玉,菌盖表面有时带有浅褐色条纹,多丛生,朵形肥大,也呈侧

图 2-12 平菇

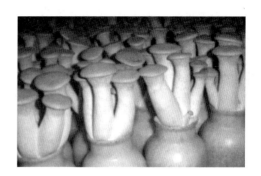

图 2-13 杏鲍菇

耳状,基部渐下凹呈浅漏斗状,菌盖缘内卷后渐平展。菌褶长短不一,近延生,有的菌褶长到菌柄的中下部。菌肉白色,厚。菌柄向下渐细,长在菌盖的一侧,常偏心生,实心,白色(图 2-14)。

4.榆黄蘑的形态特征

榆黄蘑(*Pleurotus citrinipileatus* Sing.)属担子菌亚门、层菌纲、伞菌目、侧耳科、侧耳属,又名金顶侧耳、金顶蘑、玉皇蘑。

榆黄蘑子实体多丛生或簇生,呈金黄色。菌盖喇叭状,光滑,宽 2～10 cm,肉质,边缘内卷,菌肉白色。菌褶白色,延生,稍密,不等长。菌柄白色至淡黄色,偏生,长 2～12 cm,粗 0.5～1.5 cm,有细毛,多数子实体合生在一起。榆黄蘑色泽金黄,艳丽美观,惹人喜爱,外观恰似一朵美丽的鲜花(图 2-15)。

图 2-14 白灵菇

图 2-15 榆黄蘑

5.秀珍菇的形态特征

秀珍菇(*Pleurotus geesteranus*),又名环柄香菇,平菇的一种,不同于普通的凤尾菇,其菇体娇小,所以称秀珍菇。在分类学上属于真菌门、担子菌纲、伞菌目、侧耳科、侧耳属。

子实体单生或丛生,菌盖扇形、肾形、圆形、扁半球形,后渐平展,基部不下凹,成熟时常波曲,盖缘薄,初内卷、后反卷,有或无后沿,横径 1.5～3 cm 或更大,达 4 cm,灰白、灰褐、表面光滑,肉厚度中等,白色;菌褶延生、白色、狭窄、密集、不等长,髓部近缠绕型,菌柄白色,多数侧生、间有中央生,上粗下细,宽 0.4～3 cm 或更粗,长 2～10 cm,基部无绒毛(图 2-16)。

6.姬菇的形态特征

姬菇(*Pleurotus* Sp.),学名为黄白侧耳,还称小平菇,是与平菇中的糙皮侧耳、美味侧耳、佛罗里达侧耳同属的种类。

子实体扇形或贝壳型,呈覆瓦状叠生或簇生,表面扁平稍凹、边缘下弯,菌盖中央与菌柄相连下凹,形似漏斗。幼时为青灰色或暗灰色,后变成浅灰色或黄褐色,老时黄色,肉质肥厚,成熟后表面发生龟裂,菌盖直径2~5 cm。菌柄侧生或偏生,白色、较长、中实、柔嫩,上下等粗。孢子淡粉红色,稍圆形,成熟菇体周围的白色粉层,即是散发出来的孢子(图2-17)。

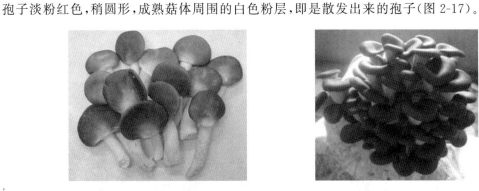

图2-16 秀珍菇

图2-17 姬菇

7.鲍鱼菇的形态特征

鲍鱼菇(*Pleurotus abalonus*),又名鲍鱼侧耳、台湾平菇,属担子菌亚门、层菌纲、伞菌目、侧耳科、侧耳属。

外观与平菇非常相似,子实体中等至大型。鲍鱼菇菌丝特征是产生黑头的孢梗束,由其发育成硕大的子实体。菌盖扇形或半圆形,中央稍凹,直径5~24 cm不等,菌盖初期黑色,随着生长逐渐变成暗灰色至褐色,黑褐色不等,菌柄偏生,长5~8 cm,粗1~3 cm,白色或浅白色,内实,质地致密,菌褶延生,乳白色(图2-18)。

图2-18 鲍鱼菇

8.香菇的形态特征

香菇[*Lentinula deodes*(Berk)Pegler.]或[*Lentinus deodes*(Berk)Sing.],在不同的分类系统中,香菇的分类地位是不同的。目前国际上普遍采用的分类地位是属真菌界、真菌门、担子菌纲、伞菌目、白蘑科、小香菇属——Pegler系统。而在Singer系统中,属于侧耳科、香菇属。又称香蕈、冬菇、花菇、香信等。

子实体菌盖圆形或不规则,扁半球形,盖缘初时内卷,后平展,表面淡褐色或黑褐色,被有鳞片,呈辐射状排列,有时有菊花状或龟甲状裂纹。幼时菌盖边缘内卷,成熟时伸直平展。子实体具有内菌幕,菌盖展开后,部分菌幕残留于盖缘。菌肉肥厚、质韧、白色。菌柄中生或偏生,常向一侧弯曲,菌环以上部分呈白色,菌环以下部分呈褐色。菌褶白色,自菌柄向四周放射排列。孢子白色,光滑椭圆形至卵圆形(图2-19)。

9.金针菇的形态特征

金针菇[*Flammulina velutipes*(Curt. Fr.)Sing.]属真菌门、层菌纲、伞菌目、口蘑科、金钱菌属。又名冬菇、朴菇、构菌、毛柄金钱菌等。

子实体丛生,多数成束生长,肉质柔软有弹性。自然条件下菌盖直径2~10 cm,人工栽培的菌盖直径为 1～3 cm,幼时菌盖球形或扁半球形,淡黄至黄褐色,湿时菌盖表面有黏性,在空气较干燥及有光的条件下,菌盖颜色呈深黄色,菌肉近白色。菌褶弯生或延生,白色或淡奶油色,较稀疏,长短不一。菌柄生于菌盖中央,中空圆柱状,硬直或稍弯曲,菌柄基部相连,上部呈肉质,呈白色或淡黄色,下部为革质,暗褐色,表面密生黑褐色短绒毛,白色品系菌盖、菌柄均呈纯白色。担孢子无色,表面光滑,圆柱形。孢子印白色(图 2-20)。

图 2-19　香菇

图 2-20　金针菇

10.真姬菇的形态特征

真姬菇[*Hypsizigus marmoreus*(Peck)Bigelow],属担子菌亚门、层菌纲、伞菌目、白蘑科、玉蕈属。又名蟹味菇、玉蕈、斑玉蕈、海鲜菇、胶玉蘑、鸿喜菇等。目前栽培的真姬菇品种有浅灰色和纯白色两个品系。灰色品系,称之为蟹味菇;纯白品系,又有白玉菇和海鲜菇之分。

菌丝体白色,棉毛状,气生菌丝不旺盛,不分泌黄色液滴,不形成菌皮。白玉菇菌丝生长旺盛,发菌较快,黑褐色品系抗杂菌能力强,白色品系抗病虫害能力较弱。成熟的老菌丝能够分泌黄色液滴,形成菌皮。斜面培养基上菌丝浓白色,气生菌丝旺盛,爬壁能力强,老熟后呈浅土灰色。培养条件适宜,菌丝 7～10 d 长满试管斜面。

子实体丛生,少散生,每丛 10～20 株不等,菌盖直径 2～13 cm,幼时半球形,深褐色,后渐开展,色泽变淡;呈黄褐色;中部色深,茶褐色;另一种是白色的菌株。两种不同色泽的菌株,其菇盖表面都是平滑,有 2～3 圈斑纹;盖缘平或微下弯,稍波状。菌肉白色,质韧而脆,致密;菌褶白色至浅黄色,弯生,有时略直生,密,不等长,离生。菌柄中生,圆柱形,长 3～12 cm,幼时下部明显膨大,白色至灰白色,粗 0.5～3.5 cm,充分生长时上下粗细几乎相同,多数稍弯曲,有黄褐色条纹,中实,老熟时内部松软。担孢子无色,平滑,球形。孢子印白色。

海鲜菇子实体丛生、菌柄洁白、实心、棍棒状、菌盖光滑呈半圆形、表面有斑纹,具有明显的海鲜味。

海鲜菇子实体丛生,每丛 60～80 根,白色;菌柄洁白,实心,棍棒状,长度 110～160 mm,直径 9～16 mm;菌盖光滑呈半圆形,表面有斑纹,直径 8～17 mm(图 2-21)。

11.长根菇的形态特征

长根菇[*Oudemansiella radicata*(Relh. ex Fr.)Singer],别名长根小奥德蘑、大毛草菌、长根金钱菌、露水鸡。属担子菌亚门、层菌纲、伞菌目、白蘑科、小奥德蘑属。

子实体单生或群生,菌盖宽 2.5～12 cm,半球形至平展,中部凸起或脐凹并有深色辐射状波纹,浅褐色或深褐色至黑褐色,光滑、湿润、黏,菌肉白色、薄,菌褶白色,弯生,较宽,稍稀,不等长。菌柄近柱状,浅褐色,近光滑,有纵条纹,往往扭曲,表皮脆骨质,内部纤维质且松软。基

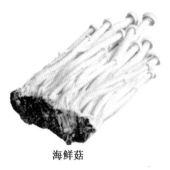
海鲜菇

蟹味菇

白玉菇

图 2-21　各类真姬菇

部稍膨大延伸成假根(图 2-22)。

12.双孢蘑菇的形态特征

双孢蘑菇[*Agaricus bisporus*(Lange)Sing.]属于担子菌亚门、伞菌目、伞菌科、蘑菇属。又称洋蘑菇、蘑菇、白蘑菇、口菇、纽扣菇等。

在显微镜下,菌丝透明,多细胞,有似竹节状横隔,各节相通,粗 $1\sim10~\mu m$,无锁状联合。菌丝依靠尖端细胞不断分裂和产生分枝而伸长、壮大。

菌盖初为半球形,边缘内卷,后平展呈伞状,白色光滑,菌肉肥厚,洁白如玉,受伤后变为浅红色。菌褶由菌膜包裹,菌盖开伞后,才露出菌褶,并逐渐变为褐色、暗紫色。菌柄白色、光滑,内部松软或中实。菌环单层,膜质,生于菌柄中上部,易脱落。孢子褐色,椭圆形,光滑(图 2-23)。

图 2-22　长根菇

图 2-23　双孢蘑菇

13.褐菇的形态特征

褐菇(*Agaricus crocopelus* Peck),又名香口蘑、褐鳞蘑菇、牛舌菌、猪肝菌、猪舌菌,日本称肝脏茸、鲜血茸。属于担子菌纲、伞菌目、蘑菇科、蘑菇属。

幼菇出土后呈白色、球形;随其生长,开伞前(菌膜未露)呈半球形;近于开伞(菌膜外露,但未裂开)时为馒头形;开伞后(露出菌褶)成为雨伞状。菌盖表皮黄褐色,一般菌盖中央颜色最深,由中央向内卷的边缘,颜色渐次变浅,直至为黄白色。在子实体生长膨大过程中遇到干燥、低温的条件,极易龟裂成花纹,露出白色菌肉,从而形成褐、白分明的粗大花纹的"花菇",这是褐菇外形的一大特色。菌褶初露时为白粉色,渐变粉色。成熟后为红色至褐色。菌褶离生、片状、长而宽、不等长,呈辐射状疏稀排列。菌褶两侧生有子实层,离生,囊状体及担子呈栅状排列。菌柄白至乳白色,柱形,中实(开伞后稍有疏松)、细长。菌环靠上,白色,成熟后脱落。孢子椭圆形,孢子印褐色(图 2-24)。

14.姬松茸的形态特征

姬松茸(*Agaricusblazei* Murr),又叫巴西蘑菇、小松菇。属担子菌亚门、层菌纲、伞菌目、蘑菇科、蘑菇属。

姬松茸子实体粗壮,菌盖呈半球形至平展形,直径 5～12 cm,表面被覆淡褐色至栗褐色纤维状鳞片,盖缘有菌幕碎片。菌肉厚,白色,受伤后稍变橙黄色,菌褶离生,较密集,初乳白色,后肉色,最后黑褐色。菌柄圆柱状,中实,柄基部稍膨大,柄长 4～14 cm,粗 1～3 cm,菌环以上柄为白色,菌环以下呈栗褐色。纤毛似鳞片状。菌环着生在菌柄上部,白色膜质。孢子印黑褐色,孢子暗褐色(图 2-25)。

图 2-24　褐菇

图 2-25　姬松茸

15.大肥菇的形态特征

大肥菇[*Agaricus bitorquis*(Quél.)Sacc],又名双层环伞菌。属真菌门、伞菌目、蘑菇科、蘑菇属。

子实体大。菌盖初半球形,后扁半球形,顶部平或略下凹,色白,后变暗黄色,无鳞片;菌肉白色,厚实紧密,受伤略变淡红色,幼时变色较慢;菌褶白色,后变为粉红色到黑褐色,稠密,窄,离生,不等长;菌柄短,中实,近圆柱形;菌环双层,白色,膜质,生于菌柄中部。孢子深褐色,广椭圆形至近球形,光滑(图 2-26)。

16.金福菇的形态特征

金福菇(*Trichlolma lobayense* Heim),又称为巨大口蘑、大白口蘑、洛巴伊口蘑。属担子菌亚门、层菌纲、伞菌属、口蘑科、口蘑属。

子实体丛生、大型、白色。菌盖小,柄粗大。菌盖初期半球形,白色,光滑,直径 3～8 cm,菌肉白色,较厚。菌褶灰白,稠密,孪生,不等长。菌柄中生或偏生,棒形,稍弯曲,幼时柄基明显膨大显瓶形,成熟后菌柄长 5～10 cm,粗 1.5～4.6 cm,基部往往连合成一丛。孢子印白色,椭圆形(图 2-27)。

17.鸡腿菇的形态特征

鸡腿菇[*Coprinus comatus*(Mull.:Fr.)Gray]也叫鸡腿蘑、刺蘑菇,学名毛头鬼伞,属真菌门、担子菌亚门、层菌纲、伞菌目、鬼伞科、鬼伞属。

子实体为中大型,群生,菌盖幼时白色乳头状,菌盖与菌柄紧密结合。随着子实体生长,菌盖与菌柄结合松动并逐渐脱离,子实体形状由圆柱形、钟形,最后展开呈伞形。颜色也由最初

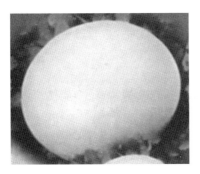

图 2-26　大肥菇

图 2-27　金福菇

的白色变为淡红褐色或土黄色,鳞片逐渐裂开并反卷。菌褶较密,离生,早期白色,渐成浅红褐色,当开伞后很快边缘菌褶化成墨汁状液体。菌柄圆柱状,白色纤维质,有丝状光泽,中空或中松。菌环白色,膜质,可上下活动,易脱落。孢子呈黑色(图 2-28)。

18.草菇的形态特征

草菇[*Volvariella volvacea*(Bull.;Fr.)Sing.]又名美味草菇、美味苞脚菇、兰花菇、秆菇、麻菇、中国菇及小苞脚菇。属担子菌亚门,无隔担子菌纲、伞菌目、鹅膏菌科。

菌盖钟状,子实呈鼠灰色至白色,边缘整齐,中央稍突起色深,边缘色渐浅,表面具有暗灰色纤毛形成辐射状条纹。菌褶长短不齐,与菌柄离生。担孢子椭圆形或卵圆形表面光滑,幼期为白色,成熟后为浅红色或红褐色。菌柄圆柱形,上细下粗,白色,幼时中心实,随菌龄增长,逐渐变中空,质地粗硬纤维化。菌托上部灰黑色,向下颜色渐浅,接近白色(图 2-29)。

图 2-28　鸡翅菇

图 2-29　草菇

19.大球盖菇的形态特征

大球盖菇(*Stropharia goso-annulata*)又名皱环球盖菇、酒红球盖菇、皱球盖菇。属于真菌门、层菌纲、伞菌目、球盖菇科、球盖菇属。

子实体单生、丛生或群生,菌盖近半球形,后扁平,直径 5～45 cm。菌盖肉质,湿润时表面稍有黏性。幼嫩子实体初为白色,常有乳头状的小突起,随着子实体逐渐长大,菌盖渐变成红褐色至葡萄酒红褐色或暗褐色,老熟后褪为褐色至灰褐色。有的菌盖上有纤维状鳞片,随着子实体的生长成熟而逐渐消失。菌盖边缘内卷,常附有菌幕残片。菌肉肥厚,色白。菌褶直生,排列密集,初为污白色,后变成灰白色,随菌盖平展,逐渐变成褐色或紫黑色。菌柄近圆柱形,靠近基部稍膨大,柄长 5～20 cm,柄粗 0.5～4 cm,菌环以上污白,近光滑,菌环以下带黄色细条纹。菌柄早期中实有髓,成熟后逐渐中空。菌环膜质,较厚或双层,位于柄的中上部,白色或近白色,上面有粗糙条纹,深裂成若干片段,裂片先端略向上卷,易脱落,在老熟的子实体上常消失。孢子印紫褐色,孢子光滑,棕褐色,椭圆形,有麻点(图2-30)。

20.黄伞的形态特征

黄伞[*Pholiota adiposa*(Fr.)Quel],又名肥鳞伞、柳藤、柳黄菇、多脂鳞伞等。属真菌门、担子菌亚门、层菌纲、伞菌目、球盖菇科、鳞伞属或环锈伞属。

黄伞子实体单生或丛生,菌盖直径5～12 cm,初期半球形边缘常内卷,后渐平展,有一层黏液;盖面色泽金黄至黄褐色,附有褐色近似平状的鳞片,中央较密。菌肉白色或淡黄色。菌褶直生密集,浅黄色至锈褐色,直生或近弯生,稍密。菌柄纤维质长5～15 cm,粗1～3 cm,圆柱形,有内色或褐色反卷的鳞片稍黏,下部常弯曲。菌环淡黄色,毛状,膜质,生于菌柄上部,易脱落。孢子椭圆形,光滑,锈色。菌丝初期白色,逐渐浓密,生理成熟时分泌黄褐色素。

菌丝生长初期白色或浅黄色,纤细且长,随后逐渐变成深黄色或黄褐色,生长快且均匀,产生分生孢子,粗壮紧密,具有横隔和锁状联合,并形成浓密的气生菌丝,生理成熟时有大量深黄色至褐色水珠状分泌物,前端形成菌索状(图2-31)。

图2-30 大球盖菇

图2-31 黄伞

21.滑菇的形态特征

滑菇(*Pholiota nameko* S. Ito ex Imai),属于真菌门、担子菌纲、伞菌目、丝膜菌科、鳞伞属。又名滑子蘑、光帽鳞伞、珍珠菇等。

菌丝体呈绒毛状,初期白色,逐渐变为奶油黄色或淡黄色。子实体中小型,丛生,菌盖半球形,表面有黏液,菌盖中间略鼓或平形,色泽淡黄或黄褐,中央色红褐或暗褐色,老熟后盖面往往出现放射状条纹。菌褶延生或弯生,初期为白色或近黄色,成熟后呈锈棕色,菌褶边缘多见波浪形,近菌盖边缘处波纹较密。菌柄中生,圆柱形。菌柄的上部有易消失的膜质菌环,以菌环为界,其上部菌柄呈淡黄色,下部菌柄为淡黄褐色,菌柄被有黏液(图2-32)。

22.茶新菇的形态特征

茶新菇[*Agrocybe cylindracea*(DC. ex Fr.)Maire,Konr.],又称柳菇、茶树菇、柱状田头菇。在真菌分类学上属担子菌亚纲、伞菌目、粪伞菌科、田头菇属(图2-33)。

23.木耳的形态特征

黑木耳[*Auricularia auricula*(L. ex Hook)Underw],亦称木耳、光木耳、云耳、细木耳、黑菜、木蛾等。属担子菌亚门、层菌纲、木耳目、木耳科、木耳属。

黑木耳菌丝体白色,紧贴培养基匍匐生长,绒毛状,毛短而整齐。菌丝不爬壁,生长速

图 2-32 滑菇

图 2-33 茶新菇

度中等偏慢。在温度适宜的情况下,约 15 d 长满试管斜面。菌丝体在强光下生长,分泌褐色素,使培养基变成茶褐色。显微镜下,菌丝纤细,粗细不匀,分枝性强,常呈根状分枝,有锁状联合。

子实体新鲜时半透明,胶质有弹性,干燥后缩成角质,硬而脆。子实体初生时为杯状,后渐变为叶状、浅圆盘形、耳形或不规则形。耳片分背腹两面,腹面也叫孕面,生有子实层,能产生孢子,表面平滑或有脉络状皱纹,呈浅褐色半透明状。背面凸起,青褐色,密生短绒毛。子实体单生或聚生(图 2-34)。

24.毛木耳的形态特征

毛木耳学名[*Auricularia polytricha*(Mont.)Sacc.],又名构耳、粗木耳,又称黄背木耳、白背木耳。属木耳科、木耳属。

毛木耳子实体胶质,浅圆盘形、耳形成不规则形,宽 2~15 μm。有明显基部,无柄,基部稍皱,新鲜时软,干后收缩。子实层生里面,平滑或稍有皱纹,紫灰色,后变黑色。外面有较长绒毛,无色,仅基部褐色,常成束生长(图 2-35)。

图 2-34 木耳

图 2-35 毛木耳

25.玉木耳的形态特征

玉木耳[*Auricularia nigricans*(Sw.)],别称白玉木耳,分类归真菌界真菌门、蘑菇纲、伞菌纲、木耳目、木耳科、木耳属。

玉木耳圆边、单片、小碗、无筋、肉厚,状如耳朵。新鲜的玉木耳呈胶质片状,晶莹剔透,耳片直径 4~8 cm,有弹性,腹面平滑下凹,边缘略上卷,背面凸起,并有纤细的绒毛,呈白色或乳白色。干燥后收缩为角质状,硬而脆性,背面乳白色;入水后膨胀,可恢复原状,柔软而半透明,表面附有滑润的黏液(图2-36)。

26.银耳的形态特征

银耳(*Tremella fuciformis* Berk.)在分类学上属担子菌亚纲、银耳目、银耳科、银耳属。又称白木耳、白耳子、雪耳。

广义的银耳菌丝包括银耳菌丝(纯白菌丝,俗称白毛团)与香灰菌丝(羽毛状菌丝,俗称耳友菌丝、伴生菌丝)两种菌丝。

子实体新鲜时柔软洁白,半透明,胶质而富有弹性,耳基呈鹅黄色。它是由数片多皱褶的瓣片组成,呈耳形或鸡冠状、菊花状的片,用指触破时能流出乳白色黏液,直径5~10 cm,大小不一。干后收缩,角质,硬而脆,呈白色或米黄色,耳基橘黄色,吸水后又能恢复原状,孢子近球形或卵圆形,一端较狭窄。无色透明,成堆时白色(图2-37)。

图2-36 玉木耳   图2-37 银耳

27.灰树花的形态特征

灰树花(*Grifola frondosa*),俗称栗蘑、栗子蘑、莲花菌、舞茸、贝叶多孔菌等。属担子菌亚门、层菌纲、非褶菌目、多孔菌科、多孔菌属。

子实体有柄或近无柄,柄可多次分枝,形成一丛覆瓦状的菌盖,末端生扇形至匙形菌盖,重叠成丛,形如莲花,高9~18 cm,直径15~65 cm;菌盖直径2~8 cm,掌状或叶状,边缘薄呈波状内卷;灰色至灰褐色或灰白色。菌管延生,管孔白色,多角形,菌肉白色。孢子无色,光滑,卵圆形至椭圆形。菌丝多分枝,白色至微黄色,有横隔,无锁状联合(图2-38)。

28.灵芝的形态特征

灵芝(*Ganoderma lucidum*),又名灵芝草、仙草、神草、瑞草、丹芝、神芝、万年蕈等。属于担子菌亚门、层菌纲、多孔菌目、多孔菌科、灵芝属。

灵芝的菌丝呈无色透明、壁薄、原生质浓而均匀,直径为1~3 μm,不同部位的细胞有着形态结构上的差异,最窄的菌丝尖端只1 μm,也是它的最活跃的部位。在高倍显微镜下观察灵芝孢子的形态,可见其外形呈椭圆体状,顶端钝圆或截形,棕色或褐色。

菌盖为扇形、肾形、半圆形或椭圆形,盖宽3~20 cm,表面有环状棱纹和辐射状皱纹,其背面是多孔的子实层。子实体的初期是白色、浅黄色,成熟后的灵芝子实体逐渐呈紫、褐、赤等颜色。子实体的形状、颜色视菌种培养条件的不同而不同。成熟后的灵芝子实体呈木质化,为木栓质,表面光滑而具明亮的光泽。菌柄呈不规则的圆柱形。灵芝子实体生长到一定阶段可从背面的菌孔中散发孢子。成熟的灵芝孢子呈卵形,棕色或褐色,有截头(图2-39)。

图 2-38　灰树花

图 2-39　灵芝

29.猴头的形态特征

猴头［*Hericium erinaceus*(Bull. ;Fr.)Pers.)，也叫阴阳蘑、鸳鸯对口蘑、对儿蘑、对脸蘑、猴头菇、刺猬菌。在分类学上，属于真菌门、担子菌亚门、非褶菌目、猴头菇科、猴头菇属。

猴头菇菌丝在马铃薯葡萄糖琼脂培养基上形成匍匐状、线粒状，白色，基内菌丝发达。菌丝由一个挨一个的管状细胞组成，壁薄，有横隔和分枝，也有锁状联合。

子实体头状或块状，肉质、柔软，基部狭窄，上部膨大，密集下垂的菌刺覆盖整个子实体。菌刺长短与生长条件有关，一般长 1～5 cm，粗 1～2 mm，圆柱形，端部尖或略带弯曲。子实层着生于菌刺表面，孢子印白色，担孢子无色透明，表面平滑，球形或近于球形。子实体新鲜时白色，干后变浅黄色至浅褐色，形状像猴子的头，颜色像猴子的毛，因此而得名猴头（图 2-40）。

30.榆耳的形态特征

榆耳(*Gloeostreum incarnatum* S. Ito et Imai)，也叫肉色黏韧革菌、榆蘑、肉蘑。属担子菌亚门、层菌纲、非褶菌目、皱孔菌科、黏韧革菌属。

子实体单生或覆瓦状叠生，较小或中等大，无柄或有极短的柄，胶质，新鲜时柔软，干后收缩成软骨质，硬。菌盖初期近球形，渐平展，呈半圆形、贝壳形、扇形或盘状，边缘内卷，直径 2～13 cm，厚 3～10 mm，表面污白色、米黄色或橘黄色，被松软而厚的绒毛，密布小疣。菌肉粉红色至淡褐色，半透明至近胶质。子实层面粉肉色或淡土黄褐色，具辐射状曲折的棱脉，表面似有粉末。孢子无色，卵形至椭圆形（图 2-41）。

图 2-40　猴头

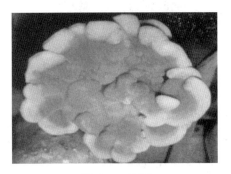

图 2-41　榆耳

31. 北冬虫夏草的形态特征

北冬虫夏草[*Cordyceps militaris*(L.)Link]，简称北虫草，也叫蛹虫草或蛹草，俗名不老草，是虫、菌结合的药用真菌。属子囊菌纲、肉座菌目、麦角菌科、虫草属。

蛹虫草和冬虫夏草为同属不同种，两者在形态上很相似，它是蛹虫草真菌寄生在鳞翅目夜蛾科昆虫蛹体上形成的子实体与蛹体的结合体。子实体单生或数个一起从寄主蛹虫的头部或节部长出，颜色为橘黄或橘红色，全长2～8 cm，头部椭圆形，长1～2 cm，粗2～9 mm；柄长1.5～3.5 cm，粗1～3 mm，颜色为浅黄色。

人工栽培时，当菌丝体达到生理成熟后，即在料面、料与容器之间的间隙处聚集扭结成几个至几十个肉眼可见的、很像蚕卵的团状物（原基的前身），称其为菌丝团。菌丝团橙色或橙红色，再培养2～3 d，即成较坚实的小刺状物，称为原基。原基经2～3 d培养，其顶端呈白色，顶端以下橙色或红色的尖锥状小子实体大多数呈单生，极少数分枝生长。再经2～3 d的培养，变粗伸长，顶端白色消失，呈长圆锥形，为橙色、橙黄色或橙红色。当顶端的白色消失一周后，子实体就不再增粗增长，头部开始膨大呈棒状，顶端多呈圆锥形，少数呈扁圆形、叶尖形。有的子座柄中间呈明显纵陷纹，全株呈橙色或橙红色。进而顶端出现乳头状小突起，最后，头部出现龟背状花纹，子实体表面出现大量颗粒状粉末（图2-42）。

32. 羊肚菌的形态特征

羊肚菌(*Morchella esculenta*)，又称羊肚蘑、羊肚菜，属于子囊菌亚门、盘菌纲、盘菌目、羊肚菌科、羊肚菌属。

羊肚菌菌盖近球形、卵形至椭圆形，顶端钝圆，表面有似羊肚状的凹坑。凹坑不定形至近圆形，蛋壳色至淡黄褐色，棱纹色较浅，不规则地交叉。柄近圆柱形，近白色，中空，上部平滑，基部膨大并有不规则的浅凹槽。子囊圆筒形，孢子长椭圆形，无色（图2-43）。

图 2-42　北冬虫夏草　　　　　　　图 2-43　羊肚菌

33. 竹荪的形态特征

竹荪(*Dictyophora*)，又名竹笙、竹参、面纱菌、网纱菌、竹姑娘、仙人笠、竹萼、竹笋菌等，是竹荪属多个种的总称。属担子菌亚门、腹菌纲、鬼笔目、鬼笔科、竹荪属。

由于竹荪子实体形态雅致，故有"真菌之花、菌中皇后"等美称。目前供人工栽培的主要有四种，即长裙竹荪、短裙竹荪、红托竹荪和棘托竹荪。

竹荪的菌丝初期绒毛状，白色，发育成绒状，多分枝，最后密集，膨大交错在一起形成线绳状的菌索。子实体幼小时期的原基，又称菌球、菌蛋，初期圆形或卵圆形，后期为长卵形，长于菌索尖端。菌盖白色或墨绿色，表面多角形网架、整个菌盖呈圆锥形或弹头形；菌柄白色，海绵状，柱状中空质脆，通常长10～30 cm、宽2～5 cm；菌托蛋形，包着菌柄基部，品种不同颜色有别：棘托长裙竹荪呈棕褐色、红托短裙竹荪呈粉红色。菌裙状如裙，网状，白色网眼圆形、椭圆形、多角形。子实体成熟时，菌裙从菌盖下面撒落，垂如裙状。孢子呈椭圆形或短柱形、长卵形，无色透明，表面光滑。孢子群呈深黑色(图2-44)。

图2-44 竹荪

 知识拓展

毒 蘑 菇

毒蘑菇又称毒蕈，是指误食后产生中毒反应的大型真菌。

在所有毒菌中只有鹿花菌属于子囊菌类，绝大多数属于担子菌亚门的伞菌目，其中以鹅膏科的鹅膏属、丝膜菌科的丝盖伞属、伞菌科的花盖伞菌属和红菇科的有毒种类最多。已知全世界有毒菌约250种，中国已知约190种，隶属于26个科，58个属。约有一半具有一般毒性，误食后中毒症状比较轻；能使人致死的有30多种，约20种虽有一定毒性，但经加工去毒后仍可食用，如鹿花菌毒素含在孢子中，经太阳曝晒、水煮弃汤或水洗去净孢子后就是一种味美的食用菌（称为条件食用菌）。

主要毒素类型有：

(1)神经致幻毒素 已知有毒蝇伞、小毒蝇伞、豹斑毒伞、裂丝盖伞、黄丝盖伞、花褶伞、红网牛肝菌等60余种。中毒后，患者除肠道病变外，主要表现为精神兴奋、精神错乱或精神抑制。

(2)血液毒素 主要有鹿花菌属、马鞍菌属及毒伞属等约18种。该类毒菌能溶解红血球，引起溶血性贫血症状。

(3)胃肠毒素 已知有毒红菇、毛头乳菇、虎斑蘑、臭黄菇、毒粉褶菌等70余种，食用后3h内出现症状，产生剧烈的恶心、呕吐、腹痛、腹泻等急性胃肠炎症状。

（4）损肝毒素　有毒伞、白毒伞、鳃柄白毒伞、褐鳞小伞、秋盔孢伞、包脚黑伞等 20 余种。误食后，严重破坏肝、肾、脾等内脏及中枢神经系统。此类毒素性质稳定，加热不易破坏，毒性快，死亡率高。

残托斑毒伞

民间鉴别毒菇的方法：一般认为子实体形状奇怪，盖上生刺、疣，柄上同时生有菌环和菌托的为毒菌；或色泽鲜艳，有花裙或漂亮菌盖，鸟不啄，鼠兽不食，虫不蛀的也为毒菌。此外，毒菌多气味恶臭，味道极辣、极苦，液汁混浊，伞盖肉质呈薄片形；与葱、蒜、银器、大米共煮时呈现乌黑色。但实践证明，上述这些民间的鉴定方法不是绝对可靠，只可作为直观鉴别的参考。因有些毒草无上述特点，如白毒伞，颜色并不鲜艳。

■ 思考与练习

　　1. 在自然条件下，你发现在何时何地易生长野生食用菌，采完后还能再长出吗？为什么？

　　2. 绘制一种伞菌子实体形态图，注明各部位名称。

　　3. 识别商业化生产的食用菌种类。

项目三

食用菌生理与生态环境认知

知识目标：明确食用菌生长需求六大营养的原因，掌握食用菌生长对环境条件的需求规律，正确区分食用菌的生理类型。

技能目标：能正确判断各种食用菌的生理类型，并根据其特点，选用合适的培养基；会调控食用菌生长环境。

一、食用菌的生理类型

真菌是自然界分布最广的一群生物。由于不能进行光合作用，所有的真菌都属于异养生物。但是它们的营养类型多、适应力强，所以能够利用各种不同的有机物质，在特定的环境中生长、繁衍。食用菌通过以下几种方式获取营养。

二维码4　食用菌生理与生态环境认知

(一)腐生

从动植物残体或无生命的有机物中吸取养料的食用菌，称为腐生菌。此类菌数量最大，分布最广，在自然界有机质的分解和转化中起重要作用。根据腐生对象分为木生菌、粪草生菌、土生菌三个生态群。

(1)木生菌　从木本植物残体中吸取养料的菌，也称木腐菌。木腐菌一般不侵染活的树木，多生长在枯立木、倒木、树桩及断枝上，常以木质素和半木质素为优先利用的碳源，也能利用纤维素。常在枯木的形成层生长，使木材变腐充满白色菌丝。有的对树种适应性广(如香菇等)，有的适应范围较狭(如茶新菇等)。人工栽培时，可用段木或代料栽培，如香菇、木耳等。

(2)粪草生菌　从草本植物残体或腐熟有机肥料中吸取养料的食用菌。多生长在腐熟的堆肥、厩肥、烂草堆或有机肥料上，优先利用纤维素，几乎不能利用木质素。如草菇、双孢蘑菇、鸡腿菇等。人工栽培时，主要选择秸秆、麦草、稻草、畜禽粪、圈肥为培养料。

(3)土生菌　多生长在腐殖质较多的落叶层、草地、肥沃田野等场所。如羊肚菌、马勃、竹荪等。

木生及粪草生菌较易于驯化，在人工栽培的食用菌中占绝大多数。而土生菌的驯化较难，且产量也较低。目前，进行商业性栽培的菇类几乎都是腐生菌，但在实际生产中要根据它们的营养生理来选择合适的培养料。

(二)寄生

生活于寄主体内或体表,从活细胞中吸取养料的食用菌。在食用菌中,专性寄生极少见,多为兼性寄生(以腐生为主)或兼性腐生(以寄生为主)。如蜜环菌菌丝常寄生或腐生于树根、树干的组织内,导致树木的腐朽。可以在树木的死亡部分营腐生生活,一旦侵入活细胞后就转为寄生生活,导致树木发病。灵芝、金针菇、猴头菇等虽然都是腐生菌,但在一定条件下,也能侵染活树木,在林地栽培时应采取防护措施(属兼性寄生)。而虫草菌侵染鳞翅目蝙蝠蛾幼虫,在虫体内吸取营养,生长繁殖,使虫体僵化,适宜条件下形成菌和虫的复合体——如冬虫夏草(属兼性腐生)。已知虫草属的种类约 34 种。

(三)共生

能与高等植物、昆虫、原生动物或其他菌类相互依存、互利共生的食用菌。最典型的共生性食用菌是菌根菌。

菌根是菌根菌与高等植物根系结合形成的共生体,大多数森林蘑菇都属于菌根菌。菌根菌与树种的共生有选择性,有的与木本植物共生,如牛肝菌、块菌、松乳菇等,有的与草本植物共生,如口蘑等。

外生菌根是菌根菌的菌丝紧密包围在根系根毛外周,形成菌套,菌根菌不侵入根的内部细胞,生活在根细胞间隙中蔓延生长为外生菌根。外生菌根取代了植物根系根毛的作用,扩大根毛吸收面积,菌根菌能分泌生长素,被植物吸收利用。而植物也为菌根菌提供光合作用所产生的碳水化合物。

内生菌根是菌根菌的菌丝侵入根细胞内部为内生菌根。内生菌根的食用菌很少,人工成功栽培的范例是天麻和蜜环菌。

食用菌形成菌根,是长期在自然环境中形成的一种生态关系。当这种关系受到破坏或改变时,无论植物或食用菌的生活都会受到不良影响甚至不能正常生活。因此,目前这类食用菌的人工栽培较困难,取得成功的不多。菌根菌中有不少优良品种,但还没有驯化到可以完全人工栽培,是开发的一个方向。腐生菌、寄生菌和共生菌都是自然界物质大循环的主要参与者。

二、食用菌的营养条件

能够满足食用菌生命活动的物质,称为营养物质。食用菌在生命活动中需要大量的水分,较多的碳素、氮素,其次是磷、镁、钾、钠、钙、硫等矿质元素,还需要铜、铁、锌、锰、钴、钼等微量元素,有的还需要维生素。生产中,只有满足食用菌对这些营养物质的需求,才能保证其正常生长。

(一)碳源

碳源是指能为细胞新陈代谢提供碳素营养的物质。其生理功能主要是为合成细胞物质提供碳骨架和能量。食用菌只能利用有机态碳(表 3-1)。

食用菌在营养类型上属于异养型,所以不能利用二氧化碳、碳酸盐等无机碳作为碳源,它们所吸收利用的碳素都是来自有机碳化物。食用菌主要利用单糖、双糖、纤维素、半纤维素、木质素、淀粉、果胶、有机酸和醇类等。单糖、有机酸和醇类等小分子碳化物可以被直接吸收利用,葡萄糖是利用最广泛的碳源。而纤维素、半纤维素、木质素、淀粉、果胶等大分子碳化物,需在胞外酶的催化下水解为单糖后,才能被吸收利用。

表 3-1　食用菌对有机态碳的利用情况

有机态碳类别	有机态碳主要种类	利用情况
单糖	葡萄糖*、果糖、甘露糖、半乳糖等	可直接利用
寡糖	麦芽糖*、乳糖、纤维二糖	可直接利用
多糖	淀粉*、纤维素*、半纤维素*、木质素*、果胶	需胞外酶分解后才能利用,生产上常用富含此类物质的农副产品下脚料,如棉籽壳、秸秆、稻草、木屑等
有机酸	糖酸、乳酸、柠檬酸、延胡索酸、琥珀酸、苹果酸、酒石酸	可直接利用
醇类	甘露醇*、甘油*	可直接利用

注:*为在食用菌培养中广泛利用的碳源,未标记的利用较少或不易利用。

不同种类的食用菌对碳源是有选择性的。如多数食用菌利用较差的果胶,却是松口蘑的良好碳源;甘露醇是杨树菇的最好碳源。在生产中,母种培养基以葡萄糖、马铃薯汁、蔗糖为较好的碳源,原种、栽培种及袋栽培的碳源主要来源于富含纤维素、半纤维素、木质素和果胶等物质的植物性原料,如棉籽壳、木屑、玉米芯、甘蔗渣、各种秸秆、稻草等。这些原料多为农副产品的下脚料,具有来源广泛、价格低廉等优点。但是这些都是大分子碳化合物,分解较慢,为促使接种后的菌丝体很快恢复创伤,促进菌丝迅速生长,常在培养料中加入少量葡萄糖、蔗糖等作为食用菌培养初期的辅助碳源,同时还可诱导胞外酶的产生,加速对粗纤维等原料的利用。

(二)氮源

凡能为食用菌提供氮素来源的营养物质,称为氮源。氮源能为细胞新陈代谢提供氮素营养的物质,是合成蛋白质和核酸不可缺少的原料,有的也可提供能源,是食用菌重要的营养物质之一。食用菌对氮源的利用情况(表 3-2)。

表 3-2　食用菌对氮源的利用情况

氮源类别	氮源种类	利用情况
无机态氮	NH_4^+、NO_3^-	可直接利用,但作为唯一氮源时,生长慢、不结菇
	氨基酸、尿素	可直接利用,但应注意尿素的使用浓度
有机态氮	蛋白胨、蛋白质	需胞外酶分解后才能利用,生产上常用富含此类物质的农副产品下脚料,如豆饼粉、玉米粉、麸皮、米糠等

有机氮是食用菌良好的氮源,氨基酸、尿素等小分子有机氮可以直接被食用菌菌丝吸收利用,而蛋白胨、蛋白质等大分子有机氮则必须通过食用菌菌丝体分泌的胞外酶,将其降解成小分子才能被吸收利用。多数食用菌除利用有机氮外,也能利用 NH_4^+ 和 NO_3^-,NH_4^+ 优于 NO_3^-。以无机氮为唯一氮源时易产生生长慢、不结菇现象。因为菌丝没有利用无机氮合成细胞所必需的全部氨基酸的能力,此外,某些氨基酸几乎不能由无机氮合成。

实验室常以蛋白胨、氨基酸、铵盐、硝酸盐、尿素等简单氮化物为氮源。生产中常以豆粕、玉米粉、麸皮、米糠等复杂而廉价的有机氮为氮源。尿素经高温处理后易分解,释放出氨和氢氰酸,易使培养料的 pH 升高和产生氨味而抑制菌丝生长。

食用菌在不同生长阶段对氮的需求量不同。氮素营养的多寡对菌丝体的生长和子实体的发育有很大关系。在菌丝体生长阶段,培养基含氮量以 0.016%~0.064%为宜,氮素浓度过低,则菌丝生长受阻;而在子实体发育阶段,培养基含氮量以 0.016%~0.032%为宜,氮素浓度过高,会导致菌丝徒长,抑制子实体的生长,推迟出菇。

碳源和氮源是食用菌的主要营养。在食用菌栽培中,碳氮比(C/N)是指培养料中碳源与氮源含量的比值。在食用菌分解过程中,食用菌细胞碳氮比是(8~12):1,在食用菌生长过程中 50%碳供给呼吸的能量,50%的碳组成食用菌细胞,所以培养基碳氮比是(16~24):1。不同食用菌及同一种食用菌的不同发育阶段所需的碳氮比有所不同。菌丝生长阶段所需碳氮比以 20:1 左右为宜,出菇阶段以(30~40):1 为宜。也就是说,子实体生长发育期所需碳氮比高于营养生长期的碳氮比。

(三)无机盐

矿质元素的化合物为无机盐,是食用菌生长发育所不可缺少的,主要提供碳、氮以外的各种重要元素。按其在菌丝中的需求量,可分为大量元素和微量元素。大量元素有磷、钾、硫、镁、钠等元素,占无机盐的 90%,主要生理功能是构成细胞成分(P、S);参与酶的组成或是激活剂(Mg、K、Fe);调节细胞透性、pH、渗透压(Ca、Na、K)。生产中一般使用含大量元素的磷酸盐、硫酸盐等,其中以磷、钾、镁三种元素最为重要。微量元素有铁、铜、锌、锰、硼、钴、钼等,它们是酶活性基团的组分或酶的激活剂,其他原料中以杂质形式存在的含量就可满足其需要,过量加入会有抑制或毒害作用。

常用的无机盐主要有 K_2HPO_4、KH_2PO_4、$MgSO_4$、$CaCO_3$ 和石膏等。

(四)生长因素

食用菌生长必不可少、需求量甚微的特殊有机物质,称为生长因素。广义的生长因素包括氨基酸、碱基和维生素三类物质。狭义的生长因素一般仅指维生素(主要是 B 族维生素)。生长因素不提供能量,也不参与细胞结构组成,一般是酶的组成部分或活性基团,具有调节代谢和促进生长的作用。当培养基中严重缺乏生长因素时,菌丝就会停止生长发育,甚至不能出菇。有的食用菌自身有合成某些生长因素的能力,若无合成能力,则必须添加。

科研及生产中常用的牛肉膏、酵母膏、玉米浆、麦芽汁、马铃薯汁、麸皮、米糠等原料中就含有丰富的生长因素,因此用这些原料配制培养基时可不必再添加。但是维生素多数不耐高温,在 120℃以上容易被破坏。在培养基灭菌时温度不要过高、时间不要过长,否则会破坏营养成分。

以上各营养物质是食用菌生长的物质基础。配制培养基时,除选用适宜营养种类外。还需控制各成分间的比例,注意营养协调。

三、食用菌的生态环境

影响食用菌生长与发育、传播与繁衍的主要因素有理化因素和生物因素两大类。理化因素包括温度、水分和湿度、氧气和二氧化碳、光照条件、酸碱度,简化为光、温、水、气、酸碱度五大因子。生物因素包括食用菌生物环境中的微生物、植物以及动物等,其中有些是有益的,有些则是有害的。

(一)食用菌生长的理化环境

1.温度

(1)食用菌对环境温度的反应规律 温度是影响食用菌生长发育的重要环境因素。在一定温度范围内,食用菌的代谢活动和生长繁殖随着温度的上升而加快。当温度升高到一定限度,开始产生不良影响时,如果温度继续升高,食用菌的细胞功能就会受到破坏,甚至导致死亡。

各种食用菌生长所需的温度范围不同,每一种食用菌只能在一定的温度范围内生长。各种食用菌按其生长速度可分为三个温度界限,即最低生长温度、最适生长温度和最高生长温度。超过最低和最高生长温度的范围,食用菌的生命活动就会受到抑制,甚至死亡。在最适温度范围内,食用菌的营养吸收、物质代谢强度和细胞物质合成的速度都较快,生长速度最高。大多数食用菌生长适温一般在 20～30℃(草菇等例外)。菌丝体生长的温度范围大于子实体分化的温度范围,子实体分化的温度范围大于子实体发育的温度范围。孢子产生的适温低于孢子萌发的适温。菌丝体耐低温能力往往较强,一般在 0℃ 左右只是停止生长,并不死亡,如菇木中的香菇菌丝体即使在 -30℃ 低温下也不会死亡,草菇的菌丝体在 40℃ 下仍能旺盛生长,5℃ 时就会逐渐死亡。

食用菌能忍受的极端温度与当时生长阶段、生长状态和处理方式有很大关系。发菌阶段抗性往往高于子实体生长阶段,遇温度骤变容易损伤菌丝体或子实体,而经过特殊处理,很多食用菌菌丝能在 -196℃ 的液氮中保藏多年。

子实体发育温度是指气温,而菌丝体温度和子实体分化温度,则指的是培养料的温度。

因此,在食用菌的生产过程中,可以通过对温度的调节,来促进食用菌的生长,抑制或杀死有害杂菌,保证食用菌的稳产高产。

(2)食用菌的温度类型 根据子实体形成所需要的最适温度,将食用菌划分为三种温度类型:低温型子实体分化的最高温度在 24℃ 以下,最适温度在 20℃ 以下;中温型子实体分化的最高温度在 28℃ 以下,最适温度在 20～24℃;高温型子实体分化的最高温度在 30℃ 以上,最适温度在 24℃ 以上。

根据食用菌子实体分化时对温度变化的反应不同,又可把食用菌分为两种类型:恒温结实型与变温结实型。变温对子实体分化有促进作用的食用菌,为变温结实型菌类,如香菇、平菇,反之为恒温结实型菌类,如草菇、猴头菇、灵芝等。

在食用菌子实体形成过程中,通过人工调控,增加温差,有利于变温结实型菌类的生长发育,同样,保持棚内或室内温度的恒定,有利于恒温结实型菌类的子实体形成。如果不注意食用菌的温型,则容易造成食用菌子实体生长发育受阻,对产量和质量造成严重影响。

(3)温度调节的手段 由于不同类型、不同品种及不同管理时期食用菌对温度有着特殊的要求,我们首先要在栽培季节上进行合理安排,使食用菌不同的发育时期能在相适应的季节进行。比如,南方秋季的气温比较适合一些食用菌的菌丝生长,而冬季和春季比较适合子实体生长发育,所以,很多菇类安排在早秋接种,深秋到次年春天为出菇期。

其次,通过不同温型的品种和不同的地理位置的选用,也可以使食用菌与其栽培环境温度更为适应。

除此之外,目前生产上常依靠一定的栽培设施,通过人工干预,进行温度的管控,达到反季节栽培或延长栽培季节:如棚膜与厂房的调节、生物能利用、蒸汽、地热、流水调节、空调、红外光、反光膜、防空洞等。

2. 水分和湿度

菌丝体内含有约 70% 水分,有的子实体如花菇或者灵芝的子实体含水量有时不到 50%,而雨天的黑木耳的含水量可以高达 95%。水分是食用菌细胞的重要组成成分,食用菌机体内的一系列生理生化反应都是在水中进行的。在生产管理中,水分的概念不是指菇体的含水量,而是指培养料的含水量和空气相对湿度。

(1)培养料的含水量 食用菌生长发育所需要的水分绝大部分来自培养料。培养料的含水量是影响菌丝生长和出菇的重要因素,只有含水量适当时才能形成子实体。培养料含水量可用水分在湿料中的百分含量表示。不同食用菌子实体以及在不同的生长发育时期对水分的要求不尽相同,栽培时要区别对待,一般适合食用菌菌丝生长的培养料含水量在 60% 左右。

(2)空气相对湿度 空气相对湿度直接影响培养料水分的蒸发和子实体表面的水分蒸发。适当的空气相对湿度,能够促进子实体表面的水分蒸发,从而促进菌丝体中的营养向子实体转移,又不会使子实体表面干燥,导致子实体干缩。

食用菌的菌丝体生长和子实体发育阶段所要求的空气相对湿度不同,大多数食用菌的菌丝体生长要求的空气相对湿度为 65%~75%;子实体发育阶段要求的相对湿度为 80%~95%。如果菇房或菇棚的相对湿度低于 60%,侧耳等子实体的生长就会停止;当相对湿度降至 40%~45% 时,子实体不再分化,已分化的幼菇也会干枯死亡。但菇房的相对湿度也不宜超过 96%,菇房过于潮湿,易导致病菌滋生,也有碍子实体的正常蒸腾作用。因此,菇房过湿,子实体发育也会不良,常表现为只长菌柄,不长菌盖,或者盖小肉薄。偏干管理能提高菇品质量,但产量会相对下降

以上的数字要灵活掌握,不同的菇类对水分的要求有一定差异,并且,培养料中的含水量还应结合料温和气温考虑,这和不同温度下的氧溶量有关。气温高时氧溶量下降,为了增加培养料中的氧气,必须降低水分,偏干管理。

3. 空气

食用菌是好气性菌类,氧与二氧化碳的浓度是影响食用菌生长发育的重要环境因子。食用菌通过呼吸作用吸收氧气并排出二氧化碳。不同种类的食用菌对氧气的需求量是有差异的;同一种食用菌在不同生长阶段对氧气的需求量和对二氧化碳的敏感程度也不同。一般菌丝生长期对氧气的需求量相对较小,对二氧化碳也不敏感,但随着菌丝体的生长,培养料中不断产生 CO_2、H_2S、NH_3 等废气,若不适量地通风换气,菌丝会逐渐发黄、萎缩或死亡。

子实体分化阶段,食用菌从营养生长转入生殖生长,这时的氧气需求量较低。子实体形成之后,食用菌的呼吸作用旺盛,对氧气的需求量急剧增加。微量的二氧化碳(浓度 0.034%~0.1%)对蘑菇、草菇子实体的分化有利。但高浓度二氧化碳对猴头菇、灵芝、金顶侧耳、大肥菇的分化有抑制作用,将会推迟原基形成时间。当二氧化碳浓度达到 0.1% 以上时,即对子实体产生毒害作用。如灵芝子实体在二氧化碳浓度为 0.1% 环境中,一般不形成菌盖,菌柄分化成鹿角状分支,而猴头菇形成珊瑚状分支,蘑菇、香菇出现柄长、开伞早的畸形菇。二氧化碳浓度达到 5% 时,会抑制金针菇的菌盖分化,影响香菇、蘑菇子实体的形成。

通风换气是贯穿于食用菌整个生长过程中的重要措施。为了防止环境中二氧化碳积贮过多,在进行林地栽培时,应选择较开阔的场地作菇(耳)场,并砍除场内的杂草及低矮灌木,以利于场地通风;在进行室内栽培时,栽培室(房)应设置足够的换气窗。适当通风还能调节空气的

相对湿度,减少害虫、杂菌的发生,确保食用菌的高产和稳产。通风效果以嗅不到异味、不闷气、感觉不到风的存在及不引起温湿度剧烈变化为宜。通风时,应避开干热风、对流风、低温或高温时间。

生产中,经常通过调节二氧化碳浓度来调节和控制子实体的生长,如:适当增加二氧化碳浓度以获取柄细长、盖小的优质金针菇,相反,增加空气通透,减少二氧化碳浓度以获取柄短、盖大的优质香菇。

4. 光照

食用菌不是绿色植物,没有叶绿素,不能进行光合作用,因此不需要直射阳光,但生长环境中保持一定的散射光对大多数食用菌来说是很有必要的。只有少数种类如蘑菇、大肥菇和在地下发育的块菌,可以在完全黑暗条件下完成其生活史。在菌丝生长阶段,多数食用菌对光的反应不敏感,如银耳、木耳等。对某些菌类如牛舌菌,光照甚至成为抑制菌丝生长的因素,有的种类如平菇、灵芝等在散射光条件下,菌丝生长速度反而比黑暗条件下要减少 40%～60%。

光照与食用菌原基分化和子实体的形态有密切关系。绝大部分食用菌在子实体的发育阶段需要一定量的散射光线,如香菇、松茸、草菇、滑菇等食用菌,在完全黑暗条件下不形成子实体;金针菇、侧耳、灵芝等食用菌在无光环境中虽能形成子实体,但菇体畸形,常只长菌柄,不长菌盖,不产生孢子。不同食用菌对光照度的要求是有区别的,光照度还会影响到子实体的色泽、菌柄长度和菌盖宽度的比例。光照不足时,草菇呈灰白色,木耳为浅褐色。只有在光照强度为 250～1 000 lx 的条件下,木耳才呈正常的黑褐色。在弱光下生长的平菇菌柄很长,菌盖不能充分展开;灵芝的色泽暗淡,没有光泽。这一特性可巧妙地运用到生产实践上,将金针菇、双孢蘑菇等在弱光下培养,可得到比较理想的商品菇。

5. 酸碱度(pH)

酸碱度(pH)会影响细胞内酶的活性及酶促反应的速度,是影响食用菌生长的因素之一。不同种类的食用菌菌丝体生长所需要的基质酸碱度不同,大多数食用菌喜偏酸性环境,菌丝生长的 pH 在 3～6.5,最适 pH 为 5.0～5.5。大部分食用菌在 pH 大于 7.0 时生长受阻,大于 8.0 时生长停止。但也有例外,如草菇喜中性偏碱的环境。

栽培食用菌时必须使其在适当的酸碱环境条件下才能正常地生长发育。食用菌分解有机物过程中,常产生一些有机酸,这些有机酸的积累可使基质 pH 降低;同时,培养基灭菌后的 pH 也略有降低。因此在配制培养基时应将 pH 适当调高,或者在配制培养基时添加 0.2% 磷酸氢二钾和磷酸二氢钾作为缓冲剂;如果所培养的食用菌产酸过多,可添加少许碳酸钙作为中和剂,从而使菌丝生长在 pH 较稳定的培养基内。有些菇类后期管理中,也常用 1%～2% 的石灰水喷洒菌床。

在食用菌的生产实践中,常利用控制 pH 来抑制或杀灭杂菌。

(二)食用菌生长的生物环境

食用菌在自然界中常与其他的生物特别是微生物共处同一环境中,彼此间发生着复杂的关系。主要表现有以下几种。

1. 伴生

伴生关系是微生物间的一种松散联合,在联合中可以是一方得利,也可双方互利。银耳与香灰菌就是一种典型的伴生关系。银耳分解纤维素和半纤维素的能力弱,也不能很好地利用淀粉。因此,银耳不能很好地单独在木屑培养基上生长。只有当银耳菌丝与香灰菌丝混合接种在一起时,银耳利用香灰菌丝分解木屑的产物而繁殖结耳。栽培银耳时,常将银耳菌和香灰菌丝混合后播种。

2.共生

有些食用菌能与植物共生,形成菌根,彼此受益。能与植物形成菌根的真菌称为菌根真菌。菌根真菌吸收土壤中的水分和无机养料提供给植物,并分泌吲哚乙酸等物质,刺激植物根系生长,而植物则把光合作用合成的碳水化合物提供给真菌。

菌根真菌多见于块菌科、牛肝菌科、红菇科、口蘑科等。一定的菌根真菌要求特定的植物根系与其结合,如口蘑与黑桦等。鸡枞与白蚁共生(鸡枞长在蚁窝上,以蚁粪为营养;鸡枞菌丝帮白蚁分解木质素,产生抗生素,有时可充当其食物)。

3.竞争

竞争是生活在一起的两种微生物为了自身生长而争夺有限的养料或空间的现象。在食用菌栽培过程中常有杂菌污染,一旦杂菌的生长占据了优势,将会导致整个食用菌生产的失败,生产的各个环节都要注意防止杂菌生长。常见的竞争性杂菌包括真菌、细菌甚至病毒等。

食用菌栽培过程从某种意义上说,就是制造有利于食用菌生长而不利于其他动植物(尤其是竞争性杂菌)生长的环境,从而提高食用菌的产量和质量的过程。在整个栽培管理过程中,始终要有竞争的概念,想方设法采取措施,尽可能满足食用菌生长条件,同时,严格控制竞争对象的发生和蔓延。

4.拮抗

拮抗是一种微生物产生某种特殊的代谢产物或使环境条件改变,从而抑制或杀死另一种微生物的现象。这种现象与竞争现象是有区别的。在食用菌栽培过程中所出现的杂菌,如绿色木霉、青霉和曲霉等,一方面与食用菌进行竞争,争夺营养和生长空间;另一方面还分泌毒素,常与食用菌菌丝体间形成对峙的岛屿状拮抗线,抑制食用菌菌丝的生长。

5.寄生

寄生是一种生物生活在另一种生物的表面或体内,前者从后者的细胞、组织或体液中取得营养,常使寄主发生病害或死亡。如双孢蘑菇的褐腐病是疣孢霉寄生在双孢蘑菇的子实体造成的病害。

6.啃食

鼠类、螨类和昆虫的幼虫通常啃食用菌菌丝或子实体,造成减产或降低商品价值。

7.利用

在栽培过程中,情况更为复杂,不仅存在有杂菌竞争养分的问题,而且也存在寄生性微生物直接使食用菌感染病害的问题。但是也有一些微生物对食用菌的定植与生长起协助作用。利用有益微生物帮助分解基质、消除竞争对手,从而有利于食用菌生长。

如双孢蘑菇分解纤维素的能力差,必须用发酵腐熟的培养料。培养料的发酵就是利用一些中温型和高温型微生物(尤其是放线菌)的活动,将复杂的大分子物质分解转化为结构简单的容易被食用菌吸收利用的可溶性物质。同时,这些微生物死亡后留下的菌体蛋白和代谢物对食用菌的生长有促进作用。发酵过程所产生的70℃以上的高温,杀死了一些虫卵和不耐高温的有害微生物。培养料经发酵后,变得疏松透气,吸水性和保温性得到改善。

思考与练习

1.食用菌有哪些生理类型？

2.食用菌可利用的碳源主要有哪些？

3.食用菌可利用的氮源主要有哪些？

4.依照食用菌对温度的反应,食用菌共分为几种类型？

项目四

消毒灭菌

知识目标: 了解消毒灭菌的几个基本概念;熟悉消毒和灭菌的种类和方法;掌握培养基质和空间消毒灭菌方法。

技能目标: 会用高压灭菌锅进行培养基的灭菌;能用常压灭菌锅进行培养基的消毒灭菌;会用高压灭菌锅进行培养基的灭菌;能够对接种与培养环境进行消毒;会检查灭菌效果。

一、消毒灭菌的概念

微生物在自然界的分布十分广泛,生产食用菌的原料、水、工具、设备和空间等都存在着大量的微生物,它们以菌体或孢子的形态存在,随着各种媒介进行传播。这些微生物对食用菌的正常生长发育影响极大。对食用菌而言,除要求培养的菌类以外的微生物都统称为杂菌。食用菌在生长过程中一旦感染杂菌,杂菌就会迅速繁殖,与食用菌争夺养料和空间,甚至分泌毒素或寄生在食用菌上,影响食用菌的正常生长发育,从而给生产造成经济损失。因此,在食用菌的制种和栽培中,应保证菌种优良、纯正、无杂,并且在接种过程要树立严格的无菌观念,掌握和运用消毒、灭菌技术,严防杂菌污染。

灭菌是指在一定范围内用物理或化学的方法,彻底杀灭物料、容器、用具和空气中的一切微生物,包括微生物的营养体和休眠体,使物料成为无菌状态。消毒是采用物理或化学的方法,杀灭或清除基质中、物体表面及环境中的部分微生物。除菌是一种采用机械方法(如过滤、离心分离、静电吸附等),除去液体或气体中微生物的方法。防腐是用来防止或抑制微生物生长繁殖的技术,是一个抑菌过程。杀菌泛指杀死微生物菌体,通常不包括芽孢,有这种作用的药剂称为杀菌剂。

消毒灭菌是排除杂菌干扰,为食用菌创造洁净生长环境的重要保证,也是食用菌生产中的一项基本技术,是食用菌生产成败的关键环节。

由于生产的目的不同,对培养基质、工具、环境中的无菌程度要求也不同。因此,可以根据生产情况选用不同的方法,如灭菌、消毒、防腐。

二、培养基质的消毒灭菌

基质消毒灭菌是食用菌纯培养的必要条件,一般采用热力灭菌。

二维码5　消毒灭菌

热力灭菌是一种物理方法,其原理是利用高温使菌体蛋白变性,从而使酶失去活性,达到灭菌的目的。

热力灭菌有多种方式,分为湿热灭菌和干热灭菌。干热灭菌主要包括火焰灭菌和干热高温灭菌。

因采用不同形式的装置、不同的灭菌温度和不同的灭菌时间及压力标准和要求,通常食用菌培养料湿热灭菌方法又分为:发酵灭菌(巴氏灭菌)、常压灭菌、常压间歇灭菌、高压蒸汽灭菌、真空脉动灭菌等。

(一)高压灭菌

1.高压灭菌锅的种类和用途

高压灭菌锅是密闭耐压的金属灭菌容器。其工作原理是在驱尽锅内空气的前提下,通过加热把密闭锅内的水蒸气压力升高,从而使蒸汽温度相应提高到100℃以上。高压灭菌锅的种类和用途如表4-1所示。

表 4-1　高压灭菌锅的种类与用途

设备名称	设备用途
手提式高压灭菌锅	用于母种培养基的灭菌
立式高压灭菌锅	用于原种和栽培种培养基的灭菌
卧式高压灭菌锅	用于大量原种和栽培种培养基的灭菌

2.高压灭菌锅的构造

手提式高压灭菌锅的构造(图 4-1、表 4-2),立式自动高压灭菌锅的构造(图 4-2)。

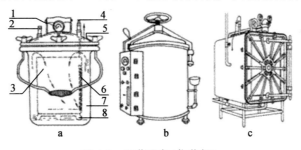

图 4-1　灭菌设备(仿黄毅)

a.手提式高压灭菌锅　b.立式高压灭菌锅　c.卧式高压灭菌锅

1.压力表　2.安全阀　3.锅体　4.放气阀　5.锅盖　6.软管　7.内锅　8.内锅支架

表 4-2　手提式高压灭菌锅的构造

设备名称	设备用途
外锅	装水,供发生蒸汽用
内锅	放置待灭菌物
压力表	指示锅体内压力变化,压力表上有压力指示单位(MPa)及温度指示单位(℃)
放气阀	为手拨动式,排除冷空气
安全阀	又称保险阀。当锅内压力超过额定压力即自行放汽减压,以确保安全
其他附属设备(橡皮垫圈、旋钮、支架等)	

3.高压灭菌锅的使用方法

作用时间、作用温度及饱和蒸汽三大要素是该法灭菌的基本要素。在热蒸汽条件下,微生物及其芽孢或孢子在121℃的高温下(0.1 MPa),经20～30 min 可全部被杀死。高压蒸汽灭菌锅压力的保持时间与被灭菌的物料有关,斜面试管培养基灭菌时在121℃的温度下,经30 min 即可达到灭菌目的。制作原种或栽培种使用的棉籽壳、木屑、麦粒等固体培养基材料,热力不易穿透,在0.147 MPa 的压力下,即温度为126℃,需保持2 h 左右,才可达到灭菌的目的。手提式高压灭菌锅的使用方法(表4-3),立式自动高压灭菌锅的使用方法(表4-4)。

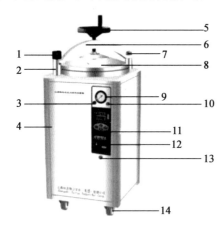

图4-2 立式自动高压灭菌锅的结构
1.保险销 2.左立柱 3.压力灯 4.锅体
5.手轮 6.上横梁 7.右立柱 8.锅盖
9.压力表 10.连锁灯 11.控制面板
12.电源开关 13.欠压锋鸣器
14.脚轮

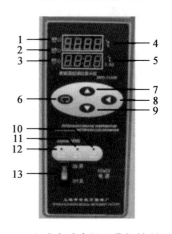

图4-3 立式自动高压灭菌锅控制面板
1.高温指示灯 2.工作加热灯 3.低温指示灯
4.阅读工作状态数 5.温度、时间设定数显窗
(绿色) 6.确认键 7.增加键 8.移位键
9.减少键 10.低水位灯 11.缺水灯
12.高水位灯 13.电源开关

表4-3 手动高压蒸汽灭菌锅的使用方法

操作步骤	使用方法
安全检查	检查灭菌锅是否存在安全隐患,无故障后方可使用
加水装物	直接向灭菌锅内加水,加水量以溢过三脚铁架1 cm 左右为宜。将待灭菌的物品放在内胆中,注意不宜放得过紧密,最好留1/5左右的空隙,以利蒸汽流通
封锅通电	将盖上的软管插入内胆边的槽内,上下对齐螺栓,以对角线方式拧紧,切勿漏气
排冷空气	可用电炉等热源加热至水沸腾,此时需打开放气阀门,排除冷空气,直至蒸汽强烈冲击,保持1～2 min,然后关闭放气阀让其升压
升温保压	待压力表指针达到灭菌所需压力时,保持恒压,此时开始计时,达到预定时间后关闭电源
断电降压	让其自然降温,切不可打开放气阀强制降温
出锅清理	待压力表指针移动至"0"时,打开放气阀,松开栓,开盖,稍微冷却后取出物品,并将锅内剩余的水倒掉,以防日久锅底积垢

表 4-4　立式自动高压蒸汽灭菌锅的使用方法

操作步骤	使用方法
安全检查	检查灭菌锅是否存在安全隐患,无故障后方可使用
开盖	向左转动手轮数圈,直到转运到顶,使锅盖充分提起。拉起左立柱上的保险销,右推开横梁移开锅盖
通电	接通与灭菌锅标牌一致的电源,将控制面板上的电源开关按至 ON 处,此时蜂鸣器响起。提示灭菌锅内无压力,控制面板上缺水位灯亮,锅处于缺水状态
加水	将纯水或生活用水直接注入锅内,观察控制面板上的水位灯,直至高水位灯亮时停止加水
装物	将待灭菌物品依次堆放在灭菌筐内,物品间要留有间隙,这样有利于蒸汽的流通,提高灭菌效果。注意:安全阀放气孔位置必须留出空隙,否则因安全阀气孔堵塞未能泄压,易造成锅体爆裂事故
封锅	横梁必须全部推入立柱槽内,手动保险销自动下落锁住横梁。将手轮向右旋转,使锅盖向下压紧锅体,使之充分密合,致使密封开关处于接通状态
温度设定	按动一下确认键(SET 键),观察绿色数显示;按动增加键,可使温度上调,按动减少键,可使温度下调,温度调好后,按确认键,温度设定程序完毕
设定时间	温度设定完成后,只需再按确认键,将温度显示切换成时间状态。当观察到绿色设定窗在闪烁,此时为时间设定状态,数显窗前二位为小时,后二位为分钟。按动增加键可使时间上调,按动减少键可使时间下调,时间调好后,按确认键,时间设定程序完毕
灭菌	当所需温度、时间设定完毕,高压锅锅进入自动灭菌循环程序,控制面板上的加热灯亮,显示灭菌锅正在正常加热升温、升压。 当灭菌锅内温度达到所设定时,加热灯(绿灯)灭,显示正在保温状态,同时自动控制系统开始进行灭菌倒计时,并在控制面板上的设定窗内显示所需灭菌时间
断电降压	灭菌完成,自动控制装置将自动关闭加热系统,并报警提醒;保温时间自动切换成 End。关闭电源,待压力表指针回零位后,开启排气排水总阀,排气
启盖出锅	向左转动手轮数圈,直到转运到顶,使锅盖充分提起,拉起左立柱上的免除销,向右推开横梁移开锅盖,取出物品

4.注意事项

(1)升压前排净锅内冷空气是灭菌成功的关键。因空气是热的不良导体,当高压锅内的压力升高后,它聚集在锅的中下部,使饱和热蒸汽难与被灭菌物品接触。此外,空气受热膨胀也产生一种压力,致使压力数值达到要求,但灭菌温度却未达到相应指标,从而导致灭菌失败。

(2)灭菌锅内的物品排放不能过密,否则锅内蒸汽流通不畅,会影响温度的均一性,造成死角,导致灭菌不彻底。

(3)灭菌结束后应让其自然降压或缓慢排气降压,排气太快,棉塞会冲掉,灭菌物品如是液体的,则液体会冲出容器,致使灭菌失败。

(4)压力表指针未降到"0"时,决不能打开锅门,以免锅内物品喷出伤人。

(5)灭菌锅要经常检修、保养,保持管道畅通,避免事故发生。

蘑菇灭菌器的工作原理是采用设备自身的真空系统强制抽出灭菌室内的空气,再导入饱和蒸汽并维持一定的时间、一定的温度(压力)。当饱和蒸汽与被灭菌物接触时释放潜热使细菌微生物的蛋白质变性死亡,从而达到灭菌作用。

真空脉动灭菌具有灭菌时间短、灭菌彻底无死角、能耗低等诸多优点,但真空脉动灭菌设备制造成本较大,所以设备一次性投入也就比较高。

(二)常压灭菌

利用自然压力下水沸腾产生的100℃蒸汽温度进行灭菌的方法,称为常压蒸汽灭菌。生产上多采用自制的常压灭菌灶,其建造方法根据各地习惯而异。其优点是灭菌设备可自行建造,结构简单,容量大,成本低。缺点是灭菌时间长,耗能多,操作稍有失误就会造成灭菌不彻底的情况发生。

1.常压灭菌灶的灭菌方法

装有培养料的瓶(袋)入锅时,要直立排放,瓶(袋)之间留有适当空隙,装锅后密封,猛火快攻,使蒸仓内温度迅速升至100℃,保持12 h左右,当灭菌锅内水不足,必须及时加入热水。达到灭菌时间后,闷一夜待锅内温度降下来,才可打开蒸锅,趁热取出灭菌物品。

2.影响常压灭菌的因素

(1)锅内的灭菌物品勿摆放过密,以保证蒸仓内空气流动;4~5 h内使温度达到100℃,避免培养料中微生物继续发酵;灭菌时间从达到100℃时始计起,在生产中以从仓门冒大汽或"太空包"的充分鼓起(菇农称之为"上大汽")为准,中途勿停火、勿干锅或使温度时升时降,但上"上大汽"时,料温未必已达到100℃,需根据各自的灭菌设备加以估算。

(2)培养料预湿以棉籽壳为例,有时经10余日培养后,从栽培袋底部发生杂菌,除了袋子被毛刺破、灭菌不彻底或灭菌时间过短等原因之外,还与棉籽壳预湿不均匀有关。棉籽壳含有少量油脂,不易和水亲和。预湿不透、不均匀时,部分棉籽壳呈干燥状态,包容了大量杂菌,湿热蒸汽难以穿透到棉籽壳中间,达不到彻底灭菌的目的。因此,应尽可能将结块的棉籽壳打碎,提前预湿3~4 h,对其他培养料的预湿也同样不可忽视。

(3)灭菌前,培养基质含有大量的微生物,干燥时,它们呈休眠或半休眠状态,培养料一旦调湿,休眠的微生物恢复活性,增殖速度加快。气温高、人手不足时,装瓶(袋)时间相应拉长,酵母、细菌呈几何级数增殖,就可能导致培养料酸败,灭菌也难彻底。为此,装袋应尽快完成,立即进行灭菌,以便控制灭菌前微生物自繁数量。

(4)灭菌锅内塑料袋排放方式。料袋重叠堆积,料袋受挤压后,料袋之间的间隙被堵塞,湿热蒸汽难以穿透,受热不均,影响灭菌效果,所以应将塑料袋置于周转筐内,以提高灭菌效果。如果栽培袋直接堆叠,袋之间应有空隙,使料袋受热均匀,灭菌彻底。

(5)供热量与灭菌量的比例。如灭菌锅体容量过大,待灭菌物总吸收热量也相应增加,必然导致灭菌锅体内温度上升缓慢,袋内微生物自繁量的增加,影响灭菌效果。一般单口大铸铁锅(直径90~100 cm)的常压灭菌锅以不超过2.3 m³为宜。灭菌初期旺火猛攻,尽可能在短时间(最好4 h)内,使锅下半部的温度达到100℃。

(6)灭菌时间及蒸汽流度。灭菌锅内培养料保持100℃的时间应在12 h以上,这是彻底灭菌的关键。灭菌锅内应有活蒸汽,避免死角。为了保证灭菌过程中有活蒸汽,在构筑常压灭菌锅的过程中,在锅体下半部,人为地开设相适宜大小的排放孔,这对于密封性较好的薄膜覆盖式的常压锅是尤为重要的。

(三)常压间歇灭菌法

常压间歇灭菌就是在常压锅内间断性消毒几次达到灭菌的目的。常压灭菌由于没有压力,水蒸气的温度不会超过 100℃,只能杀灭微生物的营养体,不能杀死芽孢和孢子。采用间歇灭菌的方法,在蒸锅内将培养基在 100℃ 条件下蒸 3 次,每次 2 h,第一次蒸后在锅内自然温度下培养 24 h,使未杀死的芽孢萌发为营养细胞,以便在第二次蒸时被杀死。第二次蒸后同样培养 24 h,使未杀死的芽孢萌发,再蒸第三次,经过 3 次蒸煮即可达到彻底灭菌的目的。间歇灭菌能避免培养料在长时间高温灭菌时遭到破坏,比常压连续灭菌的灭菌效果好,但比较费事。

(四)生物消毒法

生物消毒法又称发酵灭菌/巴氏灭菌,是利用低于 100℃ 的温度杀灭有害微生物的方法,通常用于培养料或覆土的消毒。一般微生物的营养体在 50～70℃ 均可被杀死。培养料堆制发酵时,利用微生物代谢产生的生物热使料温上升,使培养料发酵腐熟,以杀死杂菌的营养体和虫卵。用此法消毒的培养料,也叫半熟料,虽未经蒸煮,但却达到了一定蒸煮的目的。

(五)药物消毒法

在食用菌生料栽培的过程中,通常要在培养料拌料时,加入多菌灵可湿性粉剂、克霉灵、高锰酸钾或甲基托布津等杀菌剂,以杀死杂菌或抑制杂菌的生长。在堆制培养料时,常加入 1%～2% 的生石灰,这不仅有消毒灭菌的作用,同时还可以调节 pH。但用量不宜太大,气温低时可少一些,气温高时可适当加大比例,但不能超过 5%。猴头菇等喜酸性食用菌不宜加生石灰。为保证消毒效果,最好采用新制石灰。

三、接种与培养环境的消毒灭菌

食用菌生产是对食用菌进行纯培养的过程,为保证食用菌的正常生长发育,必须做到生产的各个环节都在清洁无菌的环境中进行。因此,对接种室、接种箱、培养室、出菇房、接种工具、接种人员的手等都要进行消毒或灭菌,以防杂菌和病虫害的发生。化学杀菌剂消毒和紫外线消毒是接种与环境消毒灭菌的重要手段。

(一)表面消毒灭菌

在食用菌生产中,表面消毒多用于分离材料表面、接种工具、菌种瓶口和操作人员的手,可通过浸泡、涂抹、洗刷等方式进行。

1. 药物消毒

(1)分离材料的表面消毒 用 0.1% 升汞浸泡 1 min,再用无菌水反复冲洗表面的升汞,如留有升汞会影响食用菌菌丝萌发。此法只适用于子实层未外露的种菇、菇木等材料的表面消毒,不能用于子实层外露的种菇材料,因升汞杀伤力强,会损坏子实层的细胞。子实层外露的种菇菌盖和菌柄的表面可用 70%～75% 的酒精进行擦拭消毒。

(2)器皿、器具的消毒 常用的消毒剂及其使用方法见表 4-5。

表 4-5　常用的消毒剂及其使用方法

消毒剂种类	使用浓度	使用方法及注意事项
酒精	70%～75%	擦拭接种工具和试管口,再通过火焰数次杀菌,但只适用于耐烧物品
新洁尔灭	0.25%	擦拭或浸泡消毒
来苏儿	3%	采用浸泡或喷洒的方法对器皿进行表面消毒
过氧化氢	6%	器皿浸泡 30 min 可达消毒目的。具有广谱、高效、长效的杀菌特点,暴露在空气中易分解,应随配随用
高锰酸钾	0.1%～0.2%	用于浸泡,只能外用。暴露在空气中易分解,应随配随用

2. 煮沸消毒

主要用于接种工具、器材的消毒。将接种工具、器材等置沸水中烧煮一定时间,以杀死微生物的营养体,若在煮沸时加入少量的 2% 碳酸氢钠或 11% 的磷酸钠可增强消毒效果。

3. 干热灭菌

(1)火焰灭菌　直接以火焰灼烧,可立即杀死物体表面的全部微生物。此法灭菌简单、快速、彻底,但应用范围有限,只适用于耐烧物品,如金属制的接种工具、试管口等,或用于烧毁污染物品。常用工具有酒精灯等。

(2)热空气灭菌　即在电热恒温干燥箱中利用干热空气来灭菌。由于蛋白质在干燥无水的情况下不容易凝固,加上干热空气穿透力差,因而干热灭菌需要较高的温度和较长的时间。在干热的情况下,一般细菌的营养体在 100℃ 经 1 h 才能被杀死,芽孢则需 160℃ 经 2 h 才能被杀死。

操作方法　将待灭菌器物预先洗净、晾干后用牛皮纸或旧报纸包好,放入干燥箱;升温至 160℃ 保持 2 h;达到恒温时间后切断电源,自然降温;待箱内温度下降到 60℃ 以下,取出物品待用。

注意事项　升降温勿急;灭菌温度不超过 180℃;随用随开包。

干热灭菌简便易行,能保持物品干燥,但只适于玻璃器皿、金属用具、凡士林及液体石蜡等;对于培养基等含水分的物质,高温下易变形的塑料制品及乳胶制品,则不适合;灭菌结束后一定要自然降温至 60℃ 以下才能打开箱门,否则玻璃器皿会因温度急剧变化而破裂;灭菌物品用纸包裹或带有棉塞时,必须控制温度不超过 180℃,否则容易燃烧。

(二)室内杀菌消毒法

1. 物理消毒法

(1)紫外线消毒法　主要用于接种室、菌种培养室等环境的空气消毒和不耐热物品的表面消毒。其杀菌机理是当其作用于生物体时,可导致细胞内核酸和酶发生光化学反应,而使细胞死亡。另外,紫外线还可使空气中的氧气产生臭氧,臭氧具有杀菌作用。

紫外线的杀菌效果与波长、照度、照射时间、受照射距离有关。一般选用 30～40 W 的室内悬吊式紫外线灯,安装数量应平均不少于 1.5 W/m³,如 60 m² 房间需要安装 30 W 紫外线灯 3 支,并且要求分布均匀。30 W 紫外线灯的有效作用距离为 1.5～2 m,1.2 m 以内效果最佳,照射 20～30 min,即可杀死空气中 95% 的细菌,但对真菌效果差,只起辅助消毒作用,还需配合药物使用。为防止光修复,应在黑暗中使用紫外线。照射结束后,须隔 30 min,待臭氧散尽后再入室工作。为保证紫外灯的照度,应定期更换紫外灯,一般使用 3 000～4 000 h 更换一次。此外,紫外线对人体有伤害作用,不要在开启紫外灯的情况下工作。

(2)臭氧发生器 主要用于接种室、接种箱、菇房、更衣室等空气流动性差的小环境内消毒。该产品能高效、快速杀灭空气中和物体表面各种微生物,接种成功率可达 97% 以上;同时具有性能稳定、操作简单、耗电小的特点。

2.熏蒸杀菌法

熏蒸消毒是利用喷雾、加热、焚烧、氧化等方式,产生有杀菌功能的气体,对空间和物体表面进行消毒杀菌的方法。

(1)甲醛和高锰酸钾熏蒸法 使用方法是每立方米空间用 8～10 mL 40% 甲醛和 5～7 g 高锰酸钾,先将高锰酸钾倒入陶瓷或玻璃容器内,再加入甲醛;加入甲醛后人立即离开,密闭房间。室温保持 26～32℃,消毒时间一般为 20～30 min。消毒后要打开门窗通风换气。注意顺序:要将甲醛溶液倒入高锰酸钾内。

如果接种室较大,最好多放几个容器,进行多点熏蒸,效果会更好。有条件安装紫外线杀菌灯,在熏蒸的同时开启紫外灯,可达到更好的杀菌效果。甲醛气体对人的皮肤和黏膜组织有刺激损害作用,操作后应迅速离开消毒现场。熏蒸后,24 h 后方能进入室内工作,若气味过浓影响操作时,可在室内熏蒸或喷雾浓度为 25%～28% 的氨水,每立方米空间用 38 mL,作用时间 10～30 min,以除去甲醛余气。

(2)硫黄熏蒸法 常用于无金属架的培养室、接种箱、接种室等密闭空间的熏蒸消毒。硫黄用量为 15～20 g/m³。使用方法为先加热,使室内温度升高到 25℃ 以上,同时在室内墙壁或地面喷水,使空间相对湿度在 90% 以上。在磁盘内放入少量木屑,再放入称好的硫黄,点燃,密闭熏蒸 24 h 后方可使用。由于二氧化硫比较重,因此焚烧硫黄的容器最好放在较高的地方。

(3)气雾消毒盒(剂)熏蒸法 因气雾消毒剂具有使用方便、扩散力及渗透性强、杀菌效果好、对人体刺激性小等优点,而被广泛用于室内的空间消毒,是目前最为普及的消毒方式。一般用量为 2～6 g/m³,熏蒸 30 min 即可进行接种。使用时取一个大口容器(玻璃、搪瓷、陶器均可),放入适量气雾剂,点燃后立即会产生烟雾。

3.其他消毒法

该法常用于潮湿环境或密封性不好的场所,室内消毒常用的消毒剂及使用方法见表 4-6。

表 4-6 室内消毒常用的消毒剂及使用方法

药品种类	使用浓度	作用范围	使用方法	注意事项
漂白粉	2%～3%	墙壁、地面及发生疫病场所,漂白粉对细菌的繁殖型细胞、芽孢、病毒、酵母及霉菌等均有杀菌作用	洗刷、喷雾、浸泡,潮湿地面可用 20～40 g/m² 干撒	漂白粉水溶液杀菌持续时间短,应随用随配

续表 4-6

药品种类	使用浓度	作用范围	使用方法	注意事项
乙醇	70%～75%	皮肤、菌种管、瓶表面、工作台面等	浸泡或用酒精棉球擦抹	
过氧乙酸	杀灭微生物营养体用 0.5% 的浓度处理 5～10 min,杀灭细菌芽孢用 1% 的浓度处理 5 min	接种环境、培养室、栽培环境等	喷雾、熏蒸	原液为强氧化剂,具有较强的腐蚀性,不可直接用手接触
来苏儿（煤皂酚）	1%～2%	皮肤、地面、工作台面	浸泡、涂抹或喷洒	如需加强杀菌效果将药液加热至 40～50℃ 使用
新洁尔灭	0.25%	皮肤	浸泡或涂抹	随配随用
石炭酸（苯酚）	3%～5%	接种用具、培养室、无菌室等	浸泡或喷雾	配制溶液时,将苯酚用热水溶化。若加入 0.9% 食盐可提高其杀菌力。使用时因其刺激性很强,对皮肤有腐蚀作用,应加以注意
高锰酸钾	0.1%～0.2%	菌种瓶、袋、接种工具等	浸泡或擦抹	随配随用
石灰（生石灰和熟石灰）	5%～10%	培养室、地面	喷洒或洗刷	干撒。霉染处或湿环境,一定要用生石灰,因熟石灰易吸二氧化碳变成碳酸钙,而失去杀菌效力

四、消毒灭菌效果检查

(一)培养基灭菌效果检查

当采用一种新培养基,或使用新灭菌设备,或对灭菌压力变更时,要通过试验对培养基灭菌效果进行严格检验。具体检验方法如下:

灭菌结束后,在锅内不同位置,取若干支试管或菌瓶(袋),贴上标签,置 25～30℃ 下空白培养 6 d,如果所有试管或菌瓶(袋)培养基表面和内部无变化,表明已达到灭菌目的,可以使用。如果个别试管或菌瓶(袋)培养基上出现杂菌菌落,可能是在摆放试管、袋)时,放得过紧,没有间隙,导致热蒸汽流通不畅,或灭菌锅结构不合理等原因所致,应根据具体情况进行改进;如果是大部分或全部试管、菌瓶(袋)培养基上出现杂菌菌落,可判断为温度或灭菌时间不够,要提高灭菌压力或延长灭菌时间。经多批次灭菌和检验后,培养基都能达到彻底灭菌要求,以后在采用同样培养基和同样灭菌方法时,就不用每批都进行检验了。

(二)接种室或接种箱灭菌效果检查

接种室(箱)应定期对消毒灭菌效果和空气污染程度进行检验,常用检验方法有平板法和斜面法两种:

1.平板法

配制肉汤琼脂培养基和马铃薯葡萄糖培养基,按无菌操作规程分别将培养基倒入培养皿中制成平板,每种培养基各取 6 个,同时放入接种室(箱)内。检验时,按无菌操作法各打开 3 个皿盖,暴露一定时间后再重新盖上;另 3 个不打开皿盖做对照。然后将两组一起置于 30℃温度条件下进行培养,48h 后取出观察。根据有无菌落、菌落个数和形态,来判断接种室(箱)被污染程度和杂菌种类。

2.斜面法

取常规制作的肉汤琼脂培养基和马铃薯葡萄糖培养基斜面试管各 6 支,放入接种室(箱)内,按无菌操作法各打开其中 3 管试管棉塞(拔下的棉塞置于无菌培养皿中),暴露一定时间后,再重新塞上棉塞,另 3 管不打开棉塞做对照,然后将两组一起置于 30℃温度条件下培养,48 h 后取出观察。根据有无菌落、菌落个数和形态,来判断接种室(箱)被污染程度和杂菌种类。

合格标准:平皿打开盖 5 min 不超过 3 个菌落;斜面打开棉塞 30 min 不长菌落。若生长菌落超过此数字,则要采取措施提高灭菌效果。

思考与练习

1.举例说明什么是消毒、灭菌。

2.高压灭菌不彻底的原因有哪些?

3.接种工具如何进行火焰灼烧灭菌?

4.如何检查培养基灭菌效果?

5.如何检查无菌室或接种箱灭菌效果?

食用菌

菌种生产篇

菌种生产概述

项目五　母种生产

项目六　固体菌种生产

项目七　液体菌种生产

项目八　菌种质量鉴定与保藏

菌种生产概述

知识目标：了解菌种分类；熟悉菌种常用的培养基及无菌操作规程。

技能目标：会操作及维护食用菌生产仪器及设备；会用无菌操作技术培育各级菌种；会鉴定掌握菌种质量；会保藏菌种。

一、菌种的概念

广义菌种是指具有繁衍能力、遗传特性相对稳定的繁殖材料，包括孢子、组织或菌丝体等。通常生产上所用的菌种，是指以适宜的营养培养基为载体进行纯培养的菌丝体，也就是菌丝体及其所生长的培养基的混合物。

在自然界中食用菌主要是依靠孢子来繁殖后代的，食用菌的孢子相当于植物的种子，孢子借风力、水流和动物等传播到适宜的环境下萌发成菌丝体，菌丝体生长繁衍到生理成熟后，在一定条件下形成子实体，并产生下一代孢子。但是在人工栽培时，由于孢子很微小，人们无法利用孢子直接播种，通常人们采用的是孢子或子实体组织、菌丝组织体萌发而成的纯菌丝体作为播种材料。菌种在食用菌生产中起着决定性的作用，菌种的优劣直接关系到食用菌生产的成败。

二、菌种的类型

(一)根据来源、繁殖代数及生产目的分类

食用菌菌种按物理性状分为固体菌种和液体菌种；在生产实际中，应用最为广泛的是根据菌种的来源、繁殖代数及生产目的分类，可分为母种、原种和栽培种三级。

1. 母种

从自然界首次通过分离而得到的纯菌丝体称为母种，包括继代培养的菌种。母种是菌种生产的第一程序，菌丝体的代谢能力较弱，对培养基的要求比较高，一般采用试管培养基进行培养，因此又被称为一级菌种或试管种。母种主要是用于繁殖原种和菌种保藏。

2. 原种

母种扩接在固体培养基上获得的菌种称为原种。一般是将母种接种到装有木屑、棉籽壳、

谷粒、稻草等培养基的菌种瓶（袋）中进行培养，因此原种又被称为二级菌种或瓶装种。母种经固体培养基进行培养形成原种的过程中，菌丝体对培养基有了一定的适应能力，且生长也比较健壮，因此，原种也可以作为栽培种直接用于大田生产。

3.栽培种

由原种扩大培养而得到的菌种称为栽培种，常称为生产种或三级菌种。栽培种一般只用于生产，不能用于再扩大繁殖菌种，否则会导致生活力下降，菌种退化，造成损失。

（二）根据培养基的物理特性不同分类

1.固体菌种

用固体培养基培养的菌种为固体菌种。固体菌种对设备、工艺、技术等要求较低，实际生产中最为常见，缺点是菌龄长，菌龄不一致，发酵率低等。

2.液体菌种

采用液体培养基培养的菌种，菌丝体在液体中呈絮状或球状，对工艺、设备、技术要求较高。液体菌种平均制种时间为3 d左右，而固体菌种一级到三级的转代培养一般需2～3个月，液体菌种培养时间是固体菌种的1/10。液体菌种具有生产周期短、发酵率高、菌龄一致、成本低、接种方便等特点，更有利于食用菌生产的标准化、工厂化和周年化，是菌种生产的方向。

三、食用菌菌种培养基

菌种培养基就是人工按照食用菌生长发育所需要的各种营养成分，以一定的比例配成的基质，它是菌丝体无性繁殖的基础。菌种培养基与常规培养基配制原理和理化性状基本相同，由于培养对象不同，又存在一定的区别。培养基必须具体三个条件：第一，含有培养对象生长所需的营养物质，且比例要适合；第二，理化性状适合培养对象菌丝体生长；第三，经过严格的灭菌，保持无菌状态。

四、菌种厂规划与布局

无论新建或改建菌种厂都必须根据当地的资源、投资能力、技术力量及产品销售等情况全面考虑，来确定其规模与生产品种。厂址最好选择在交通方便、有水有电、地势高燥、四周空旷、环境清洁、空气新鲜、无污染、杂菌少、远离畜禽棚舍与饲料仓库的地方。菌种厂的布局，既要符合科学要求，又要因地制宜，讲求实用。要根据生产流程，对各个专用房间进行合理布局，以便于操作，减少杂菌污染，提高制种效率。菌种厂基本的生产用房与场地主要包括培养基的配制场所、灭菌室、接种室及培养室等，还要有一些摊晒、堆积原材料的空旷地。菌种场设计以当地最大宗菌种制作工艺流程来安排生产线的走向，防止交错，以提高生产工效，并保证菌种质量。

五、菌种制作

人们通过菌种分离获得纯的菌丝体后，就可以应用于食用菌生产了，在食用菌生产中，母种主要用于扩大繁殖成二级菌种，再由此扩大繁殖成三级菌种，供栽培用。母种是菌种生产的基础，母种质量的优劣，直接关系到二级菌种和三级菌种的质量，对食用菌生产产生根本的影响。因此，菌种生产要按照无菌操作规程进行，从菌种分离、转管、接种、培养等步骤都要严格把关,才能保证菌种的纯正,保障食用菌生产的安全顺利进行。

　　将食、药用菌菌种移植在培养基(物)中的方法、过程,在菌种生产工艺中称为接种。而在栽培生产中称为下种或播种,它是食用菌菌种制作过程中的一个关键操作环节,接种操作方法是否得当直接影响着后续食用菌的生产成败。无论是菌种分离、传代还是扩繁,都要在无菌条件下严格按照无菌操作规程进行。

项目五

母 种 生 产

> **知识目标**：了解母种培养基的种类；熟悉母种常用的培养基制备方法及操作注意事项；知道母种扩繁的工艺流程；知道无菌操作规程。
> **技能目标**：会制作加富 PDA 培养基；能进行母种的扩大繁殖；会大型子实体的组织分离，能分析分离接种的结果。

一、菌种分离

将有价值的子实体的局部组织或孢子移接在斜面试管培养基上，获得纯培养菌丝的操作称为菌种分离。

食用菌的菌种分离分为孢子分离法、组织分离法和基内菌丝分离法 3 种。其中，孢子分离属有性繁殖，组织分离法和基内菌丝分离法属无性繁殖。

(一)孢子分离法

孢子是食用菌的基本繁殖单位，用孢子来培养菌丝体是制备食用菌菌种的基本方法之一。孢子分离法是利用子实体上产生的成熟有性孢子分离培养获得纯菌种的方法。孢子分离法有以下几种：

1. 种菇孢子弹射法

选择群体生长势强的优良个体，并要求特征典型，外表清洁，成熟度适当，无病虫危害的子实体作种菇。根据子实体的不同形态，采集孢子的方法有两大类。

(1)整菇插种法 这是伞菌类食用菌的孢子采集方法。将种菇经表面消毒后，在无菌操作下插入无菌孢子收集器内，置适温下让其自然弹射孢子(图 5-1)。在无菌条件下，将孢子稀释成悬浮液，接种到 PDA 培养基上，萌发成纯菌丝体即成菌种。

(2)悬钩法 取成熟菌盖的几片菌褶或一小块耳片(黑木耳、毛木耳、白木耳)，用无菌不锈钢丝(或铁丝、棉线等其他悬挂材料)悬挂于三角瓶内的培养基的上方(图 5-2)，勿使接触到培养基或四周瓶壁。置适宜温度下培养、转接即可。

2. 孢子印分离法

将成熟的新鲜的子实体，经表面消毒，切去菌柄，菌褶向下，放在无菌的黑色或白色纸上，白色孢子用黑色纸，深色孢子用白色纸，用通气钟罩罩上，放 20～24 ℃静止环境约 24 h，轻轻

图 5-1　孢子采集器

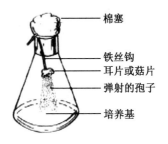

棉塞
铁丝钩
耳片或菇片
弹射的孢子
培养基

图 5-2　悬钩法

拿去钟罩,这时大量的孢子已落在纸上,再从孢子印上挑取少量孢子移入试管培养基上培养。

3.菌褶涂抹法

取成熟的伞菌,切去菌柄,在接种箱内用 75％酒精对菌盖、菌柄表面进行消毒,然后用经火焰灭菌并冷却后的接种环插入两片菌褶之间,并轻轻抹过菌褶表面,此时接种环上就粘有大量的孢子,可用划线法将孢子涂抹于 PDA 试管斜面上或平板上,放适温下培养,数天后就会萌发成肉眼可见的菌丝体。

4.空中孢子捕捉法

香菇、平菇等伞菌成熟后,大量的孢子会自动弹射出来,在子实体周围形成似烟雾的"孢子云",这时可将培养基平板或装有培养基的试管口对准孢子云飘动的方向,使孢子附着在培养基表面,盖上皿盖或塞上棉塞培养。多孢子分离方法,优点是操作简单,没有不孕现象,是孢子分离的基础,但应用有局限性,进行育种、从孢子中选优及做杂交,必须作单孢子分离。

5.单孢子分离法

所谓单孢子分离即从收集到的多孢子中将单个孢子分离出来,分别培养,作为育种材料。是食用菌杂交育种常规手段之一,也是研究食用菌遗传学不可少的手段。操作比较简单,成功率较高的方法有平板稀释法、连续稀释法和毛细管法等。

(二)组织分离法

组织分离法是采用食用菌子实体或菌核、菌索的任何一部分组织,培养成纯菌丝体的方法。食用菌组织分离法具有操作简便,分离成功率高,便于保持原有品系的遗传特性等优点,因此是生产上最常用的一种菌种分离法。

采用子实体的任何一部分如菌盖、菌柄、菌褶、菌肉进行组织培养,都能分离培养出菌种,但是生产上常选用菌柄和菌褶交接处的菌肉作为分离材料,此处组织新生菌丝发育完好,菌丝健壮,无杂菌(在培养某一食用菌时,污染的其他微生物)污染,采用此处的组织块分离出的菌种生命力强,菌丝健壮,成功率高。不建议使用菌褶和菌柄作为分离材料,因为这些组织主要在空气中暴露,容易被杂菌污染,菌丝的生活力弱,分离成功率低。

1.子实体组织分离法

(1)伞菌类组织分离　将种菇在无菌接种箱内以 0.1％的升汞水浸 0.5～1 min,再用无菌水冲洗并揩干,或用 75％酒精棉球擦拭菌盖与菌柄 2 次,进行表面消毒。接种时,将种菇撕开,在菌盖和菌柄交界处,挑取一小块组织,移接到母种培养基上。置 25℃左右温度下培养。待菌丝长至斜面 1/2 时,挑菌丝尖端丝转管,培养成再生母种。将再生母种扩成原种、栽培种,使其出菇。选择高产、优质的母种,用于扩大培养。

（2）胶质菌组织分离（以黑木耳为例）　胶质菌类耳片较薄，具有一定的韧性，不易进行组织分离。一种方法是将耳片用无菌水反复冲洗，用无菌纱布吸干水分，再用酒精棉球擦拭消毒，然后用解剖刀将耳片切成 0.5 cm² 小块，移入培养基，于 28℃ 下进行培养；另一种方法是剖取尚未展开耳片的耳基团内的组织块进行分离。

2. 菌核组织分离方法（以茯苓为例）

茯苓、猪苓、雷丸等菌的子实体不易采集，而常见的是它贮藏营养的菌核。用菌核分离，同样可以获得菌种。方法是选择幼嫩、未分化、表面无虫斑、无杂菌的新鲜个体。将菌核表面洗净，用 75% 酒精或 0.1% 升汞消毒后，在无菌条件下，将菌核剖开，于菌核皮附近取蚕豆大小的菌核组织，接种在 PDA 培养基斜面上，于 26～30℃ 培养。应注意的是，菌核是贮藏器官，大部分是多糖类物质，只含有少量的菌丝，因此挑取的组织块要大一些，如果组织块过小，则不易分出菌种。

3. 菌索分离方法

有些食用菌子实体不易找到，也没有菌核，可以用菌索进行分离。如蜜环菌、假蜜环菌。其操作方法是先选取粗壮、无虫蛀的菌索数根。先将表面的泥土、杂物冲洗干净，吸干水分后带入无菌接种箱。用 75% 酒精棉球消毒菌索表面，再用经灭菌的锋利的解剖刀将菌鞘割破后小心剥去，注意不要割断，抽出白色菌髓部分；用无菌剪刀将菌髓剪一小段，接种在培养基上，保温培养，即得该菌菌种。也可将菌索生长点切断，用无菌水冲洗数次，然后用尖头镊子夹住并插入含氮较高的培养基内，利用菌索厌氧生长习性，穿入培养基内。当菌索大量繁殖后，将试管底击破，取含有菌索的培养基琼脂块移入新的培养基。

（三）基内菌丝分离法

基内菌丝分离法是利用食用菌生育的基质作为分离材料，取得纯菌丝的一种方法。一般是在得不到子实体或子实体过小又薄，采用组织分离或孢子分离难以得到菌种的情况下采用。像银耳等有伴生菌的菇类也常采用基内菌丝分离法。

1. 菇木分离法

菇木分离法又称耳木分离法、寄主分离法、基内菌丝分离法。

（1）菇木的选择　在该菌的生长季节，选择子实体大而肥、颜色和形态正常、无病虫害、杂菌少、腐朽程度较轻的新鲜菇木或耳木作种木。

（2）菇木的消毒　采集到的菇木，取长子实体的部位两侧各 1～2 cm 的木段，通过酒精灯火焰往复燎过数次，以烧死表面的杂菌孢子，除去树皮和无菌丝的心材部分，送入消毒灭菌过的接种箱内，将木片浸入 0.1% 的升汞或 75% 的酒精溶液中，浸泡 1 min，上下不断翻动，然后用无菌水冲洗，要反复冲洗数次（图 5-3）。

（3）分离　用无菌纱布把木片上的水吸干，放到干净的无菌纱布上，用无菌刀切成火柴梗大小，移接到斜面培养基的中央。

（4）培养　在 22～25℃ 下培养 2～3 d 后，菇木条上一般就会长出白色菌丝，在培养过程中每天都要检查有无杂菌感染，并及时淘汰感染的试管。经培养纯化、出菇试验，最后从中挑选出生长发育好的作母种。

2. 土中菌丝分离法

这是利用腐生菌的地下菌丝体分离得到纯菌种的方法，是在取不到子实体而又需要时才采用。具体方法是取腐烂菇体下与菇根相连的菌丝体，尽可能选择粗壮的菌丝束，拿回后用流水轻轻反复冲洗，最后用无菌纱布吸干，取菌丝束的尖端部分，接入加有抗生素的培养基中，

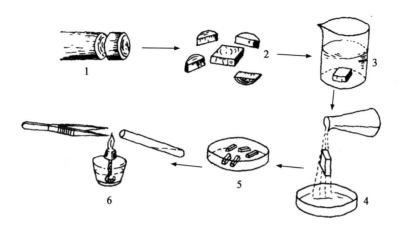

图 5-3 菇木分离法
1.种木　2.切去外围部分　3.消毒　4.冲洗　5.切块　6.接入试管
(引自常明昌,2009)

25℃左右培养。选择没有杂菌感染的纯菌丝体,进行出菇试验,待长出子实体就能确认是不是所需要的菌种。

◆◆◆ 任务一　食用菌组织分离 ◆◆◆

知识目标:了解菌种分离分离法;掌握大型子实体组织分离的方法。
能力目标:能根据常见食用菌的生产特点,选择合适的培养基类型和分离方法;能做好组织分离前的准备工作;进行菌种的分离与纯化,并能分析菌种分离纯化的结果。

组织分离的工艺流程:

接种准备 → 种菇的选择 → 接种环境的处理 → 移取组织块 → 接种培养 → 转管纯化

(一)接种准备

接种箱或超净工作台、手术剪刀、尖头镊子、普通镊子、培养皿、烧杯(中、小 3~5 只/箱,用于盛放废物、冲洗种菇等)、吸水纸、酒精棉球、火柴、酒精灯、记号笔、口取纸、种菇、空白斜面培养基、95%酒精、75%酒精等。

(二)种菇的选择

种菇应选择头潮菇、外观典型、大小适中、菌肉肥厚、颜色正常、尚未散孢、无病虫害的优质单朵菇。

(三)接种环境的处理

先用 2%来苏儿清洁接种箱内外,放入种菇及分离菌种所需的物

二维码 6　食用菌组织分离

品,用食用菌专用气雾剂熏蒸 30 min 左右。

如用超净工作台接种,可用消毒液擦拭台面后放置接种所需物品,开启紫外灯及风机,照射 20 min 后使用。

(四)移取组织块

先将种菇消毒,在接种箱或超净工作台的无菌区,用镊子夹着燃烧的酒精棉球迅速擦拭菇体。

将菇体撕开,用经火焰灭菌的接种针或用无菌尖头镊在柄盖交界处取黄豆粒大小的组织块(图5-4),放在试管培养基斜面中央,塞好棉塞,将个别组织块接种位置偏离的试管调整好,一般一个菇体可以分离 6～8 支试管,每次接种在 30～50 支试管,以备挑选用。

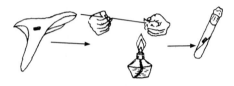

图 5-4 子实体组织分离法
(引自常明昌,2009)

(五)贴标签

标签上注明菌种名称、编号、来源和日期。

(六)培养

每 10 支 1 捆,置于 25℃左右的恒温培养箱中培养。2～4 d 后可看到组织块上长出白色绒毛状菌丝体,周围无杂菌污染,表明分离成功。

(七)转管与纯化

组织分离得到菌种后,再转到新的斜面培养基上,并认真观察菌丝萌发情况。在菌丝团直径接近 1 cm 时,挑选色泽纯、健壮、长势正常、无间断的菌丝,在接种箱或超净工作台内,用接种针将菌丝的前端移接到新的试管培养基上。在 23～25℃的恒温条件下,培养 7～10 d,待菌丝长满管后,再进行观察,从中择优取用。

 知识拓展

菌种纯化方法

菌丝分离后,在培养初期必须判断菌丝是否已被杂菌感染。为此,宜将萌发的一小段菌丝移接到新的培养基上,再次判断是否有杂菌感染。如果已确定被污染,可以使用下述混有抗霉剂或抗生素的培养基或其他技术措施将污染除去。

1.选择性培养基

从腐朽严重的木材块上分离菌丝时,新生菌常会伴随各种各样的细菌、霉菌出现。这种情况可使用选择性强的抗霉剂培养基,如多菌灵(MBC)。还有对细菌类有效的抗生素如四环素、氯霉素等加入培养基内,以抑制细菌的出现,加入量为 30 mg/L。抗霉剂使用浓度为 5～10 mg/L。此外,还可以在培养基内添加金霉素 20～30 mg/L、链霉素 30～40 mg/L 或高锰酸钾 50 mg/L。

2.排除细菌性或酵母菌污染

菌种分离操作复杂,分离物来自野生菌类或栽培场,因此,细菌性污染概率高,时常会出现黏稠状或油滴状的菌落。为了排除污染,除孢子分离外,凡是采用组织分离,基内菌丝分离,均应将分离物接种在无冷凝水、硬度高(增加琼脂用量至 2.3%～2.5%)的斜面上,再降温至 15～20℃。利用某些大型真菌在温度较低时菌丝生长比细菌快的特点,用尖细的接种针切割菌丝的前端,转接到新的斜面培养基中培养,连续 2～3 次就能获得纯菌丝。也可以用接种铲将斜面污染的细菌菌落铲掉,打破试管,挑取基内菌丝,移入无冷凝水的培养基上,这种方法适用于菌龄较长,被好气性细菌污染的试管。

3.排除霉菌污染

分离后进行培养,一旦发现颜色明显的霉菌小斑点从接种块处形成,最好放弃。如由同一材料分离得来的各支试管都是如此,那就要重新分离。如霉菌仅出现在分离块附近,是接种时无菌操作不严格造成的。如霉菌菌落刚出现孢子,孢子未成熟时,尚未变色,可采用菌丝切割法提纯。如霉菌菌落颜色已加深,意味着众多分生孢子成熟,稍一振动,孢子就会飘散在培养基表面,再行前端切割术提纯意义不大。如菌丝蔓延范围较大,可将 1% 多菌灵湿滤纸块盖在霉菌菌落上,防止提纯时,霉菌孢子扩散。然后用火焰灭菌过的接种铲将分离物表层铲掉,用另一接种针钩取分离物位置下的基内菌丝,移入新的培养基。

4.菌丝再提纯

采用如前述切割法或基内菌丝挑取法,大多数能获得菌丝,但也不能排除另一种菌丝混杂在其中,特别是采用菇木分离法时,这种危险性出现的概率较高。为了保持其纯度必须对菌丝再提纯。

为了便于判断分离培养后菌落的纯度,将菌丝块接入琼脂培养皿内培养。如是纯菌丝,培养后的菌落会逐渐向四周呈辐射状散开,外缘十分整齐。如菌种不纯,混有其他真菌,菌丝生长速度不一,菌落外缘参差不齐。另外,再提纯时可将菌落中生长速度较为一致的部分菌落,用菌丝切割法提纯。

思考与练习

1.什么是菌种分离?菌种分离有哪几种方法?

2.简述组织分离法的操作过程。

3.观察组织块的生长情况,观察记录,分析分离的试管菌种发生污染的原因。

4.为什么要进行出菇试验?

 任务二　食用菌母种扩繁

知识目标:能熟练掌握母种培养基制作技术;能熟练掌握母种的接种与培养技术;学习识别杂菌的方法及意义。

技能目标:能进行母种的扩大繁殖;能分析分离接种的结果。

二维码7　食用菌
母种扩繁

斜面母种的扩大培养,称为继代培养,俗称转管。无论引进或自己分离的母种,都需要适当转代,使之产生大量再生母种,才能源源不断供应生产。再生母种的生活力常随转代次数的增加而降低,一般转代5次以后就换分离法。接种是食用菌制种工作中的一项最基本的操作,无论是菌种的转代、分离、鉴定,还是进行食用菌形态、生理、生化等方面的研究都离不开接种操作。为了保证菌种纯净无污染,必须在无菌接种箱内或超净工作台上操作。

(一)生产前准备

1.仪器用具及消毒药品的准备

电炉子、铝锅、玻璃棒、漏斗、纱布、止水夹、漏斗架、切菜小刀、切板、1 000 mL 烧杯、捆扎绳、棉花、试管(18 mm×180 mm)100 支、试管架、铁丝筐、1.5 cm 厚的长木条、标签、天平、称量纸、牛角匙、精密 pH 试纸、牛皮纸、皮筋、纱布、恒温培养箱、手提式高压灭菌锅、超净工作台或接种箱、接种铲、酒精灯、火柴、记号笔、口取纸等。消毒药品包括:75%酒精棉球、0.25%新洁尔灭溶液等。

2.材料准备

母种培养基的配方很多,最常用的是 PDA 培养基。此外,各地的科研工作者和有经验的生产人员通过不断探索,设计出许多培养基配方,生产者可根据具体情况酌情选择,见表5-1。

(二)母种培养基的配制

1.制备营养液

以 PDA 培养基为例,按照 100 支试管母种,计算各种成分的用量,准确称取各种物质(表5-1、图5-5)。

(1)煮汁取滤液　将马铃薯洗净,去皮去芽眼,准确称量200 g,然后把马铃薯切成1 cm 见方的小块或2～3 mm 厚的薄片后放在小锅内,加水1 000 mL,煮沸,再用文火保持20 min 左右,并适当搅拌,使营养物质充分溶解出来,然后用双层预湿过的纱布过滤,取其滤液。

表 5-1　常见的母种培养基配方

培养基名称	配方中各物质的量	适用范围
PDA	马铃薯(去皮)200 g,葡萄糖 20 g	适宜绝大多数食用菌
PSA	马铃薯(去皮)200 g,蔗糖 20 g	同上
加富 PDA	马铃薯(去皮)200 g,葡萄糖 20 g,玉米粉 5 g,麸皮 15 g,蛋白胨 5 g,硫酸镁 1 g,维生素 B_1 10 mg	适合多数食用菌菌丝生长
CTM	葡萄糖 20 g,蛋白胨 2 g,硫酸镁 0.5 g,磷酸二氢钾 0.46 g	最常用的合成培养基
豆粉培养基	黄豆粉 40 g,蔗糖 20 g,硫酸镁 0.75 g,磷酸二氢钾 0.75 g	适合多数食用菌,尤其适合金针菇

注:以上各培养基中,水 1 000 mL,琼脂 20 g,pH 自然。

(2)补足水量,加药品溶化　补足水量至 1 000 mL,加入葡萄糖和琼脂,不断搅拌,待其全部溶化。注意开锅后要适当搅拌并减小火力,防止溢出或焦底。

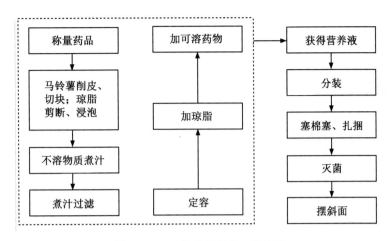

图 5-5　PDA 培养基制作工艺流程

2.分装

培养基趁热进行分装,试管斜面培养基一般采用 18 mm×18 mm 的玻璃试管,采用分装桶进行分装,每支试管装培养基量为试管长的 1/5～1/4,避免培养基沾在试管口、壁上,如不慎沾脏管口可用干净毛巾擦净,以防引起棉塞污染。

3.塞棉塞

需用纤维较长的普通棉花制作,一般要求棉塞长度 3～5 cm,棉塞塞入试管时要紧贴管壁,两头光滑不留毛茬,棉塞的松紧度要适中,手提棉塞轻轻下甩试管不脱落,而棉塞拔出时有轻微响声为宜(图 5-6)。

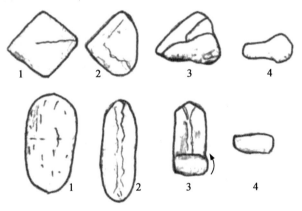

图 5-6　无纱布棉塞制作

4.捆扎灭菌

10 支试管为 1 捆,试管上端用两层报纸或用一层牛皮纸包住 2/3,用绳扎好,放入高压灭菌锅内进行灭菌,一般在温度 121℃,30 min 即可灭菌彻底。

5.摆斜面

灭菌结束后,趁热将试管棉塞一端垫高,试管底部放低,使试管内培养基液面呈斜面状态,斜面的长度为试管长度的 1/2～2/3,若环境温度低可盖毛巾,以免形成过多的冷凝水。

(三)母种扩繁

工艺流程如下：

接种物品准备 → 接种设备预处理 → 接种前表面消毒、烧灼灭菌 → 移接菌种
↓
培养 ← 贴标签

1.接种物品准备

将试管母种(用报纸包好,避免紫外线照射)、空白斜面培养基、酒精灯、火柴、75％酒精棉球、口取纸、记号笔、接种用具等先放入接种箱中或超净工作台上。

2.接种设备预处理

接种前将接种箱用气雾消毒剂熏蒸 30 min;超净工作台在接种操作前 30 min 开启紫外线灯(在进入操作之前 10 min 应先关掉紫外线灯),20 min 前开启风机,保证无菌操作。

3.接种前表面消毒、烧灼灭菌

(1)将手用 75％的酒精棉球擦拭后伸入接种箱或超净工作台,再擦菌种试管外壁和接种工具,进行表面消毒后,点燃酒精灯,使火焰周围的空间成为无菌区,接种操作在火焰旁进行,避免杂菌污染。

(2)右手拿接种钩,在火焰上将接种钩顶端烧红灭菌,凡在接种过程中可能进入试管的部分,全部用火灼烧。

4.移取菌种

(1)先将棉塞用右手拧转松动,以便接种时拔出。

(2)将母种和空白斜面培养基用大拇指和其他四指握在左手中,斜面向上,并使它们与桌面接近水平,试管口略向下倾斜。

(3)用右手鱼际同时拔掉两个试管的棉塞,不得乱放。

(4)以火焰烧灼管口,烧灼时应不断转动试管口(靠手腕动作),以杀灭试管口可能沾染上的杂菌。

(5)将烧灼过的接种钩伸入母种试管内,停留片刻让其冷却,以免烫伤菌丝。然后,轻轻挑取菌丝少许,迅速将接种钩抽出试管(注意不要使接种钩碰到管壁),移接到空白斜面培养基中央,气生菌丝朝上。注意不要把培养基划破,也不要使菌种沾在管壁上,抽出接种钩,烧灼管口,棉塞燎烤至微焦,在火焰旁塞上棉塞。再换接另 1 支空白斜面培养基。重复上述操作,直至原始种用完。一般 1 支试管母种可转接 30～40 支试管。

5.贴标签

标签应贴在试管前端,既不遮住棉塞,又不遮住培养基斜面的部位,菌种名多写在标签的第一行,字体较大;菌株号一般要求用较小号的字符写在菌种之后;接种者或接种单位,多写在第二行开头,字体宜小。接种日期写在第二行接种者或单位之后,字体同样宜小。

6.培养

结束接种后,盖灭酒精灯,清理接种箱或超净工作台,将接种铲及一切用具摆放整齐。用纸包扎试管上部,10 支 1 捆,放入培养箱内培养。母种培养的常用设备为电热恒温培养箱,或在可调温的培养室内进行。培养温度等条件应根据生产的品种而具体设定和调控,一般平菇、鸡腿菇、金针菇、白灵菇等品种应调至 25℃左右,草菇应调至 28℃以上。空气相对湿度应保持在 60％左右,同时避光并保持空气新鲜,从而使菌丝生长健壮。

母种培养期间要经常检查,及时拣出不良个体。从培养的第二天开始,每天检查一次,主要检查两个方面,一是有无污染,二是菌丝生长是否正常,包括形态、长速、活力、均匀度等。若在远离接种块的培养基表面出现独立的奶油状小点,或与种源菌丝不同的红、黄、绿、黑、灰等现象即为污染,应立即淘汰,并作相应的杀菌工作,以防杂菌扩散。如果间隔时间过长才检查,杂菌菌落可能会被旺盛生长的食用菌菌丝所掩盖,一旦用于生产,会带来很大损失。母种经过7～10 d即可长满培养基,然后用于进一步扩大繁殖或置4℃冰箱中冷藏备用。

(四)菌种的编号与记载

为了使栽培者和使用者充分了解菌种情况,以及便于菌种生产者分类管理,生产出的试管或菌种瓶上应及时贴上一张标签。标签内容因菌种的作用而异,生产栽培用种的标签主要是注明菌种名、菌株号、接种者或单位和接种日期四项内容。习惯上将食用菌名称用该食用菌拉丁文学名的第一或前两个字母表示(表5-2)。

(1)菌种名 多写在标签的第一行,字体较大。

(2)菌株号 是某一菌株的代号,更多的是用有一定代表意义的数字表示,一般要求用较小号的字符写在菌种之后。

(3)接种者或单位 注明该菌种制作的责任人,多写在第二行的开头。

(4)接种日期 写在第二行接种者或单位之后,字体同样宜小。

表5-2 中文菌种名与拉丁文学名缩写一览表

中文名	香菇	双孢蘑菇	草菇	平菇	金针菇	黑木耳
学名缩写	L	Ag	V	PL	FL	Au
中文名	密环菌	茯苓	猴头	灵芝	竹荪	银耳
学名缩写	Ar	Po	H	G	D	Tr

科研和育种上用种的标签一般较复杂,内容较多,除上述内容外还注明分离方法,如有性繁殖多指孢子分离,用S表示。无性繁殖中,利用菇(耳)子实体组织分离的用T表示,利用基内菌丝分离的用M表示,转管移接用F表示,最后一次移接时间用数字来表示。例如要表示2018年用孢子分离得到的黑木耳菌种,编号为18,转管移接4次,最后一次转管移接时间为2020年3月1日,这么多内容,可用表5-3来表示:

表5-3 标签示例

Au	2018	018
S	F4	200301
单位		

(五)食用菌母种培养基

主要用于母种的提纯、扩大、转管、分离及菌种保藏,一般用试管作为容器,又称为试管培养基。母种培养基常用的原料有马铃薯、葡萄糖、磷酸二氢钾、硫酸镁、蛋白胨、维生素B_1和琼脂等,详见表 5-4。

表 5-4　母种培养基常用的原料及用途

原料	用途
马铃薯	富含淀粉、蛋白质、脂肪、无机盐、生长因子及活性物质等多种营养物质。是配置母种培养基的常用原料
葡萄糖(蔗糖)	提供菌丝生长所需的碳源
磷酸二氢钾	含 P、K 元素,提供菌丝代谢所需的矿质元素,同时具有缓冲作用可使培养基的 pH 保持稳定状态
硫酸镁	提供 S、Mg 元素,促进酶活性,细胞代谢,延缓菌丝体衰老
蛋白胨	提供菌丝生长所需的氮源
维生素 B_1	亦称硫胺素,是菌丝生长的必需因子
琼脂	又叫洋菜、冻粉,是一种优良的凝固剂,能使培养基形成透明斜面或平板,便于观察菌丝生长情况和识别杂菌

思考与练习

1.什么是无菌操作? 怎样才能做到无菌操作?

2.若配制 1 000 mL PDA 斜面培养基,其配方和配制过程如何?

3.什么是组织分离? 怎样进行香菇的组织分离?

4.什么叫转管? 怎样进行转管?

项目六

固体菌种生产

用固体培养基培养的菌种为固体菌种。固体菌种对设备、工艺、技术等要求较低，实际生产中最为常见，但存在菌龄长，菌龄不一致，发酵率低等问题。

一、食用菌原种和栽培种培养基

食用菌原种和栽培种的营养要求基本相似，因此可以采用相同的培养基配方，一般都是以天然有机物质外加一定比例的无机盐类配制成半合成的固体培养基。但是从菌丝的发育进程和分解养料能力上来说，原种对培养基的要求比栽培种要更精细，营养成分更丰富一些。栽培种培养基则更粗放、广泛些。常用的培养基：

二维码8　食用菌原种生产

（1）木屑麸皮培养基　木屑（阔叶林）78％，麸皮（或米糠）20％，石膏粉1％，蔗糖1％，料水比1∶（1.2～1.5），pH为6～6.5。适用于香菇、平菇、木耳、银耳等木腐菌的原种、栽培种的培养。

（2）棉籽壳培养基　棉籽壳78％，麸皮（或米糠）20％，石膏粉1％，蔗糖1％，料水比1∶（1.2～1.5），pH为6～6.5。适用于平菇、金针菇、木耳、猴头菇、灵芝等一般食用菌原种、栽培种的培养。

（3）稻草麦麸培养基　干稻草80％，麸皮（或米糠）18％，石膏粉1％，蔗糖1％，水适量，pH为6～6.5。适用于草菇、平菇等原种、栽培种的培养。

（4）玉米芯培养基　玉米芯（粉碎）80％，麸皮（或米糠）18％，石膏粉1％，过磷酸钙1％，料水比1∶（1.2～1.5），适用于猴头菇、平菇、金针菇、木耳等原种、栽培种的培养。

（5）粪草培养基　粪草（粪草比3∶2发酵）90％，麸皮（或米糠）8％，石膏粉1％，蔗糖1％，料水比1∶（1.2～1.5），pH为7～7.2。适用于双孢蘑菇、草菇原种、栽培种的培养。

（6）甘蔗渣培养基　甘蔗渣79％，麦麸（或米糠）20％，石膏粉1％，料水比1∶（1.2～2），pH为6～6.5。适用于木耳、金针菇、猴头菇等原种、栽培种的培养。

(7)谷粒培养基:麦粒(小麦、大麦、谷子、高粱粒等煮熟)98％、石膏粉2％,pH为6~6.5。适用于多种食用菌原种、栽培种的培养。

(8)草粉培养基 稻草粉(或麦草粉)97％,石膏粉1％,蔗糖1％,过磷酸钙1％,适用于草菇原种、栽培种的培养。

(9)枝条培养基 阔叶树的木块、木签及枝条等10 kg。麦麸(或米糠)2 kg,红糖0.4 kg,碳酸钙0.2 kg,水适量。适用于香菇、侧耳类食用菌原种、栽培种的培养。

二、固体菌种根据培养基不同分类

1.代料菌种

代料菌种是由木屑、麸皮、玉米粉、红(白)糖、石膏等培养基按一定的比例复合而成的,根据菌种的来源和繁殖的代数分为原种和栽培种。

代料菌种是目前应用最为广泛的菌种类型,其优点是材料来源广泛、生产和使用方便、成本低廉、容易贮藏和运输。

2.谷粒菌种

是由农作物的穗粒作为培养基的菌种,主要有麦粒种、小米种、玉米种、谷粒种等,有些籽粒菌种还拌有其他一些添加材料,甚至化学成分。谷粒菌种的菌丝洁白、粗壮有力、操作方便、发菌快、封面早,能提高菌种的成活率和质量。

3.枝条菌种

枝条菌种是指利用阔叶树枝条为主要基质生产的菌种。通常枝条菌种用来制作三级种,也叫竹签菌种、小棒菌种。具有接种速度快、接种后恢复快、在栽培包内呈立体辐射状蔓延、缩短培养时间、提高出菇同步性等诸多优点,在多种菌类菌种制作中得到应用。

优点:①枝条菌种由于表面积大,菌丝除了生长在枝条表面外,还可长入枝条内,不容易死亡和老化。②因携带的菌丝量大,接种后恢复快。③接种速度快、操作方便简单,不需要全部打开袋口,培养基暴露的时间短,污染机会少。④接种后,菌种从上、中、下多点萌发,呈立体辐射状蔓延、缩短培养时间、提高出菇同步性。

缺点是对制作技术要求较高;对灭菌要求较高,最好采用高压灭菌的方式。

4.塑钉菌种

塑钉菌种是用一定的模具,做成木钉状,中空填以代料培养基,接种后作用就与木钉种相似了。其优点是形状可控,外壳坚硬,使用方面,可多次利用;其缺点是单次使用成本较高,回收不方便。

 任务一　木屑原种生产

知识目标:熟悉木屑原种制作的工艺流程及注意事项;掌握培养基的配制及接种、培养方法。

技能目标:会配制原种培养基;熟悉原种培养基的高压灭菌技术;会接种培养。

(一)生产准备

1.设备设施

高压灭菌锅、接种箱或超净工作台、恒温培养箱、培养室等。

2.用具

拌料工具、接种铲、酒精灯等。

3.材料

菌种袋、封口材料,按配方准备木屑、棉籽壳或玉米芯、麦麸子、石膏、石灰等。

(二)培养基制作

制备过程包括:材料准备、拌料、装袋(瓶)、灭菌、接种、培养等工艺流程。

1.培养基的配制

按配方比例称取各物质,把过筛后的木屑、麦麸、石膏搅拌均匀,将蔗糖溶于水拌入料中,加入适当比例的水充分搅拌均匀,料水比一般为1:(1.2~1.5)。

2.装袋(瓶)

培养基配好后,应立即进行装瓶(或装袋)。用聚丙烯折角袋或500 mL PP瓶,装瓶时木屑培养基装到瓶肩,要上下松紧一致,用机械装料。装袋要求松紧适度,切不可装得过松。培养料需紧贴袋壁。

3.灭菌

将料袋(或瓶)装入高压锅或常压锅进行灭菌。装锅时,分层排列,灭菌袋(瓶)不能互相挤压,留有一定的空隙,摆满一层后,上层的摆放方法同第一层。采用常压蒸汽灭菌时要注意先用旺火猛烧,在最短的时间内将锅烧开,达到100℃后维持10~12 h,再闷一夜第二天早晨出锅,要求攻头、控中、保尾,确保灭菌彻底。

(三)接种

将冷却后的原种培养基,母种、酒精灯、火柴及接种工具等用品放入接种箱或超净工作台内。接种前必须对接种室或接种箱进行消毒,以保证在无菌条件下,进行严格的无菌操作。

采用无菌接种技术,先用接种铲弃去母种前端1 cm左右菌种,然后将斜面横向切割成5~8段,将每段连同培养基一同挑出并接入瓶(袋)内接种穴处。

(四)培养

由于菌丝体在生长发育过程中进行呼吸作用产生热量,致使培养料温要比培养室温高1~4℃,因此培养室的温度应控制在比该菌种最适温度低2~3℃。空气相对湿度的要求一般在60%~70%。如果在加温条件下培养,室内的相对湿度应保持在65%左右,可以使用空气加湿器或培养室地面洒水等方法来提高湿度。注意培养室的通风换气,一般每天进行通风1~2次,每次20~30 min。二氧化碳浓度控制在0.25%以下。培养室要求要阴暗、避光。

任务二 谷粒原种生产

知识目标:熟练掌握谷类培养基制作技术;能熟练掌握谷类菌种接种与培养技术。

技能目标:能制作谷粒培养基,独立完成接种前的准备工作,用无菌操作法准确接种。并通过培养观察,分析接种结果。

(一)生产准备

1.设备设施的准备

高压灭菌锅、接种箱或超净工作台、恒温培养箱、培养室。电炉子、锅、漏勺(孔隙适中)、大盆、拌料工具、接种铲、酒精灯等。

2.材料准备

原料的选择,无论小麦、玉米还是谷子,最好用储存一年的籽粒,因新籽粒制作的菌丝吃料慢,长势较弱。并且要选用颗粒饱满、圆润、无破粒、无虫蛀、无杂质的优良籽粒。

通常用麦麸或者棉籽壳、木屑,作为麦粒间空隙的填充物。

二维码9 生产谷粒菌种

常用的谷类培养基配方有:

(1)小麦99%,石膏1%。

(2)小麦85%,木屑10%,米糠(麸皮)3%,石膏1.5%,食盐0.5%。

(3)谷粒98%,石膏1%,石灰1%。

(4)玉米99%,石膏1%。

3.菌种的选用

检查母种的纯度和生活力,检查菌种内或棉塞上有无霉菌斑和细菌菌落。在冰箱中保存的母种使用时要提前取出,活化1~2 d再用。

(二)培养基制作

1.浸泡预煮

选取籽粒饱满的小麦粒,将麦粒中的杂质挑出,清洗干净。浸泡容器内,加入2%石灰水,倒入小麦粒,用木把翻动、搅拌均匀,去除表面漂浮物。麦粒冬季浸泡24~48 h,夏季浸泡18~24 h。夏天制作时,隔夜应更换石灰水,冲洗干净,捞出沥干,投入沸水中煮10~15 min,使麦粒从米黄色转为浅褐色,表皮不破,无白心,无淀粉渗出。切忌煮开花。

2.拌料

将煮好的麦粒捞出,摊晾,厚度10~20 cm,使表面水分晾干(如果籽粒过干或不熟,灭菌后易造成上层失水,含水量不足,这样接种后菌丝稀疏,甚至难以发菌。如含水量高,接种后早期菌丝生长旺盛,后期会出现菌丝衰老自溶现象或徒长而形成菌膜,籽粒成团,不仅易感染杂菌,菌丝也难以长入籽粒内)。

用麦麸或者棉籽壳、木屑,作为麦粒间空隙的填充物效果更好,木腐生菌类一般添加10%左右的木屑,料：水＝1：0.5。将木屑、轻钙混匀后铺撒在麦粒表面,拌匀。

3.装瓶

把已拌匀的麦粒装入菌种瓶,适当抖动瓶子将麦粒装到菌种瓶肩即可,随后在麦粒上面加盖拌好的木屑培养料,防止麦粒的散动;另一方面也有利于接种物的快速萌发定植,防止杂菌与麦粒接触,减少污染率。

4.灭菌

麦粒菌种一般采用高压灭菌,在126℃左右即灭菌压力为0.15 MPa,保持2.5 h。灭菌后,待压力降至零后15 min取出。立即放在干净的室内冷却,同时在麦粒菌种瓶外覆盖保温,让其逐渐冷却,防止产生过多的冷凝水,造成麦粒胀破。

(三)接种

接种的无菌操作规程和母种转管的无菌操作基本相同。接种利用接种室,按照无菌操作规程,3个人配合进行接种。具体操作是:在酒精灯火焰附近,1人负责铲取菌种,1人负责打开袋(瓶)口,2人配合将菌种接入,打口的人同时负责迅速封口;第3个人负责搬动待接的原种菌种瓶(袋)及喷消毒药等工作。3人配合动作要迅速,每1次接种的时间夏季以1 h左右为宜,冬季可以适当延长。这种方法方便、快捷,处理量大,接种效果很好。

(四)培养

少量原种可放入恒温培养箱中培养,也可用培养室培养。培养室应事先清扫干净,并严格消毒。

1.菌种瓶摆放

应先竖放,当菌丝萌发定植后,改为横卧叠放。因为竖放菌种瓶,瓶塞易沉积灰尘和杂菌,瓶内的培养料中的水也易下沉,使上部干燥下部积水,菌丝难以吃透料。横放的菌种瓶可经常转动,使瓶内水分分布均匀。

2.适时检查

开始每天查看一次,检查菌种生长状况和有无杂菌污染。有杂菌要及时清理;若培养3～5 d菌种未萌发,应挑出来单独培养,一周仍不萌发,应补接菌种。当菌丝长满料面并深入料内1～2 cm后,可改为5～7 d检查一次。

(三)环境调控

适宜温度以20～25℃,空气的相对湿度控制在60%左右为宜。要求暗光发菌,培养室通风良好。注意保持和调整培养室的温度起初应保持菌丝生长的适宜温度,使菌丝能尽快生长、吃料,当菌丝快长满瓶时,要降低培养温度2～3℃,使菌丝健壮、增强生活力。

(1)注意调节空气、光照和湿度　要保持室内空气新鲜(经常通风换气),避免强光照射(应遮光),避免空气湿度过大(可减少污染)。

(2)菌种长满后7～10 d应及时转接　若菌种(特别是原种)培养、保存时间过长,会使菌丝生活力下降,菌丝老化甚至形成子实体原基,还可能造成后期污染。因此,长满袋(瓶)的菌种如果不能立即使用,要放在0～10℃及以下的环境中,可保藏1～3个月。

任务三 栽培种生产

知识目标: 能制作适宜培养料,独立完成接种前的准备工作,用无菌操作法准确进行栽培种的接种。并通过培养观察,分析接种结果。

技能目标: 掌握栽培种培养基制作技术,学会接种与培养方法。

栽培种生产的工艺流程见图5-7。

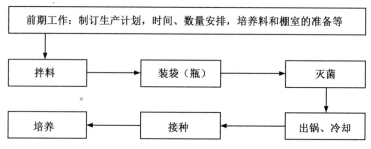

图 5-7　栽培种生产工艺流程序

(一)拌料

按照配方比例称取各物质,用拌料机搅拌。培养料加水量应考虑夏天拌料少加水;新料少加水;辅料添加量大时少加水;棉籽壳绒少时少加水;木屑为主料时少加水。含水量为60%左右,不可过多。

二维码10　栽培种生产

(二)装袋

培养基配好后,应立即进行装瓶或用装机装袋。装好的料袋上口收紧套上套环,使圈套紧贴栽培料面扣盖封袋口,封好后轻轻放入周转筐内准备灭菌。

(三)灭菌

将料袋或瓶装入高压锅或土蒸灶里进行灭菌。装锅时,分层排列,灭菌袋(瓶)不能互相挤压,留有一定的空隙,摆满一层后,上层的摆放方法同第一层。采用常压蒸汽灭菌时要注意先用旺火猛烧,在最短的时间内将锅烧开,达到100℃后维持12 h左右,再焖一夜,第二天早晨出锅,要求攻头、控中、保尾,确保灭菌彻底。常压灭菌操作时要做到"三防止",一要防止中途降温,灭菌过程中,中途不得停火,如锅内达不到100℃,则在规定时间内达不到灭菌的目的。二要防止烧干锅,在灭菌之前锅内要加足水,在灭菌过程中,如果锅内水量不足,要及时从注水口注水。三要防止存在灭菌死角,如锅底着火部位不均,料袋摆得过密等都可能出现灭菌死角。

(四)出锅冷却

灭菌后的栽培种培养基及时运送至无菌环境中冷却,待料温降至约30℃,进行抢温接种。

(五)接种

栽培种接种也要按照无菌操作的要求,在接种室进行。

将冷却后的栽培种培养基、培养好的原种、酒精灯、火柴及接种工具等用品放入接种室内。接种前必须对接种室进行消毒,以保证在无菌条件下,进行严格的无菌操作。

接种前将选好的二级种瓶,用 75% 的酒精棉球擦拭外壁,并对瓶盖或瓶塞进行消毒处理,以防开盖时杂菌落入瓶内。然后在酒精灯火焰上方拔出原种瓶棉塞或揭开封口膜,用火焰封锁瓶口,同时将接种匙用酒精灯火焰灭菌数次,用接种匙刮去瓶内菌种表面的老菌皮,再将菌种挖松并稍加搅拌,注意菌种应挖成花生米大小,不宜过碎,然后接种。栽培种的接种方法,与原种相似。一般罐头瓶栽培种制作采取 3 个人配合。如果栽培种制作采用塑料袋做容器,则接种时采取 4 人配合的形式,1 人负责挖取菌种,1 人负责把持袋口,另外 2 人负责打开袋口和封口。1 瓶原种一般可接 30~60 瓶(袋)栽培种。如原种充足,可适当加大接种量,这样菌丝蔓延快,培养时间可相应缩短。

(六)培养

培养室应清扫干净并严格消毒。培养初期温度保持在 25℃ 左右,随后每隔 10 d 降 1℃,至长满袋(瓶)。为了充分利用空间,菌种瓶或菌种袋宜放在培养架上。菌种瓶应先竖放,当菌丝萌发定植后,改为横卧叠放。因为竖放菌种瓶,瓶塞易沉积灰尘和杂菌,瓶内的培养料中的水也易下沉,导致上部干燥下部积水,菌丝难以吃透料。横放的菌种瓶可经常转动,使瓶内水分分布均匀。而对于菌种袋,摆放层数和摆放方式可根据室温而定,低温季节室温较低摆放层次可多。每隔一周需将菌种袋上下内外调换一次,以保持菌袋间温度均匀一致,发菌一致。高温季节菌种袋需"井"字形摆放或单层摆放,以利于菌袋间通风降温,免受高温危害。

培养室内空气相对湿度 60%~70%、避光、定时通风,经常保持培养室洁净,防止杂菌发生。栽培种比原种菌丝长满瓶所需时间短,当菌种瓶(袋)中菌丝体长至培养基的 1/3 时,培养室的温度可降低 2~3℃,以免随菌丝生长代谢加强,料温上升而引起高温障碍。

栽培种在培养期间,要经常检查,及时淘汰劣质菌种和污染的个体。一般栽培种在接种后菌丝长至料深 1 cm 左右进行第一次检查,长至 1/3~1/2 时进行第二次检查,长满之前进行第三次检查。检查主要内容是:菌丝萌发是否正常、有无污染、活力和生长势。发现萌发缓慢或菌丝细弱者,及时拣出,要逐个检查,不可遗漏。发现污染的瓶应立即淘汰,并隔离污染源。

 # 任务四　枝条菌种生产

> 知识目标:掌握枝条菌种培养基制作技术,学会接种与培养方法。
>
> 技能目标:会浸泡处理枝条,能用枝条制作培养基,会装袋与接种。能通过培养观察,分析接种结果。

(一)生产准备

1.设备设施

高压灭菌锅、接种箱或超净工作台、恒温培养箱或培养室。锅、漏勺(孔隙适中)、大盆、拌料工具、接种铲、酒精灯等。

二维码11　生产枝条菌种

2.材料准备

(1)枝条准备　杨木、桑木、柞木、椴木、柳木等能够栽培食用菌的木材都可以制作枝条菌种。通常选取质地疏松的阔叶树枝条,切割成长 12～15 cm,一头尖一头平的枝条,晒干或烘干备用。也可以用雪糕棒、果树枝条、方便筷子。经过硫黄熏蒸或是双氧水(过氧化氢)漂白过的筷子、雪糕棒不能使用,果树枝条农药残留超标不能使用。

枝条长度一般 12～15 cm,宽 0.5～0.7 cm,厚 0.5～0.7 cm,枝条的规格要根据栽培袋的大小进行选择。

(2)辅料准备　木屑 50%,麦麸 48%,石膏 1%,石灰 1%,含水量 60%～65%。用来填充枝条之间的空隙;糖、磷酸二氢钾、硫酸镁,用来配置浸泡枝条的营养液。

(3)菌种准备　提前准备好适龄二级种,二级种的纯度和活性直接影响到枝条菌种的质量。

(4)菌袋准备　一般使用 17 cm×30 cm,或者 15 cm×28 cm,厚度 0.048～0.052 mm 的聚丙烯折角袋。

(二)培养基制作

1.浸泡枝条

将整包枝条浸泡在石灰水池中,时间不少于 24 h。将白糖 1%、磷酸二氢钾 2%、硫酸镁 0.1%,加水,按照比例配置适量营养液。将用石灰水浸泡过枝条整捆放入营养液中,浸泡 15 h 左右捞出备用。注意浸泡时间要根据枝条的规格、气温进行调整,要求枝条泡透。

检查方法是将枝条敲碎,观察是否有白芯,如果有说明没有泡透。

按比例配置辅料,均匀倒入搅拌仓内,搅拌均匀,检查 pH 为 8～9,水分 60%～65%。

2.装袋

将浸泡好的枝条和配置好的辅料混合,每根枝条表面都沾上辅料,袋底部先装入少量的辅料,以栽培料覆盖袋底为准,取适量捋齐的枝条,整齐竖放入塑料袋中,撒上栽培料,震动,尽量使栽培料的木屑能够充满枝条间,面上再覆盖一层栽培料,以覆盖枝条为准,也称之"过桥"。随后套紧塑料项圈,袋子中央插入打孔棒,以便于接入母种,但不必装得过紧。最后塞上塑料塞,同栽培包一起灭菌。

装袋要求松紧适度,不能装得过于松散,每根枝条之间缝隙都要夹料,装好袋以后还要保证菌种袋与袋内枝条贴严,尽量不出现"袋料分离"的现象,否则菌丝长好后,在袋内枝条菌种与菌种袋之间的气生菌比很容易老化、死亡,细胞破裂,而出现白水、黄水、红水现象,影响菌种的品质。但也不能装得太紧,否则容易撑破菌种袋,枝条与枝条之间没有空隙,贴得太紧密,菌丝不易萌发,不能深入到枝条木质内部,接种使用时不易成活。

(三)灭菌冷却

高压灭菌在 0.15 MPa 压下,灭菌 2 h 左右。常压灭菌 100℃,持续 12 h 左右,灭菌时做到

"攻头、促尾、保中间"。在冷却室,或者相对干净的房间冷却,当温度降至 20℃,准备接种。

(四)接种

料温降到 20℃左右时,按常规接种。每袋木屑菌种接 20～30 个枝条料袋。

(五)培养

由于枝条培养基的通透性好,在 23～25℃下培养,菌丝生长迅速,要注意通风换气,发菌中后期堆温和室温不超过 23℃,25 d 左右即可长满袋,再将室温降 3～5℃,促进枝条内部菌丝生长,后熟时间因品种而异,一般 7～20 d。

枝条浸泡时间不足,未充分浸透,会影响菌种生长,菌种量少。如果后熟时间不足,会导致仅枝条表面长有菌丝,内部菌丝较少,甚至没有。接种量不足,使枝条菌种与栽培料间形成间隙,不利于发菌。

思考与练习

1.简述枝条菌种的制作过程。

2.如何生产谷料菌种?

3.如何生产木屑菌种?

项目七

液体菌种生产

知识目标:了解液体菌种的特点和液体菌种设备的关键原理;掌握液体菌种的生产方式。
技能目标:能熟练掌握液体菌种培养基制作技术;能熟练进行液体菌种的接种与培养;能够填写菌种管理记录表。

液体菌种是用液体培养基,在生物发酵罐中,通过深层培养(液体发酵)技术生产的液体形态的食用菌菌种。"液体"指的是培养基物理状态,"液体深层培养"就是发酵工程技术。"液体制种"实质是利用生物发酵工程生产液体菌种,取代传统、朴素的固体制种;利用生物发酵原理,给菌丝生长提供一个最佳的营养、酸碱度、温度、供氧量,使菌丝快速生长,迅速扩繁,在短期内获得大量的菌丝体(球)和代谢产物,不仅可用作母种或原种,也可直接作为栽培种使用。

一、液体菌种生产的优点

(1)制种快 在液体菌种培养罐内菌体细胞处于最适温度、酸碱度、氧气、碳氮比等条件下,以动态方式培养,菌丝分裂迅速,在短期内能获得大量菌丝体(球)。固体菌种培养菌丝体是以自然数的速度自上而下匀速生长;而液体菌种培养菌体细胞是以几何数字的倍数加速增殖。一般4 d完成一个培养周期,而原种和栽培种的培养时间都需要22 d以上。

(2)活力强 液体菌种不仅营养、温度、氧气、酸碱度等环境通过控制,最大限度地满足了菌体的生长需求,而且呼吸作用产生的代谢废气能及时排除,新陈代谢旺盛,所有菌球菌龄基本一致,因此菌丝活力强。而固体菌种菌体细胞代谢物积留混杂于培养基营养物中间,自然影响菌体质量。况且固体菌种往往是瓶(袋)上下菌龄不一致,下面刚长好,上面可能已老化,并失去活力。

(3)纯度高 液体菌种所用母种一般需经筛选纯化制备而成,种源纯度高。而固体菌种所用斜面母种经一些商家无限转代后纯度降低。液体菌种培养是在密闭罐体内运行,供氧系统空气经过滤,其纯度达到99.99%,从而保证所培养的液体菌种是纯种。

(4)污染率低 液体菌种具有流动性,接种后易分散,萌发点多,菌球接入后萌发快,在适宜条件下,接种后 24 h 左右菌丝布满接种面,使栽培污染得到有效控制。而固体菌种接种时,菌体经过剥离、撕裂和药物熏杀,从萌发吃料到封闭接种面,一般需 5～7 d,所以杂菌污染概率高。

（5）接种发菌速度快　液体菌种使栽培发菌速度快 1 倍,出菇集中,周期缩短,栽培的用工、能耗、场地等成本都大大下降。

（6）成本低　发菌时间缩短,减少了发菌期间的电费、人工成本,也省去了制作原种和三级种的原材料成本。

二、液体菌种的生产方式

(一)摇瓶培养法

摇瓶培养法是将食用菌的母种接入已灭菌的三角瓶或输液瓶培养液中,然后置于摇床上振荡培养。摇瓶培养投资少,设备技术简单,适合一般菌种厂生产使用。

所用的设备是摇床,或液体菌种振荡培养器,用于发酵罐前期的种子培养或生理生化研究(图 7-1)。常用的摇床有往复式和旋转式两种。往复式摇瓶机的振荡频率是 80～120 次/min,振幅(往复距)为 8～12 cm。旋转式的振荡频率为 180～220 次/min。往复式摇床来回冲击的噪声较大,装料稍多时培养液易溅湿瓶塞而引起染菌,但从通气效果来看,往复式则优于旋转式。因此,应根据不同的菌种及工艺要求来选用摇床。

图 7-1　摇床菌种

振荡培养普遍使用旋转式摇床,虽然结构比较复杂,造价也较贵,但氧的传递好,功率消耗低,培养基一般不会溅到瓶口纱布上。

摇床液体菌种生产的工艺流程:

培养基配制 → 分装 → 灭菌 → 冷却 → 接种 → 静置培养 → 摇床培养 → 使用

(二)发酵罐深层培养

用液体深层发酵法生产菌种就是将纯正优良的菌种,接入发酵罐液体培养基,使菌丝繁殖形成大量小菌球的方法。

深层培养具有生产周期短、产量高、效益高等优点,是食用菌大量生产的重要途径。发酵罐按照灭菌方式不同分为移动到高压灭菌锅内灭菌的移动发酵罐、带控制柜发酵罐和锅炉供气发酵罐等。带电子控制柜的液体菌种发酵罐(图 7-2)采用罐内电加热灭菌,也可用外蒸汽灭菌,过滤器采用发酵罐内蒸汽在位灭菌,不需拆装。采用 PID 温度控制方式自动控温,可根据不同菌种任意设定灭菌、发酵温度及灭菌时间。

大型食用菌工厂普遍采用移动发酵罐(图 7-3)生产液体菌种。由于移动发酵罐在高压灭菌锅内灭菌,灭菌更容易彻底,不容易出现灭菌"死角";接种后推入发酵罐培养室,在培养室几乎没有任何操作,其环境和温度非常稳定。

两种培养方法的比较见表 7-1。

图 7-2 发酵罐培养(带控制柜)

图 7-3 菌种发酵罐(不带控制柜)

表 7-1 两种液体菌种培养方法的比较

培养方法	适用范围	推广应用情况
摇瓶培养法	产量少,适宜菌株的初期培养或生理生化研究,只适合作原种使用	对设备要求不高,操作简单,适合农村和小规模的食用菌菌种厂
深层发酵培养法	产量高,既可用于制原种、栽培种,也可以直接接入栽培料中,用于生产	设备较为昂贵,一次性投资大,无菌操作严格,适用于科研机构和大型食用菌菌种厂

三、发酵过程中的检查

(一)检查内容与方法

1.菌液颜色和气味的检查

正常情况下,菌液初期略显混浊,而随着发酵的进行逐渐变为清澈,菌液颜色越来越淡,若有污染发生,菌液始终处于浑浊状态,菌球与菌液的界限不明显,且发酵液颜色有异常变化。

培养初期菌液有培养基的香味,随着培养时间的延长会越来越淡,后期成菌丝的气味,若染菌或菌种质量不好,会有酸、臭、酒味或其他异常的气味。因而,在菌种培养过程中,工作人员要经常闻一闻排气口排出的气味是否有异常。

2.菌种纯度和状态的检查

(1)显微镜检查 用接种环取 2～3 环发酵液涂片,制成临时玻片,显微镜观察,或涂片染色镜检。检查有无杂菌,并通过颜色的深浅判断菌丝体的活力,正常的菌丝成团状,比较密集,边缘有树根状分枝,染有霉菌的菌丝相对粗壮,且往往不成团。染有细菌的菌丝较短且纤细。

显微镜检查方法简便,速度快,能及时发现杂菌,但由于取样少,视野观察面小,不易检查出少量的杂菌。

(2)肉汤培养检查 取发酵液 1 环接种于酚红肉汤试管中,置 28～20℃ 培养,如溶液红变黄,表明发酵液中染有细菌;如溶液红色不变,则无细菌生长。

细菌酚红肉汤培养基配方:蛋白胨 1%;葡萄糖 0.3%;牛肉膏 0.30%;氯化钠 0.5%;酚红 0.003%(酚红先配成 1% 的酒精溶液备用)pH 7.4～7.05;120℃ 灭菌 30 min。

(3)划线培养检查 一般是将样品直接在培养基上划线,置 28～30℃ 培养;亦可先经肉汤培养基增值之后再进行划线培养。划线法反应结果较慢,操作复杂,但能检查出少量污染菌。

(二)污染的预防

污染原因有种子带菌、罐体或管件渗漏、罐或管路中灭菌死角、空气净化系统染菌、蒸汽压力不足而灭菌不彻底、操作不慎、环境污染等。以设备渗透和过滤系统的染菌为主,其他则次之。在发酵研究及生产中,为预防杂菌污染,要做到:保证种子不带杂菌;严格进行设备及培养基的灭菌,尤其是对设备死角的灭菌;对设备要勤检查,杜绝设备、管件的渗透;对空气系统进行定期检查,防止过滤介质受潮及培养液浸透结块,保证空气过滤器处于良好的工作状态;严格操作规程,避免由于操作不慎引起的污染;保持罐体正压运行,防止搅拌器轴封、闸阀泄露。

◆◆◆ 任务一　摇瓶菌种生产 ◆◆◆

知识目标:明确液体菌种制作过程,掌握液体摇瓶菌种制作技术。

技能目标:能够进行摇瓶菌种的生产设计和全程管理。

(一)确定培养基配方

食用菌常用的液体菌种培养基配方见表 7-2 所示。根据各液体培养基的特点,选定配方 6 作为金针菇液体培养基。

表 7-2　常用的液体菌种培养基配方

	配方中各物质的量	适用范围
配方 1	土豆 20%,麸皮 4%,葡萄糖 2%,蛋白胨 0.3%,磷酸二氢钾 0.2%,硫酸镁 0.1%	适宜多种食用菌的液体培养
配方 2	可溶性淀粉 3%,蔗糖 1%,酵母膏 0.1%,磷酸二氢钾 0.1%,硫酸镁 0.05%,pH 自然	适宜多种食用菌的液体培养,特别是平菇。可溶性淀粉增加了菌丝球的分散性,有利于发菌
配方 3	马铃薯 200 g/L,蔗糖 20 g/L,磷酸二氢钾 3 g/L,硫酸镁 1.5 g/L,维生素 B_1 0.01 g/L,pH 自然	适宜多种食用菌的液体培养
配方 4	马铃薯 20%,葡萄糖 1%,麦芽糖 1%,硫酸镁 0.15 %,磷酸氢二钾 0.1 %,pH 6.8	适宜多种食用菌的液体培养
配方 5	玉米粉 20%,豆饼粉 1.5%,磷酸二氢钾 0.15%,硫酸镁 0.1%,pH 6	适宜多种食用菌的液体培养
配方 6	可溶性淀粉 3%,黄豆粉 4%,氯化钾 0.15%,维生素 B_2 7.5 mg/800 mL,pH 自然	适宜多种食用菌的液体培养,特别是金针菇

(二)培养基的制备

液体培养基的制作流程:

计算 → 称量 → 熬制 → 定容 → 分装 → 包扎 → 灭菌

(1)计算　按照选定的培养基配方,计算各种成分的用量。

(2)称量　按配方称取各种物质。

(3)熬制　将称好的黄豆粉加入总量 2/3 的水中,煮沸约 30 min,用 4 层纱布过滤 3 遍;将可溶性淀粉加入少量冷水中调成糊状,加入煮沸的黄豆粉滤液中,搅拌均匀。

(4)定容　继续小火加热,准确称量其余药品,加到滤液中搅匀,使其完全溶解,补足水量。注意搅拌防止溢出或焦底。

(5)分装　分装三角瓶时避免培养液黏住瓶壁口,三角瓶装料系数 60%。并在每瓶培养基内加入 10～13 粒小玻璃珠或直径在 0.8 cm 内的玻璃碎片。

(6)包扎　棉塞塞入瓶口 3～4 cm,用牛皮纸包扎或以 8 cm×8 cm 的 8 层纱布封口。

(7)灭菌　在 0.12～0.15 MPa 压力下,灭菌 50 min,取出冷却,放入无菌室中备用。

(三)接种

将试管母种(用报纸包好,避免紫外线照射)、液体培养基、瓶架、接种工具、酒精灯、打火机等用品放入接种箱内或超净工作台上。接种前必须对接种室、接种箱或超净工作台进行消毒,以保证接种操作是在严格无菌的条件下进行的。

待温度冷却至 28℃ 以下,无菌条件下接种。方法是选取试管母种,松动三角瓶的棉塞,用接种钩挑取 5 mm×5 mm×0.2 mm 的菌种 5～6 块,迅速放入三角瓶中。每支母种可接 2～3 瓶,棉塞过火两圈后再塞上,取双层报纸包扎好瓶口,在三角瓶上贴好标签,注明菌种名称,培养基配方,接种日期。

(四)培养

接好种后,将三角瓶放到 25～26℃ 的环境中避光培养 48～72 h(因品种不同而培养时间不同)。待接种块在培养液面上长到 1 cm(单个菌种块)时,置摇床上培养。

往复式摇床振荡频率为 80～100 次/min,振幅 6～10 cm;如果用旋转式摇床,菌种不同回旋速度也不同,一般控制在 160～200 次/min。回旋式摇床摇出来的菌球均匀,便于检查杂菌。在实际生产中本着先慢后快的原则进行培养。根据不同菌种的生长速度调回旋速度。摇床室温控制在 24～25℃,培养时间因菌类不同而异,一般是在 7 d 左右。以放置 20 min 后菌丝沉淀量达 80% 以上才可接种发酵罐。

优质的液体菌种应为菌球直径约为 1 mm,菌球大小均匀,静止一段时间后仍均匀悬浮于培养液中不沉淀,黏稠,并伴有各种菇类特有的香味。菌种不同,培养液出现不同的色泽,菌球的形态不同,气味也不同。金针菇的培养液呈浅黄色、清澈透明、液体中悬浮着大量小菌丝球,并伴有芳香气味;香菇的培养液呈褐色,清澈透明,并伴有清香气味;木耳的培养液呈青褐色,黏稠有甜香味。即可判断培养结束。

如果培养液混浊,大多是细菌污染所致。

将培养好的液体菌种进行综合检测后,供给发酵罐进行接种,待发酵罐接种后同时对三角瓶液体菌种进行取样空培养、镜检。

◤思考与练习

1.三角瓶培养基如何接种?

2.摇瓶菌种如何培养?

3.摇瓶菌种成熟的标准是什么?

任务二 移动式发酵罐液体菌种生产

知识目标：能熟练掌握液体菌种培养基制作技术；能熟练掌握发酵罐培养基灭菌方法；掌握液体菌种的接种与培养技术。

技能目标：会发酵罐培养基灭菌和冷却，会发酵罐无菌接种技术；会取样，会鉴定液体菌种质量；能分析杂菌污染的原因。

移动发酵罐液体菌种生产工艺流程：

洗罐 → 检查 → 培养基制作 → 培养基灭菌 → 降温 → 无菌接种 → 培养与检查

(一)洗罐

新购的发酵罐或者使用过的发酵罐，在生产之前，都必须进行彻底地清洗后方可使用。用过的发酵罐在罐体的内壁和管内所有接触液体菌种的管件表面都有可能黏附污物，洗罐的目的就是清除罐内的污垢和菌苔及培养料的残余物，疏通进气口、排料口等。

二维码 12 液体菌种生产（移动式发酵罐）

方法是将进气管、排气管、排液管取下洗净，用高压水枪清洗发酵罐内壁，之后用流水冲洗干净，用洗涤剂清洗视窗、焊口等难以清洗的地方，用抹布擦拭干净，再用水管冲洗。

(二)检查

先检查罐体连接管路是否正常，进气管路、排气管路和排液管路有无漏点、裂纹，再检查过滤器是否出现油气、堵塞、透气不畅、滤纸是否破损，空气过滤器是否过期没有更换等。

(三)培养基制作

表 7-3 常用的发酵罐液体菌种培养基配方

	配方中各物质的量	适用范围
配方 1	玉米粉 1%，黄豆粉 2%，葡萄糖 30%，酵母膏 0.5%，磷酸二氢钾 0.1%，碳酸钙 0.2%，硫酸镁 0.05%，消泡剂 0.5%～1%，pH 自然	适用于多种食用菌菌种的液体培养
配方 2	黄豆 1%，淀粉 0.5%，葡萄糖 1%，蔗糖 2%，蛋白胨 0.15%，磷酸二氢钾 0.15%，硫酸镁 0.075%，消泡剂 0.15%	适宜杏鲍菇液体培养
配方 3	绵白糖 20 g/L，黄豆粉 3 g/L，硫酸镁 0.5 g/L，磷酸二氢钾 1 g/L，维生素 B$_1$ 0.005 g/L，消泡剂 0.2 mL/L，pH 自然	适宜杏鲍菇液体培养
配方 4	玉米粉 5%，麸皮 1%，酵母粉 0.5%，葡萄糖 2%，磷酸二氢钾 0.1%，硫酸镁 0.05%，碳酸钙 0.2%，维生素 B$_1$ 1 mg	适宜金针菇液体培养
配方 5	马铃薯 40%，麸皮 20%，葡萄糖 20%，牛肉膏 9%，蛋白胨 8%，KH$_2$PO$_4$ 1.5%，MgSO$_4$ 1.5%，25mL 消泡剂	适宜平菇的液体培养

以配方 1 为例：

依据液体发酵罐的容积按配方计算所需用量。其中玉米粉与黄豆粉需加水，煮沸腾后计时 20 min,用 6～8 层纱布过滤,取滤液加入罐内。其他化学制剂加水溶解后直接加入培养基内即可。

关闭发酵罐下端进气阀和接种阀(出料口),将料液由进料口倒入或用水泵抽入处理好的发酵罐中,加 0.5%～1%泡敌,用水冲洗煮料锅,装料量为罐体总容积的 70%～80%,加料高度以高于视镜上边缘 10 cm 为宜。清理罐口,盖上进料口盖,进气口用锡箔封好,锁好各管阀门,通入空气,检查各个管口有无漏水、漏气现象。

(四)发酵罐灭菌

将发酵罐推进液体菌种罐灭菌器,按照灭菌器操作规范对发酵罐培养基进行灭菌。升温到 105℃时,保温 40 min;断续升温至 123℃,保持 80 min,闷置 45 min 排气,压力降至 0.005 时,关闭灭菌器,开门。

(五)降温

灭菌后的发酵罐从灭菌器拉出,推到水淋室,把接头处铝箔拆开,插到进气口,拧开止气阀,让气体进入罐内。之后用管套在罐体上,打开水管开始降温(注意水不能打到罐口,以防止罐口进水)。当培养液冷却到 26℃时即可接种。

(六)接种

1.接种准备

(1)冷却后的发酵罐推入专用接种室(罩)内,放置在专用 FFU 高效层流罩下。将接种工具、摇瓶检测用试管和环境检测用平板培养基放在专用平台上,灭火用水、湿毛巾、酒精放入接种室的回风区,接种室(罩)内环境净化 1 h 后关闭紫外线灯。

(2)将经挑选后的合格摇瓶菌种放在磁力搅拌器上,搅拌 10 min,待菌球打碎均匀后备用。

(3)接通进气管道,先调整进气压力为 0.05 MPa,开启进气阀门后,打开发酵罐排气阀,保持罐内正压。

2.接种

(1)接种人员工作前换好工作服,戴好口罩和接种手套,并用酒精和新洁尔灭溶液进行手部喷雾消毒。将准备好的摇瓶菌种用酒精和新洁尔灭溶液进行表面喷雾消毒,打开环境检测平板培养基。

(2)将浸泡 95%酒精的纱布圈放入发酵罐接种口下的凹槽中点燃,充分燃烧发酵罐的盖面部分,摇瓶菌种上部和瓶口部位灼烧灭菌后,将三角瓶置于高效过滤器下方,使瓶口温度降至 35～40℃。

(3)调整进气阀压力为 0 MPa,待排气口出气微弱后,打开接种口的保护阀,迅速将进气阀压力调整为 0.05 MPa,用接种工具挑起接种口罐盖,在火焰保护下迅速将摇瓶菌种倾倒入发酵罐,接种量为 1%(体积比)。留 20～30 mL 样品,检测 pH 用。迅速锁紧接种口,取下燃烧的酒精棉,放入水中熄灭。

3.检测

(1)无菌条件下用接种钩蘸取少量样品在检测用试管斜面培养基上划线,并迅速盖上棉塞。

(2)收取沉降菌检测平板培养基,用湿毛巾熄灭接种口火焰。

4.接种后续工作

(1)关闭发酵罐出气阀门,待罐压回升至 0.06 MPa,关闭进气阀门。将接种后的发酵罐移动至菌种培养室对应编号位置,连接进气管,将进气压力调整 0.1 MPa,再打开排气阀,通气培养。填写《发酵罐状态卡》,并悬挂于发酵罐上。

(2)关闭接种室高效过滤器电源开关,对摇瓶余留样液进行 pH 检测,并填写《摇瓶接种及使用记录》和《发酵罐接种记录表》。

(3)清洁和整理接种室,用消毒剂对接种室墙壁和地面进行拖洗消毒,并填写《发酵罐接种清洁记录》。

(4)检查确认接种后的发酵罐管道连接和通气状态是否正常。

(七)发酵液的培养与检查

发酵罐在 24～26℃环境中培养,发酵罐压力提高至 0.15 MPa,以上升的无菌空气进行发酵液的搅拌。培养液初始 pH 为 6～6.5,发酵过程中保持自然状态。在发酵培养过程中,必须维持发酵罐体内正压,防止污染。

做试管培养,以及培养皿涂布,进行纯度的检查。但一般使用比较普遍的检测方法是显微镜检查与酚红肉汤检查。酚红肉汤可以通过颜色的改变判断菌种中微量的细菌,而显微镜检测通过取样可以快速、直观、精确地判断出杂菌的类型等。

放料接菌之前,应提前取样检查菌种状态的好坏。菌丝应成球状,分布较均匀,稍有黏稠,悬浮状态较好,静置 5 min,菌球既不上浮也不下沉,菌液澄清、透明,菌球与菌液界限明显。之后将液体菌种发酵罐移入放罐间(提前净化消毒),连接接种枪管路进行接种。

 任务三　带控制柜的发酵罐液体菌种生产

> **知识目标**:能熟练掌握液体菌种培养基制作技术;能熟练掌握液体菌种的接种与培养技术;学习识别杂菌的方法及意义。
> **技能目标**:会用无菌操作技术培育液体菌种;会取样,能检查液体菌种质量;能分析杂菌污染的原因。

带控制柜的发酵罐液体菌种生产流程:罐体清洗和检查→煮罐→配料→滤芯、滤芯上盖及进气管、接种枪及软管的灭菌→上料→灭菌→冷却→接种→培养→料袋(瓶)接菌。

(一)罐体清洗、检查

发酵罐生产前必须对其进行彻底地清洗,除去黏附罐壁的菌球、菌块、料液等污物。待罐内壁无悬挂物,无残留菌球,排放的水清澈无污物时加水,加水量以超过加热管为宜。

启动设备,观察检查控制柜、加热管工作是否正常,各阀门有无渗漏,压力表、安全阀是否正常工作,是否有不安全因素,检查水、电是否

二维码 13　液体菌种生产(带控制柜发酵罐)

正常使用,检查合格方能开始工作。

(二)煮罐

新罐初次使用、罐长时间不用、上一罐染菌、更换生产品种等,需要煮罐。煮罐的具体方法是关闭罐底部的接种阀和进气阀,把水从进料口加入至视镜中线,盖上进料口盖,拧紧,关闭排气口。启动加热器,当温度达到 100℃ 时排放冷气,微微打开排气阀,当温度达到 123℃、压力 0.12 MPa 时,维持 35 min 后,关闭排气阀,闷 20 min 后,打开排气阀、接种口、进气口,把罐内的水放掉即可。

(三)滤芯、滤芯上盖及进气管、接种枪及软管的灭菌

在煮罐的同时进行煮料、对滤芯及接种枪进行灭菌。

拆下滤芯外壳灭菌,也可整体灭菌。进气管口、接种枪及软管口分别用 8~10 层医用脱脂纱布包好,用绳捆扎后放入高压灭菌锅。装锅时,滤芯向下,滤芯上盖接口处的出气管无折角,盘管无折角,口向上,瓶上盖一层聚丙烯塑料膜。温度 121℃ 计时,压力 0.11~0.15 MPa,保持 40 min。

(四)配料、上料

培养基制作方法参照母种。

关闭发酵罐下端进气阀和接种阀,通过接种口将培养基倒入发酵罐中,加泡敌约 12 mL,用水冲洗煮料锅,装料量为罐体总容积的 60%~80%,即加料高度以高于视镜上边缘 10 cm 为宜。拧紧进料口盖。

(五)灭菌

关闭所有阀门,按控制柜灭菌键,在培养基温度达到 100℃ 前,用未过滤的空气直接通入搅拌培养料,防止发酵罐底部料液黏附于加热棒上变糊。当温度达 100℃ 时微微打开排气阀,直至灭菌结束。当控制柜显示屏上的温度 123℃、压力 0.12 MPa 时,控制柜自动计时。

在灭菌 35 min 内前、中、后期(0 min、17 min、30 min)排 3 次料,排料方法是微开进气口和接种口阀门,有少量气、料排出即可,每次排料 3~5 min。3 次共排料 3~5 L,以排出阀门处生料和对阀门管路进行杀菌。

需要注意的是,滤芯需要在使用前 0.5 h 灭菌装好,装好后要一直开启气泵,以便将滤芯吹干,必须在灭菌计时就开泵通气。

(六)冷却

培养基冷却,是把培养基温度由 123℃ 降至 25~28℃ 的过程。排净夹层内的热水,打开气泵吹一级滤芯,再吹二级滤芯,同时向夹层内注入冷水,使罐内温度下降,待罐盖上压力表的压力降到 0.05 MPa 以下时,在确定一、二级滤芯已经干了的前提下,打开经过一、二级滤芯进入罐内的进气管道,给罐盖上的滤芯吹气,以搅动培养液,使培养液快速降温。

(七)罐内接种

准备好菌种、浸泡 75% 酒精的纱布圈、火机、95% 酒精、湿手套、湿毛巾等用品,逐渐开大排气阀,待发酵罐压力降至"0"时,关闭排气阀,打开气泵,把火圈套在进料口上方点燃,快速打开进料口盖,在火焰的中部将菌种瓶塞拔下,转动菌种瓶使其上部和瓶口部位在火圈上灼烧灭菌后,迅速将菌种倒入罐内,进料口盖经火焰灼烧后盖好,拧紧,移走火圈,完成接种。

(八)培养

启动设备控制柜进入培养状态,微开排气阀,使罐压至 0.02～0.04 MPa,并检查培养温度和空气流量 1.2 m³/h 以上,即可进入培养阶段。根据不同品种设置不同的培养温度,常规品种选择 24～26℃培养档,高温品种选择 28～31℃,空气流量调至 1.2 m³/h 以上,罐压在 0.02～0.04 MPa,培养时间为 72～96 h。

接种 24 h 以后,每隔 12 h 可从接种管取样 1 次,观察记载菌种生长和萌发情况。取样方法:打开阀门,排尽蒸汽管中的冷凝水后,排气阀门转为微开,使其只有少量蒸汽流出,对取样口进行灭菌。取样时,弃去最初流出的一段培养液后关闭取样阀门,用火焰封口,再次打开阀门,用经灭菌的三角瓶收集菌种至所需取样量。随后关闭取样阀,盖上瓶塞。

观察菌种生长和萌发情况一般"三看一闻":一看菌液颜色,正常菌液颜色纯正,虽有淡黄、橙黄、浅棕色等颜色,但不混浊,大多越来越淡(蜜环菌、鸡腿菇、木耳变深);二看菌液澄清度,大多澄清透明(木耳、灵芝有些乱菌丝),培养前期略显浑浊,培养后期菌液中没有细小颗粒及絮状物,因而菌液会越来越澄清透明,否则为不正常;三看菌球周围毛刺是否明显及菌球数量的增长情况,食用菌菌球都有小小毛刺,或长或短,或软或硬(白金针菇硬刺)。一闻是闻菌液气味,料液的香甜味随着培养时间的延长会越来越淡,后期只有一种淡淡的菌液清香味。木耳、金针菇菌液香味淡,白灵菇菌液香味浓,灵芝菌液有药味,香菇菌液淡酒糟味。

在 48～72 h 菌球浓度增长较快,体积百分比浓度≥80％即可接袋。

取样后,将三角瓶放在桌面上,静置 5 min,菌球既不漂浮,也不沉淀,菌球占菌液 80％(体积百分比)以上,菌液颜色变淡,澄清透明,菌球与菌液界限分明,表明菌丝已经成熟,可以使用。若变浑浊,出现霉味、酒味,颜色深,说明已坏。

(九)料包接菌

液体菌种培养好后,在火焰的保护下接好经灭菌的接种管及接种枪,不停泵,关小排气阀。待压力稳定在 0.03～0.05 MPa 时,打开接种阀,接种枪口在酒精灯火焰上灭菌后,在无菌条件下接种。接种量以菌种接入瓶或袋内覆盖表面为宜,通常接 15～18 mL。菌种用量少,菌种局部萌发、封面,易造成污染。

思考与练习

1.什么是液体菌种?它有哪些特点?

2.简述摇瓶液体菌种的制作过程。

3.简述移动式发酵罐液体菌种的制作过程。

4.怎样进行液体菌种的检验?

5.如何使用液体菌种?

二维码 14　摇瓶液体菌种制作

项目八

菌种质量鉴定与保藏

> **知识目标**：熟悉优良菌种的特征；掌握菌种质量的鉴定方法；掌握菌种保藏方法；掌握菌种复壮方法。
>
> **技能目标**：会鉴定母种、原种、栽培种。会保藏菌种；能结合生产防止菌种退化；会菌种复壮技术。

菌种的优劣主要取决于菌株原有的特性及制种技术的高低。菌种制备对生产设施、设备、操作人员的技术水平要求很高，菌种的质量直接关系到产量的高低和栽培的成败。菌种质量好，加上合理的栽培管理，就容易获得高产稳产；菌种质量差，难以获得高产，甚至会导致绝收。因此，优质的食用菌菌种，是栽培食用菌获得高效益的先决条件。

二维码 15　食用菌菌种质量鉴定与保藏

一、菌种质量检测

菌种质量检测的目标包括菌丝形态、菌落特征以及子实体形态等方面。质量检测常用方法如下。

（一）建立标准的培养和观察方法

以该品种典型的生物学特性（包括形态特征、生理生态特性、栽培习性）为参照标准进行比较，以检验菌种是否存在品种退化、菌种老化、病菌侵染、杂菌污染和品种混杂等质量问题。菌种质量检测不仅要考虑从哪些方面来评价一个菌种的质量优劣，也要考虑用怎样的标准方法对菌种质量进行评价的问题。因为一定的结果来源于一定的方法和一定的条件。方法和条件不同，结果就失去了可比性，也就无法鉴别，因此，需要建立标准。这些标准包括：培养基、培养条件（温度、湿度、pH、光照等）、菌种的菌龄等。

（二）连续观察

在菌种生长过程中，要连续观察，一切不正常的现象只有在生长过程中才能表现出来。而当菌种长满培养基表面后，其不正常现象往往会被菌种的过龄而掩盖。

（三）宏观检查

对食用菌母种、原种及栽培种的宏观检查要根据其培养特征来进行，这是菌种生产者及使用者普遍使用的方法,简单易行,但需要有多年的从业经验与技术沉淀。如被检菌种表现出菌落生长速度不一致、气生菌丝变稀疏或出现扇变菌落、菌落上过早出现色素、或不同特征的菌落混杂共存、或菌落上出现黑褐色、青灰色、黄褐色或红色的孢子堆,均可以确定该菌种存在质量问题。优质菌种外观菌丝洁白、密集粗壮,生长速度一致,齐发并进。

在生产实践中总结出"纯、正、壮、润、香"的质量检查方法。能大致、快速地鉴定出菌种的优劣。

"纯"指菌种的纯度高,无杂菌感染,无斑块、无抑制线,无"退菌""断菌"现象等。

"正"指菌丝无异常,具有亲本正宗的特征,如菌丝纯白、有光泽,生长整齐,连接成块,具弹性等。

"壮"指菌丝发育粗壮,长势旺盛,分枝多而密,在培养基上恢复、定植、蔓延速度快。

"润"指菌种含水量适中,基质湿润,与瓶壁紧贴,瓶颈略有水珠,无干缩、松散现象。

"香"指具该品种特有的香味,无霉变、腥臭、酸败气味。

通过检测各种食用菌菌丝生长的色泽、速度、均匀度等特征是否正常,来判断菌种生长是否正常、是否可用,但辨别不了是否优质高产。

(四)显微镜检查

对菌丝体进行显微观察,可以确定菌丝粗细、分枝、隔膜、锁状联合等特性是否均一,是否与该栽培品种的典型特征一致。具有不同形态特征的菌丝体存在于同一菌种体中,表明该菌种存在质量问题;如果出现菌丝体重寄生现象,常表现出不同特征的菌丝体相互缠绕,或菌丝体中空变细,或在寄生点出现吸器等不正常现象。

镜检的方法是:挑取少量菌丝,置载玻片中央的水滴上,用解剖针或接种针拨散,盖上盖玻片,也可加碘酒或美蓝(亚甲蓝)等染色后进行镜检。正常的菌丝一般透明、分枝状,有横隔和明显的锁状联合;异宗结合的食用菌,如仅有单核菌丝,不具结实性,不宜作菌种用;双核菌丝中,锁状联合多而密,则结菇力强,一般可认为是好菌种。

各种食用菌的菌丝生长是否正常、是否可用,一般都以色泽、速度、均匀度等特征加以检测,但这并不能说明其是否优质高产。

(1)双孢菇　观察双孢菇单孢子萌发后的菌丝生长形态。凡菌丝洁白、健壮,保存时间较长时菌丝颜色不变,较耐 28℃ 以上气温,生长在基质上平贴培养基表面,气生菌丝不多的,为同化能力较强,产量较高的菌株。相反,菌丝生长初期好,很快变黄变稀,如蜘蛛丝一样,长出培养基表面菌丝较多的菌株产量较低。

(2)香菇　观察香菇的双核菌丝,在斜面培养基上生长速度达到 1.2 cm/d 以上的,菌丝不十分粗壮和洁白,锁状联合频繁,锁状联合在菌丝间相距较近,且在观察面上分布均匀,一般均是高产和抗杂能力较强的菌株。香菇出菇的密度与锁状联合有一定关系。

(3)草菇　观察草菇菌丝,发现菌丝分枝角度大的,出菇率高,产量高。菌丝分枝角度小、平行排列的,产量低。

(五)拮抗试验

拮抗也称对峙反应。同一种食用菌,经分离或杂交,将选育出许多不同的菌株,这些菌株的菌丝在形态上很难区别。如不同编号的香菇菌种,都是白色绒毛状菌丝,镜检时均具有锁状联合等。在当前菌种管理工作尚不十分健全的情况下，"同名异种""同种异名"的现象普遍发生，要识别异同，可采用"拮抗试验"加以区别。具体方法是：

用1支20 mm×200 mm的无底试管，中央部位装入长5~7 cm的木屑麸糠培养基，两端压平并盖棉塞，灭菌后，两端各接入两株受检的菌种1小块，25℃左右条件下培养，当两端菌丝往中央生长并相互接触后，把试管移至20℃、约300 lx的漫射光下继续培养，观察菌丝接触区有无对峙反应。若无褐色的带线出现，表示两个受检菌株的基因极相似或相同，是相同的菌株，仅编号不同，即同种异名。如果受检菌株间形成带线，则表示是不同的菌株。

用平板进行拮抗试验测试，方法是在无菌的PDA培养基平板上各接入2个或多个被检菌株的菌种，在上述条件下培养，观察菌丝相接触部分有无带线，以区别相同或不同的菌株。也可用菌种瓶(袋)进行拮抗测试。

(六)菌丝长速测定

在适宜的条件下，若菌丝生长迅速、粗壮有力、浓密整齐，一般为优质菌种。若菌丝生长缓慢、中断或长速极快、稀疏无力、参差不齐和易枯黄萎缩，则为不良菌种。菌丝生长速度测定，可在PDA平板中心接种培养，测量菌落两个直交直径，取其平均值。同理，还可在原种、栽培种瓶(袋)壁上划线测定。

(七)菌丝生长量测定

将等面积的菌苔接入无菌的液体培养基内，在相同的条件下，进行摇床振动培养，经过一定时间后，过滤收集菌丝，反复冲洗干净后置容器内，80~100℃烘箱中烘干至恒重后称重。凡菌丝增殖快、重量重的为优质菌株，而增殖慢、重量轻的为不良菌株。

(八)耐高温测定

以双孢菇为例，把菌种置于20~22℃下培养，待菌丝长到1/2试管斜面时，每一菌株取出2~3支试管，置于35℃温度下，经24 h做抗热性试验，然后放到22~23℃下培养，观察菌丝恢复情况。若菌丝恢复萌发快，仍健壮、旺盛生长，则表明该菌株具有耐较高温的优良性状；如果菌丝生长缓慢，出现发黄倒伏，萎缩无力，则为不良菌株。

(九)均一性测定

将母种接种于标准培养基的平板上，并置于标准的环境条件下，每批做30~50个重复，进行长势和长速的连续观察记录。均一性好的品种，每个重复之间长势和长速几乎没有肉眼可见的差异。如果长势和长速不一，则表明原始母种的遗传均一性不良，不宜作生产用种。

(十)纯度测定

菌种纯度高低是鉴定菌种质量好坏的关键环节。优质菌种要求同一管、瓶或袋内只含有所需要的菌种菌丝体，而不能含有其他种类的杂菌。这里所说的杂菌包括细菌、放线菌、酵母菌和各种霉菌，以及含有两种食用菌菌丝体或同一种食用菌的两个品种菌丝。凡是被杂菌污染的菌种都是不纯菌种，必须予以淘汰。

在三角瓶内装入浅层液体培养基，灭菌后接入经捣散的菌种，25℃条件下培养，约1周观察，若有气泡和菌膜发生，并具酸败味，说明菌种不纯，混有杂菌；如果无上述现象则菌种纯正无杂。

(十一)长势测定

菌丝长势包括菌丝生长的状态和速度。凡是菌丝生长迅速、整齐浓密、健壮有力的菌种为优良菌种。如果菌丝生长缓慢,或长速特快、稀疏无力、参差不齐、易于衰老,则表明是劣质菌种。在鉴别菌丝长势时,必须注意,在不同培养基上、不同培养条件下,同一种食用菌菌丝的长势不同,因此,判断食用菌的菌种长势,应采用相同的培养基。在外界环境条件相同的情况下,菌丝生长旺盛、生长量多、生长速度快的要好于菌丝生长弱、生长量少、生长速度慢的菌种。还有一种方法是在三角瓶内装入浅层液体培养基,灭菌后接入经捣散的菌种,25℃条件下培养,约1周观察浮在液面的菌种。如果菌丝向旁边迅速生长、健壮有力、边缘整齐,且不断增厚,说明该菌株生长势强;若表面生长慢、稀疏、菌丝层薄,说明长势弱,不宜用于生产。

(十二)抗霉性测定

以木耳为例:制备平板,在平板的一边分别接入不同的木耳菌株,每一菌株3个重复,在26～28℃下培养。待木耳菌丝长到平板一半左右时,在平板的另一边接上木霉菌丝,继续培养。之后注意观察木霉菌丝与木耳菌丝的交界处,出现拮抗线的表示木耳菌株抗霉能力强,木霉菌丝无法长过去,为抗霉能力强的菌株。如果木霉菌丝很快盖过木耳菌丝,说明这个木耳菌株的抗霉能力差或没有抗霉力。

(十三)出菇试验

对引进或分离的同一品种的若干菌株进行出菇对比试验,必须是在各级菌种的培养基成分、培养温度、培养时间及栽培条件基本一致的情况下进行。出菇试验可按菇类的常规栽培方法进行,数量可少些。为使试验准确,每一菌株设3～4个重复,以避免试验的偶然性。在位置排放上尽可能按菌名拉丁文排列,以相同的措施管理,在管理过程中对环境因子的变化、管理措施及生长历程、品种本身性状等要详细全面记录。

以香菇为例记载内容如下:

①母种菌丝生长情况,如菌丝浓淡、生长快慢、菌苔韧性等。

②原种、栽培种中菌丝生长情况,如菌丝萌动、吃料、生长快慢;菌种表面有无菌皮或菌皮厚薄,白色颗粒状物有无或多少;培养基转色情况等。

③栽培阶段应记载:转色快慢、颜色深浅;出菇快慢、菇生长密度;子实体经济性状,包括菇的大小、厚度、色泽、圆整程度、菌柄长度、粗细等;转潮快慢;对水分的敏感程度;产量及产量分布;出口菇比例等。

通过对记载资料分析,选出综合性状符合要求的菌株,供大面积生产或出售。

出菇试验因季节推迟或其他原因,可采用一种较简单的方法来弥补,即直接将接有各菌株并已发好菌的瓶(袋)装菌种,小心地敲破瓶颈或打开塑料袋口,使培养料外露,置最适宜的温、湿度条件下进行出菇(耳)管理,观察记载各项指标,最后进行评比。但这种方法的结果只能提供参考。

(十四)栽培指标

采用一定的栽培规模,通过不同地区、不同原料、不同栽培方式,进行多次反复栽培观察,详细记录、评比后,具有优质、高产、高抗、高效和遗传性、稳定性强的菌株,才是优质和可推广的品种。其鉴定的内容、方法和指标有：

（1）吃料能力鉴定　将菌种接入最佳配方的原种培养料中,置适宜的温、湿度条件下培养,1周后观察种菇(耳)菌丝的生长情况。如果菌种块能很快萌发,并迅速向四周和培养料中生长伸展,则说明该品种的吃料能力强;反之,菌种块萌发后生长缓慢,迟迟不向四周的料层深处伸展,则表明该品种对培养料的适应能力差。对菌种吃料能力的测定,不仅用于对菌种本身的考核,同时还可以作为对培养料选择的一种手段。

（2）成活率　将菌种接在适宜的培养基上,若菌丝能很快恢复、定植和蔓延生长,成活率很高,是质量好的菌种;反之,接种后恢复慢,成活率不高是质量差的菌种。

（3）出菇快慢　一般来说,高温型的出菇快,低温型的出菇慢,中温型的介于两者之间。而以菇的质量来说,高温型的质量差,低温型的质量好。但同一温型食用菌品种的不同菌株,其菌种接种后若菌丝分解培养料能力强,培养前后培养料失重大,出菇快而多,总产高,即是好菌种;否则为劣质菌种。

（4）菇峰间隔　在一个生产周期中,子实体发生可分数潮次,产菇最多时称菇峰,最低时称菇谷,每个菇峰和菇谷构成一潮菇。凡菇潮多,间隔时间短,说明菌丝分解能力强,供子实体发生的养分积累多,因此转潮快,是好的菌种;反之,菇潮间隔时间长,或不明显,零星出菇,产量低,即为劣质菌种。

（5）干燥率　鲜菇经干制后干燥率高,说明转化率高,子实体含水分低,为优质菌种。

（6）生物学效率　指每 100 kg 干料可产多少千克鲜菇。生物学效率高,则菌种质量好,反之为劣质菌种。

（十五）经济指标

高产不一定高效,丰产不等于丰收,要占领市场,获得较高利润,还必须具备商品的要求,如产品的色、香、味、形、档次、上市时间、货架期和保质期等。凡是鲜菇上市时间早、产量高、品质好、档次高、含水量低,不易变色、变质、破碎、失重,无农药残毒、残臭,符合食品卫生标准和得到的利润高等,均表示经济指标高,则为优质菌株;而上市有效时间短,易变色、变味、变质,含水量高,失水严重,易破碎,利润低的菌种均为劣质菌种。

二、母种质量的鉴定

食用菌优良母种的共同特征:

（1）生长整齐　同一品种、同一来源的母种,扩繁后,不论扩繁量有多大,只要使用的培养基相同,培养条件相同,试管与试管之间,菌丝的生长外观没有明显的差异。生长外观包括长速、色泽、菌落的薄厚及气生菌丝的多寡等。

（2）长速正常　不同种、不同品种的食用菌,在一定的营养和培养条件下,都有其固有的生长速度。如平菇中蔬 10 号,在综合 PDA 培养基上,在 25℃ 下黑暗培养 6 d 长满斜面。如果长速不在这一范围内,表明菌种活力不够,或老化,或退化,不宜再使用。

（3）形态特征　不同种、不同品种的食用菌,其母种都有各自特有的形态,如菌落形态、气生菌丝的多寡、菌丝的色泽、培养基中色素的有无及色泽、生长边缘特征等。如糙皮侧耳 AC-CC50249,在 26～28℃ 培养,长满斜面后 2～3 d 气生菌丝就分泌黄色素,而佛罗里达侧耳各菌株均无这种色素分泌,如木耳和金针菇多数品种在长满斜面之前都不会分泌褐色素溶于培养基中,如果扩繁母种在生长期间培养基呈棕褐色,或接种块背面呈较深的色泽,就是不正常现象。这样的菌种多不能正常出耳或出菇,即使出耳出菇,产量也很低。

(4)菌落边缘 菌落生长着的边缘外观饱满、整齐、长势旺盛。

三、菌种保藏

菌种保藏与复壮是生产中不可缺少的重要环节。选育出的菌种必须进行适当的保藏及复壮,才能减少变异与衰退,确保菌种的优良性能。

菌种保藏的原理是通过低温、干燥、隔绝空气和断绝营养等手段,以达到最大限度地降低菌种的代谢强度,抑制菌丝的生长和繁殖。由于菌种的代谢相对静止,生命活动将处休眠状态,从而可以保藏较长时间。菌种保藏就是为了使优良菌种不衰退,不死亡,不被杂菌污染,能长期在生产上应用。因此,这是一项极为重要的工作。一种好的菌种保藏方法,首先应能保持菌种原有的优良性能,同时还要简便易行。常用的菌种保藏方法有5种。

(一)低温斜面保藏法

1.低温斜面保藏方法

低温斜面保藏法是菌种的一种短期保存法,因为它简单易行,不需特殊设备,并能随时观察保藏菌种的情况,因此也是常用的菌种保藏方法。保种一般使用 PDA 斜面培养基。菌种移接后,放在 $22\sim24℃$ 温度下培养,要勤检查,当菌丝健壮地长满试管时,及时挑选无污染的母种,用硫酸纸将试管口棉塞包扎后放置在 $4℃$ 的冰箱中保藏。一般 $3\sim5$ 个月转管一次。这个方法适用于所有的食用菌菌种,但草菇菌种的贮藏温度需要提高到 $10\sim15℃$,毛木耳多数品种适宜温度在 $10℃$ 左右,中华灵芝在 $10\sim12℃$。

2.斜面菌种保藏法应注意的问题

(1)要选配好合适的培养基,一般要求培养基含有较丰富的有机氮,最好能添加 0.2% 的磷酸二氢以中和菌种在保藏过程中积累的有机酸。

(2)保藏的菌种要在适温下培养至菌丝在整个斜面上基本长满,保藏的菌种培养时间不可太长,以免降低菌种生活力和保藏时间。

(3)菌种的试管口用玻璃纸、塑料薄膜或防潮纸包扎,或用石蜡封闭,以防止培养基内水分过快蒸发。

(4)存放在冰箱内的菌种不可过分拥挤。温度要控制在 $4℃$ 左右。

(5)保藏菌种在使用前要置于适当温度下,使其活化,再行转管扩大培养。转管移植培养基应采用原来的培养基。

(二)液体石蜡保藏法

本法是把液体石蜡灌注在菌种(菌丝体菌种)斜面上来保藏菌种。使菌种与空气隔绝,抑制细胞代谢,同时防止培养基中水分的蒸发,可延长保藏时间。

取化学纯液体石蜡装于三角瓶中加棉塞并包纸,在 0.1 MPa 压力下灭菌 1 h,再放入 40℃ 恒温箱中,以蒸发其中水分,至石蜡油完全透明为止。将处理好的石蜡油移接在空白斜面上,$28\sim30℃$ 下培养 $2\sim3$ d,证明无杂菌生长方可使用。然后用无菌操作的方法把液体石蜡注入待保藏的斜面试管中。注入量以高出培养基斜面1~1.5 cm,塞上橡皮塞,用固体石蜡封口,直立于低温干燥处保藏。可有效保藏5~7年,每1~2年应移植一次。

使用时只要用接种针从斜面上少量挑取菌丝,移植在新鲜的斜面培养基上,由于菌丝沾有石蜡,必须再转接一次试管才能很好生长。

(三)滤纸保藏法

滤纸保藏法是一种以无毒滤纸作为食用菌孢子吸附载体长期保藏菌种的方法。该法保藏时间长、菌种是不易衰老退化、操作简单、易贮运。方法是是将食用菌孢子吸附在滤纸上,干燥后再行低温保藏。操作简便,效果也较理想。取白色(收集深色孢子)或黑色(收集白色孢子)滤纸,剪成4 cm×0.8 cm的小纸条,平铺在培养皿中用纸包裹在0.1 MPa压力下灭菌30 min。采用钩悬法收集孢子,让孢子落在滤纸条上。将载有孢子的滤纸条放入保藏试管中,再将保藏试管放入干燥器中1~2 d,除去滤纸水分,使滤纸水分含量达2%左右,然后低温保藏。

使用时以无菌操作摄取滤纸条,将有孢子的一面贴在培养基上,于适温下培养1周左右,即可观察到孢子萌发和菌丝生长状况。这种方法有效保藏期2~4年,长的可达30年以上。

(四)麸皮保藏法

取新鲜麸皮,过60目筛除去粗粒。将麸皮和水按1:1拌匀,装入小试管,每管约装1/3高度,加棉塞用纸包扎,0.15 MPa压力下高压灭菌30 min,经无菌检查合格后备用,将生长在斜面培养基上的健壮菌种,移种至无菌麸皮管中,移种时注意尽管捣匀小试管中的麸皮,呈疏松状态,在适温下培养至菌丝长满麸皮为止,将麸皮小管置干燥器中,在低温或适温下保藏。可保藏3~5年。

(五)木屑保藏法

此法适合于木腐菌。配方为阔叶树木屑78%,米糠20%,石膏1%,蔗糖1%,水120%,将配料装入18 mm×180 mm试管中,0.15 MPa下灭菌1.5 h。冷却后,接入要保藏的菌种,在25℃下培养,待菌丝长满木屑培养基时,取出,在无菌室内换上灭菌橡皮塞,放到3℃的冰箱内保藏,1~2年转管一次。

此外还有麦粒保藏法、沙土管保藏法、生理盐水保藏法、真空干燥保藏法和液氮保藏法等。

四、菌种保藏中应注意的问题

(1)选配合适的培养基,一般要求培养基含有较丰富的有机氮,糖的含量控制在2%以下,以防产生能量及酸,最好能添加0.2%的磷酸二氢钾以中和菌种在保藏过程中累积的有机酸。如用斜面培养基琼脂增至2%~2.5%,以增加持水性。

(2)保藏菌种要在适温下培养至菌丝基本长满,培养时间不可太长,以免降低菌种生活力和减少菌种保藏时间。

(3)菌种试管口用玻璃纸、塑料薄膜或防潮纸包扎,也可用石蜡密封或换胶塞,以防止水分过快蒸发。

(4)存放在冰箱内的菌种不可过分拥挤,温度控制在4℃左右。

(5)保藏菌种在使用前要置于适当温度下,使其活化,再进行转管扩大培养,转管移植培养基应采用原来的培养基。

五、菌种复壮

(一)衰退表现及根源

正常栽培条件下,在生产过程中,菌种的优良性状及典型性状逐渐丧失的现象,称菌种退化,表现为产量降低、品种变劣、整齐度下降、生活力衰退、抗逆性减弱。菌种退化的原因很多,外因是传代过多,条件不适宜;内因是菌种遗传物质发生了不良变异,出现长势差、抗性差、出菇不整齐、产量低、品质差等现象,给生产带来巨大损失。

(二)防止菌种退化的方法

(1)活化移植　利用低温保藏菌种,使菌种处于较低的生命活动水平。但时间太长,菌丝也会老化。对已保存3~4个月的菌种要重新移植。移植后的菌种在适宜的温度下培养7~15 d,菌丝即可布满斜面,再继续低温保藏或使用。保藏的菌种,培养基中需加入磷酸氢二钾、磷酸二氢钾和蛋白胨等,防止培养基的pH变化。

(2)更换营养成分　各种食用菌对培养基的营养成分大多数有"喜新厌旧"的特点,多次连续使用同一比例的培养基会使菌丝营养不良,引起菌种的退化。生产中需根据不同菌种特性变换培养基营养成分,提高菌种生活能力,以获得优良菌种。

(3)适宜环境条件　菌种培养过程中,创设适宜的环境条件,如温度、光照度、空气等,使其在良好的条件下生长,保证菌丝健壮,稳定性状。

(4)优择劣汰　不管是选育还是移植的菌种,在保藏或使用时,一定要精心挑选。对于生活力、菌丝特点有明显改变的或有杂菌污染的,宁弃勿用,这是获得优良菌种的重要保证。

(三)菌种复壮方法

食用菌菌种长期使用、长期保藏,以及转管次数过多,都会导致菌丝活力下降,接种后菌丝生长缓慢、纤细、稀疏。因此,必须采取措施进行菌种的复壮,生产上使用的菌种要经常进行复壮,目的在于确保菌种优良性状和纯度,防止退化。

1. 系统选育

在生产中选择具有本品种典型性状的幼嫩子实体进行组织分离,重新获得新的纯菌丝,尽可能地保留原始种,并妥善保藏。

2. 无性繁殖与有性繁殖交替

转管多次的菌种改用组织分离,可有明显复壮作用。在原有优良菌株中,通过栽培出菇,然后对不同系的菌株进行对照,挑选性状稳定,没有变异的,再次进行孢子分离、提纯,使之继代。重新获得优良菌株后再进行转管使用。

3. 菌丝尖端分离

在显微镜下应用显微操作器把菌丝尖端切下转移至新的PDA培养基上培养,这样可以保证该菌种的纯度,并且可以起到脱病毒的作用,使菌种保持原有品种的遗传物质,恢复原来的生活力和优良种性,达到复壮的目的。

4.适当更换培养基

长期在同一培养基上继代培养的菌种,生活力可能逐渐下降。改变培养条件、经常变换营养成分或添加酵母膏、氨基酸、维生素等,以提高菌种活力。对因营养基质不适而衰退的菌种,有一定的复壮作用。

5.选优去劣

菌种的分离培养和保藏过程中,密切观察菌丝的生长状况,从中选优去劣,及时淘汰生长异常的菌种。

◆◆◆ 任务一　食用菌菌种质量鉴定 ◆◆◆

> **知识目标:**了解食用菌菌种生长特征,掌握常见食用菌菌种质量鉴定方法。
> **能力目标:**会鉴定菌种质量。

一、工作准备

(1)材料　平菇、香菇、木耳、金针菇等的母种、原种及栽培种。

(2)用具　马铃薯蔗糖琼脂平板培养基,石炭酸复红液,乳酸石炭酸棉蓝液,镊子,刀片,放大镜,显微镜等。

二、鉴定方法

(一)菌种鉴定方法

(1)直观法　凭感观直接观察菌种表面性状,称直观法。优良菌种一般共有的特征是:纯度高、无杂菌;色泽正、有光泽;菌丝健壮、浓密有力;具有其特有的香味,无异味。

(2)镜检法　选取各种食用菌少量菌丝制片,在显微镜下观察分枝、分隔、锁状联合及孢子等特征,对细胞结构进行鉴定。

(3)培养观察　对各种食用菌菌种通过培养菌丝,观察对水分、湿度、温度、pH 的耐受性,以确定菌种生活力和适应环境能力。

(4)出菇(耳)试验　对各种食用菌菌种做出菇(耳)试验,根据条件采用瓶栽、袋栽、压块栽培,观察出菇(耳)能力,做好记录,分析产量和质量。

(二)母种鉴别

母种的鉴别主要是根据菌丝微观结构的镜检和外观形态的肉眼观察加以鉴别。

(1)香菇　菌丝体白色,粗壮,呈绒毛状,平伏生长,生长速度为每日(7 ± 2)mm。满管后,略有爬壁现象,边缘呈不规则,老化时培养基变为淡黄色。早熟品种存放时间长,有的可形成原基或小菇蕾。

(2)平菇　菌丝体白色、浓密、粗壮有力,爬壁力强,不产生色素,有锁状联合。

（3）木耳　菌丝体白色,在培养基上匍匐生长、不爬壁,似细羊毛状,短而整齐,长满斜面后逐渐老化,出现米黄色斑;同时在培养基内产生黑色素。久放见光,在斜面边缘或底部会出现胶质状琥珀色颗粒原基。毛木耳菌种老化后,有时在斜面上部出现红褐色珊瑚状原基。

（4）金针菇　菌丝白色,有时稍带灰色,粗壮,呈绒毛状,初期蓬松,后期气生菌丝紧贴培养基,产生粉孢子。有锁状联合。斜面上易产生子实体。

(三)原种及栽培种鉴定

（1）平菇　菌丝洁白浓密,健壮有力,爬壁力强,能广泛利用各种代用料栽培。整个菌丝柱不干缩,不脱离瓶壁。瓶内无积水,无杂菌感染。有时瓶内有少量的小菇蕾出现。

如瓶内出现大量的子实体原基,说明菌种已过度老化;菌丝向下生长缓慢,可能是培养料过干或过紧;菌丝稀疏无力,发育不均,可能是培养料过湿,或配方不当,或装瓶过松;菌种瓶底有积水,属菌种老化现象;若有绿、黄等颜色,说明已被杂菌感染。凡有上述任何一种现象的菌种,应弃而不用。

（2）香菇　菌丝洁白、粗壮、生长迅速、浓密,能分泌深黄色至棕褐色色素。若菌丝柱与瓶壁脱离,开始萎缩,说明菌种已老化;若菌丝柱下端有液体,菌丝开始腐烂,可能是细菌污染;菌种开始出现小菇蕾,去掉菇蕾,迅速使用。

（3）金针菇　菌丝洁白、健壮,为生活力强的标志。若后期木屑培养基表面出现琥珀色液滴或丛状子实体,应尽快使用。若菌种瓶有一条明显的抑制线,是培养基太湿所致。若菌丝生长稀疏,除了菌种生活力降低外,可能是使用木屑不当,或麸皮用量较少。

（4）木耳　菌丝洁白整齐,粗壮有力、细羊毛状,短而整齐,延伸瓶底,上下均匀,挖出成块,不易散碎,为合格菌种。若菌丝满瓶后出现浅黄色色素,或周围出现黄色黏液为老化标志,不宜采用。如菌丝长到一定深度,或只长一角落不再蔓延可能是培养基太湿或干湿不均引起;若菌丝生长停止,并有明显的抑制线,可能混有杂菌。

思考与练习

1.栽培种的外观如何进行鉴定?

2.优质母种应具备哪些特征?

3.优质栽培种应具备哪些特征?

 任务二　菌种保藏与复壮

知识目标:了解菌种保藏常用的培养基;熟悉菌种保藏的条件;掌握菌种保藏方法及注意事项;掌握菌种复壮法。

能力目标:会制作保藏种培养基;菌种的常用保藏技术;会菌丝复壮技术。

菌种保藏的工艺流程:菌种保藏培养基的制备→接种→培养→保藏。

一、工作准备

（1）设备设施　手提式高压灭菌锅、接种箱或超净工作台、恒温培养箱、冰箱。

（2）用品用具　试管、棉塞、接种工具、无菌镊子、固体石蜡或胶塞、酒精灯、坩埚、试管架或试管筐、塑料薄膜、牛皮纸、捆扎绳、标签、火柴、干燥器等。

100 mL 水的三角瓶（有玻璃珠）、装 90 mL 水的试剂瓶、接种环、注射器或吸管等。

（3）材料　试管母种、增加了氮源和磷酸二氢钾的保种培养基，木屑、麸皮或麦粒培养基等。

表 8-1　常用的菌种保藏培养基配方

培养基名称	配方中各物质的量
PDA	马铃薯（去皮）200 g，葡萄糖 20 g
马铃薯培养基	马铃薯（去皮）200 g，葡萄糖或蔗糖 20 g，硫酸镁 0.5 g，磷酸二氢钾 2 g，维生素 B_1 10 mg
麸皮保种培养基	麸皮与水的比例为 1∶1
木屑保种培养基	阔叶树木屑 78%，米糠 20%，石膏 1%，蔗糖 1%，水 120%
麦粒保种培养基	小麦粒、碳酸钙和石膏比例为 300∶4∶1

注：PDA、马铃薯培养基中，水 1 000 mL，琼脂 20 g，pH 自然。

二、菌种保藏

（一）菌种保藏培养基的制备

（1）PDA、马铃薯培养基　制作方法同前斜面培养基的制作。

（2）麸皮保种培养基　选取新鲜麸皮，过 60 目筛去粗粒。将麸皮和水按 1∶1 拌匀，试管装量 1/3，0.15 MPa 灭菌 30 min。

（3）木屑培养基　将配方中各物质按比例混匀，装入 18 mm×180 mm 试管中，0.15 MPa 灭菌 1.5 h。

（4）麦粒培养基　去除小麦粒中的干瘪粒和杂质，浸泡 12～15 h，加水煮沸约 20 min（麦粒胀而不破），摊开晾去多余水分，使麦粒含水量达 25%，再拌入碳酸钙和石膏，试管装量 1/3，0.15 MPa 灭菌 1.5 h。

（二）接种

（1）接种环境及用具的消毒　将试管母种（用报纸包好，避免紫外线照射）、斜面培养基、木屑、麸皮和麦粒培养基、接种工具、酒精灯、火柴等用品放入接种箱内或超净工作台上。接种前必须对接种室、接种箱或超净工作台进行消毒，以保证接种操作是在严格无菌的条件下进行的。

（2）接种　方法同转管技术。

（三）培养

在菌种适宜的温度和湿度下，避光培养。培养过程中注意检查污染情况，及时清除并处理污染菌种。

(四)保藏

(1)斜面低温保藏法　菌丝长至斜面 2/3 时,选择菌丝生长粗壮整齐的母种试管,将试管口的棉塞用剪刀剪平,利用酒精灯在坩埚里熔化固体石蜡,用以密封试管口。也可在外扎一层塑料薄膜,或在无菌条件下换胶塞。最后将试管斜面朝下,置于 4℃冰箱保存。

(2)木屑保藏法　菌丝长至 1/2 时,剪平试管口棉塞,用蜡密封,包扎牛皮纸,置于 4℃冰箱保存。

(3)麸皮保藏法　菌丝长满麸皮后,将菌种置干燥器中放置 1 个月,无菌条件下换胶塞,置冰箱中或低于 20℃干燥条件下保存。

(4)麦粒保藏法　菌丝长满基质后,将菌种置干燥器中放置 1 个月,无菌条件下换胶塞,置冰箱中或低于 20℃干燥条件下保存。

(5)液体石蜡保存法　是把液体石蜡灌注在菌种(菌丝体菌种)斜面上来保藏菌种。使菌种与空气隔绝,抑制细胞代谢,同时防止培养基中水分的蒸发,可延长保藏时间。

选用化学纯液体石蜡,分装于三角瓶中,塞好棉塞并包纸,于 0.1 MPa 下灭菌 1 h。放 40℃恒温箱中,以蒸发其中水分,至石蜡油完全透明为止。进行杂菌检测后方可使用。按照无菌操作的方法把液体石蜡注入待保藏的试管菌种中,注入量以高出培养基斜面顶端 1～1.5 cm 为宜,塞上橡皮塞,用石蜡密封,直立于低温干燥处保藏。

取用保藏的菌种时,只要用接种针挑取一小块菌丝块至新的培养基上即可,原菌种可继续保藏。从液体石蜡中第一次移出的菌丝体,由于沾有较多的油,生长较弱,需要再转接一次才能恢复正常生长。

三、菌种复壮

(1)制备菌丝悬浮液　将待复壮菌种的菌丝体刮下,置入 100 mL 有玻璃珠的无菌水三角瓶中,充分摇荡,使菌丝分散。吸取 10 mL 菌丝液注入盛有 90 mL 无菌水的小瓶中,摇匀备用。

(2)制混合平板　将融化的 PDA 培养基倒入无菌培养皿中,凝固后滴入 2～3 滴菌丝液,用无菌涂棒涂抹,使菌丝均匀分散于平板上。

(3)培养　适温下培养,使菌丝萌发生长。挑取健壮尖端菌丝转管。

(4)检测　通过菌丝形态特征的检查及出菇试验等项目测定,符合原菌种性状即可用于生产。

四、菌种的合理使用

一个优良菌株被选育出来以后,必须保持其优良性状,防止杂菌污染,才不致降低生产性能。因此,保藏好菌种,对研究和生产食用菌都具有十分重要的意义。

斜面低温保藏菌种虽然简便,但保藏时间较短,需经常转管,故容易发生退化现象。为了弥补这一缺点,在生产上,最好把斜面低温保藏法与其他保藏法结合起来,以减少转管次数。母种在第一次转管时,尽量多转接斜面试管,部分用第一次生产,取几管作液体石蜡保藏(或冷冻干燥、液氮低温保藏),其余则作为以后几批生产用的母种,暂存于 4～6℃低温处,待低温保存的菌种用完后(或超过储存期后),再从第一代矿油保存的菌种移出。这样能使每批生产使用的菌种都保持在前几代的水平上,有利于菌种优良性状的保持(图 8-1)。

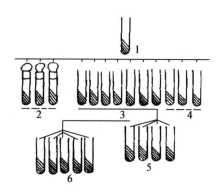

图 8-1 食用菌转代方法示意图

1.母种　2.液体石蜡保藏　3.用于第一次生产　4.低温保藏

5.用于第二次生产　6.用于第三次生产

五、常用菌种保藏方法的比较

常用菌种保藏方法的比较见表 8-2。

表 8-2 常用菌种保藏方法的比较

保藏方法	适用范围	保藏时间	特点
斜面低温保藏法	菌丝体	3～5 个月	简单易行,便于使用,并能随时观察菌种情况
液体石蜡保存法	菌丝体	5～7 年	保藏时间较长,但菌种必须竖直存放,占地方多,运输交换不便,且液体石蜡是易燃物,使用时要十分注意安全
滤纸保藏法	孢子	2～4 年	保藏时间较长,菌种不易衰老退化操作简单,易贮运
木屑保藏法	菌丝体、孢子,特别适合木腐菌	3～5 年	保藏时间长,所用设备简单,取材容易,适宜推广应用
麸皮保藏法	菌丝体、孢子	1～2 年	保藏时间长,所用设备简单,取材容易,适宜推广应用
麦粒保藏法	菌丝体、孢子	1～2 年	保藏时间长,所用设备简单,取材容易,适宜推广应用

思考与练习

1.菌种保藏的方法有哪些?

2.什么是菌种复壮?为什么要进行菌种复壮?

3.菌种复壮的方法有哪些?

食用菌
栽培篇

项目九　食用菌企业选址与布局

项目十　常用栽培原料的选择和处理

项目十一　袋栽杏鲍菇工厂化生产

项目十二　瓶栽杏鲍菇工厂化生产

项目十三　金针菇工厂化生产

项目十四　平菇栽培

项目十五　香菇栽培

项目十六　黑木耳栽培

项目十七　滑菇栽培

项目十八　双孢菇栽培

项目十九　羊肚菌栽培

项目二十　鸡腿菇栽培

项目九

食用菌企业选址与布局

一、食用菌工厂化生产概述

二维码 16　食用菌
企业选址与布局

食用菌工厂化生产是一种集合模拟生态环境、智能化控制、自动化机械作业于一身的食用菌生产方式。所谓工厂化栽培实质上就是在一定的空间内对食用菌进行设施化、机械化、标准化、自动化生产的一种食用菌周年栽培模式。就是在按照菇类生长需要设计的厂房或大棚内,在不同的地域、不同的气候条件下利用各种温湿度控制、新风控制、光照控制等环境控制系统创造人工环境;利用各种机械设备进行自动(半自动)的高效率生产;并通过现代企业管理模式,组织员工进行有序生产;在特定的单位空间内进行立体化、规模化、周年化栽培以达到生产安全绿色(有机)、符合市场需求的优质食用菌产品并能在短期内获得可观经济效益的一种新型的、集约的现代农业企业化栽培管理方法。

简单来说,食用菌工厂化生产就是依靠设施设备对环境进行周年控制,并以工业化的理念在保温库中进行食用菌栽培的一种食用菌生产方式。

应当特别强调的是,工厂化生产虽然对环境进行了周年控制,但由于食用菌工厂化生产的对象是活的生物,销售的对象也是活体生物,受影响的因素也非常复杂。可以说食用菌的工厂化生产比机械零件这种没有生命的产品的工业化生产更难,因此千万不能先入为主地认为食用菌工厂化生产是属于农业范畴,就认为其难度不大并掉以轻心,尤其对于刚接触食用菌生产的从业者来说,持这样的想法往往很容易在今后的食用菌工厂化生产中遇到不同程度的挫折,并有可能承受较大的损失。因此我们务必要知道食用菌工厂化栽培是一种集合多学科知识,并在生产上一环紧扣一环,以天甚至小时为管理单位,并需要多学科的专业人才参与的复杂系统是一项系统的科学的管理工程。

二、工厂化生产概况

(一)国外工厂化生产概况

1. 草腐菌食用菌工厂化

国际上最早实现工厂化周年生产的食用菌是双孢蘑菇,已经有近60年的发展历史。1947年荷兰率先进行双孢蘑菇工厂化生产,并得到迅猛发展,随后美国、德国、意大利等国也陆续开始进行双孢蘑菇的工厂化生产。

2. 木腐菌食用菌工厂化

日本于20世纪60年代开始采用工厂化模式生产以白色金针菇为代表的木腐菌。80年代后,韩国在日本模式的基础上开始食用菌工厂化生产的尝试。

(二)我国食用菌工厂化概况

20世纪90年代后,我国台湾地区的一些商人和内地以福建漳州为代表的一些企业和个人投资兴建了木腐菌工厂化生产线,其中部分取得了较好的效益。随后规模大小不等的食用菌生产线不断涌现,国内食用菌工厂化生产由此起步并逐渐兴起。

1. 工厂化企业的分布

我国的食用菌工厂化生产从以福建漳州为代表的东南沿海地区兴起,并逐渐在全国推广,目前几乎全国各地都有食用菌工厂化生产企业分布,但总体来说南方分布较多,技术也相对成熟。北方的食用菌工厂化生产企业以往多以生产杏鲍菇为主,近年由于杏鲍菇生产热潮的退去及市场价格的原因,杏鲍菇的生产规模有所下降,现在北方一些大型的食用菌工厂化企业主要以生产瓶栽金针菇为主,一些企业还同时生产蟹味菇(白玉菇)和海鲜菇。

2. 工厂化生产现状

从技术角度来讲经过多年的发展工厂化生产,技术已经逐渐成熟,尤其体现在杏鲍菇生产上,杏鲍菇工厂化生产已经从最初的生物转化率不足40%逐渐发展70%以上。从瓶栽金针菇生产来讲,配合瓶栽生产线的白金针菇栽培技术,只要资金充足、并且配套设施齐全,完全可以生产出优质金针菇,不同企业之间的差距已经不在于机械设备和设施条件,而是在于精细化的管理,在于对细节的调控。

从工厂化栽培的品种上来看,国内草腐生菌的工厂化栽培主要以双孢蘑菇为主,近年蒙古口蘑、褐蘑菇(牛排菇)也有部分地区进行了工厂化栽培,并取得了成功。木腐菌国内工厂化栽培最多的品种仍然是白金针菇,其次是杏鲍菇和蟹味菇(白玉菇),近年来海鲜菇的工厂化生产有后来居上的趋势。其他工厂化生产的品种还有猴头菇、茶树菇等品种,但栽培规模不大,工厂化栽培的品种及产量主要是由市场需求决定的。

从工厂化生产企业的管理来讲,食用菌工厂化企业已经脱离农业范畴,其表现最多的还是其工业属性,除了食用菌的种植技术外,食用菌工厂化生产还涉及设施工程、电气控制、环境工程、经营管理、市场营销等多方面的内容,需要多方面的人才分工合作并进行精细化管控,才能取得预期的生产效果,很多中小食用菌工厂化企业最终没有取得预期的效果,在很大程度上都是由于管理没有到位的原因,技术原因只是其中的一个方面。

3.工厂化生产模式

目前我国的食用菌工厂化生产模式有以下三种:第一种是类似日韩的全自动瓶栽工厂化生产模式,优点是机械化程度高、技术成熟、产量大;缺点是设备投资大、成本回收周期长,目前金针菇和蟹味菇(白玉菇)主要以这种方式生产;第二种模式是具有我国特色的简易食用菌工厂化生产模式,是从"漳州模式"逐渐发展而来,这种模式具有一定的机械化程度,投资又相对较少,适合我国国情,并通过多年的发展和技术积累已经基本成熟,是我国食用菌工厂化生产的主要方式,国内几乎所有的杏鲍菇及其他珍稀品种食用菌都以此种模式进行生产;第三种模式是部分工厂化模式,是在食用菌菌种、料包制作和养菌等部分生产环节采用省时、省力、效率高的工厂化模式,其余环节仍然采用传统模式进行生产。近年来,平菇、黑木耳、香菇等一些传统的食用菌品种一般都采用这种模式进行生产,即在菌种、料包制作和养菌环节用工厂化模式,在出菇(耳)环节上继续使用原有模式,这种半结合的方式可以在很大程度上提高效率降低成本,以往那种一家一户的传统模式已经完全丧失优势,正在被这种部分工厂化模式逐渐替代。

三、厂址选择和建设条件

下面以第二种也就是我国普遍使用的简易食用菌工厂化生产模式为例,介绍厂房的设计和建造。

(一)厂址选择

食用菌工厂化企业的选址,除了要考虑当地的产业布局、交通条件、是否附近有污染源并远离禽畜饲养场外,还要考虑当地的配套设施是否齐全、用工是否方便等因素。

(二)水电条件

由于工厂化食用菌生产是高耗能产业,对电能消耗较大一般日产 5 t 左右的杏鲍菇工厂应配装 630 kV 变压器一套,需日供水量 80 t,最好企业有自有深井,使用深层地下水最好。应注意的是食用菌栽培不能直接使用自来水,因为自来水中的漂白粉会抑制菌丝生长,如必须使用,也应该在水箱中存放一段时间,待氯气自然挥发后才能使用。

(三)技术条件

食用菌企业应配备有一定经验的技术团队,最少3~5人,每个人负责一个关键环节,切忌认为食用菌没有技术含量照猫画虎、硬干蛮干。另外因为工厂化食用菌生产是周年连续进行生产的,因此每个关键岗位都要配备替代者,一旦一个或几个关键岗位的工作人员因为各种原因不能继续上岗,有替代者会减少企业很多不必要的损失。

四、厂房设计

根据食用菌工厂化生产流程,结合当地的环境和条件规划菇场的总体布局(图 9-1),一般菇厂布局可分为堆料及处理场、仓库、装袋(瓶)区、灭菌区、接种区、培养区(如采用养菌出菇共用模式则无需培养区)、栽培出菇区、生活办公区等(图 9-2),为食用菌生产服务的配套区与栽培出菇区的比按1∶1配置即可,此外还要考虑人流、物流通道的便利性,还要将无菌区和有菌区区分开,以便于管理。

图 9-1 食用菌企业厂区布局(1)

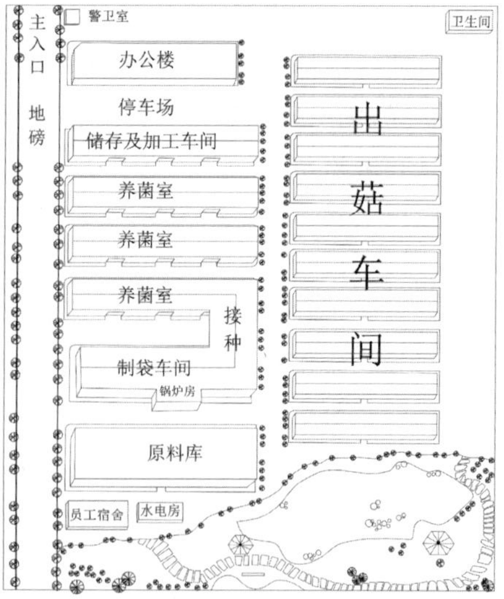

图 9-2 食用菌企业厂区布局(2)

(一)栽培车间建设和保温设计

栽培车间可用砖混结构,外墙面做 10 cm 厚的苯板或挤塑板保温层,也可用外墙 12.5 cm、顶板 15 cm、过道和隔板 10 cm 的双面 0.5 mm 的彩钢夹芯板,夹芯板内的泡沫密度为 15~25 kg/m³,最好用防火阻燃泡沫,板与板之间要密封,例如:长宽为 55 m× 22 m 的彩钢板可建设出有效栽培面积 900~1 000 m² 的栽培车间(图 9-3),对于保温处理选用聚氨酯发泡效果比较好。

图 9-3 建设中的食用菌生产车间

(二)食用菌生产场地的布局

以杏鲍菇生产为例(图 9-4),一般杏鲍菇生产企业的场地布局可以分为无菌区、培养区、操作区、有菌工作区、生活区等几个部分,无菌区包括隔热预冷间、一冷间(风冷间)、二冷间(强冷间)、接种准备间、接种间;培养区就是指养菌室;操作区包括出菇室和包装区;有菌工作区包括原料储存加工、拌料装袋、灭菌等区域;生活区包括办公室、宿舍、食堂、车库、后勤等区域。由于各区域对洁净程度的要求不同,如表 9-1 所示,在生产活动中各区域的工作人员不能随意流动,尤其是从生活区或有菌区进入无菌区域必须严格按照规定通过缓冲间更鞋、更衣、洗后、风淋后才能进入。

一些大型食用菌企业通常用数字划分区域,同时不同区域的工作人员身穿不同颜色的工作服以便划分工作区域,节约管理成本。

表 9-1 食用菌生产企业各功能区对洁净度的要求

区域编号	一区	二区	三区	四区	五区
区域名称	冷却及接种区域	养菌室	出菇包装室	拌料装袋灭菌	原料储存区
洁净等级	千级	万级	万级	无要求	无要求

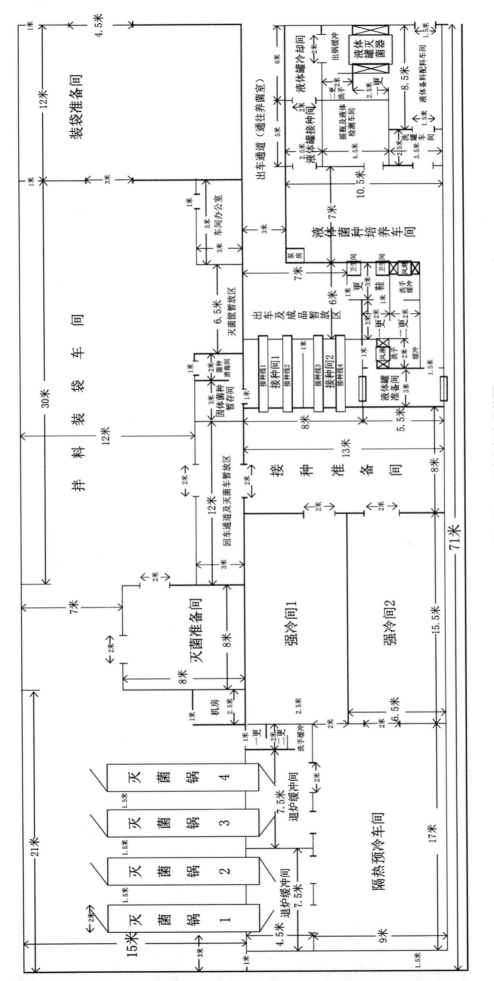

图 9-4 食用菌工厂生产车间布局简图

(三)食用菌企业对火防火减灾的要求

食用菌工厂由于用电量较大,养菌出菇区域又需要一定的湿度,很容易由于电路老化短路引发火灾,为了生命财产的安全考虑必须在工厂规划的时候就对防火做出硬性要求,具体要求如下。

(1)食用菌工厂化生产尽量采用砖混结构,砖混机构和钢结构相比虽然造价较高但其结构结实不易燃烧,且使用寿命较长。

(2)在各个车间都要预留逃生通道,通道门口要留有应急灯及通道指示标志,还要在每个房间都放置灭火器。

(3)定期检查电路,并在每个房间的主电路线上都要留有漏电保护装置,并安排有专人定期检查其有效性,排除隐患。

(4)要留有应急电源和应急水源(消防栓),一旦发生火情立即启动应急电源带动水泵进行自救。

对员工尤其是新入职员工都要定期进行消防培训,培训内容为消防器材的使用及应急逃生训练,并定期对全体员工进行安全教育并组织消防逃生演练,防患于未然。

四、各功能区的建造

食用菌工厂化生产企业在进行建设前一定要有详细的施工图纸:包括基建、给排水、暖通、净化工程、配电等。并选用有资质的施工单位进行施工,切忌为了节省成本私搭乱建,造成安全隐患。

1.原料储存及加工(预处理)车间

一般为彩钢结构,主要用来储存和加工原料(图9-5),根据企业的生产规模,一般原料的储存量要满足企业一个月的生产需求,并预留一定的周转空间,另外在施工时要考虑到防水、防潮需要,并要邻近拌料装袋车间。其他还要考虑到的有粉尘污染、防火需要、大型车辆进出的需要和地面对重载车辆的承载能力等(图9-6)。

图9-5 车间内原料

图9-6 原料储存车间

2.拌料装袋、灭菌车间

一般为砖混或钢结构,动力电负荷及用水必须满足生产需要,空间大小根据生产线数量及设备的要求(图 9-7),并留有一定的周转和工作空间(图 9-8 和图 9-9),灭菌锅要选用两侧开门的灭菌设备,一侧门开在拌料装袋车间,一侧门开到退炉缓冲间(图 9-10)。

图 9-7 装袋生产线

图 9-8 拌料车间

图 9-9 装袋车间

图 9-10 灭菌车间

3.退炉缓冲间

用来排出灭菌后的水蒸气,要求上部安装排气系统(图 9-11),地面有排水口并有水源能对地面进行清洗。

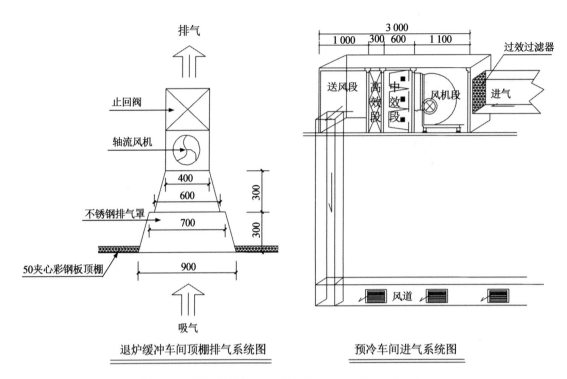

图 9-11　退炉缓冲平间顶棚排气系统和预冷车间进气系统

4.隔热预冷间和强冷间

一般为钢结构建筑,设有保温层并有正压送风装置(图 9-11、图 9-12),强冷间要安装大功率制冷机组能快速冷却灭菌后的料包(图 9-13),考虑到地面的清洁清洗需要预留上下水,工作人员进入可以设置单独的缓冲间,也可以与接种车间共用一套缓冲间,具体设置要根据实际情况决定。

图 9-12　风冷间(一冷间)

图 9-13　风冷间(二冷间)

5.接种准备间和接种间

要求洁净等级千级,有正压送风系统和新风空调系统并留有回风通道(一般在墙壁夹层里),还要安装有 FFU 自净模块(图 9-14),如果接固体菌种需要配套有菌种准备间并留有传递窗和接种室相连接(图 9-15),如果是使用液体菌种接种则要预留液体种进入通道。

图 9-14 接种准备间

图 9-15 接种间

6.养菌间

一般根据生产规模确定养菌间数量,养菌间不宜过大(图 9-16),一般每间培养间的大小为能容纳 1～3 d 生产的菌包即可(图 9-17),如果养菌间过大则不同批次的菌包生长情况相差过大不易分期管理。养菌间要有通风、升降温、加湿、上下水、内循环、环境监控及照明设备,一般在菌包培养阶段不需要光照,光线过强会刺激菌丝,对正常生长不利。工作人员一般使用工作灯在养菌间工作,菌丝对红光不敏感,可以在养菌间使用红色光线的灯光照明。

图 9-16 养菌车间(立式养菌)

图 9-17 养菌车间(卧式养菌)

7.出菇间

出菇间一般为砖混或钢结构,内部设有保温层(聚氨酯发泡保温最佳),另外要配备通风、升降温、加湿、上下水、内循环、环境监控及防水防爆照明设备(湿度较大)。出菇间内的层架一般为层架或网格结构中间留有过道(图 9-17、图 9-18),每间出菇间不宜太大,一般放置不超过一万包菌包,出菇间太大则不易管理。

8.配套的基础设施

食用菌工厂化生产企业的配套设施一般有生产用设施和生活用设施两类,生产配套设施有冷库、锅

图 9-18 出菇车间

炉房、包装加工车间、废菌包处理车间等；生活配套设施有办公室、食堂、宿舍、卫生间、浴室、车库、会议室、配电室、门卫、活动间等。

 # 任务　根据生产工艺流程设计杏鲍菇生产厂

某生物技术公司将要建设日产 3 万～5 万包杏鲍菇的生产厂,现邀请农业生物技术专业的学生为其选择厂址、设计布局。

(1)参观校内的食用菌生产实训中心。

(2)对厂址选择进行可行性调研,然后根据调研结果做出结论,填写表 9-2。

(3)根据生产工艺流程设计厂房布局方案。

提示:选择厂址建厂前除了要考察周边环境和用水用电是否能满足企业需求外,还一定要事先做好市场调研,确定好主要的生产品种。从空间的角度来讲还必须要考虑到选址区域周边的产业布局和用地成本,此外还要了解周边地区是否能常年提供质优价廉的生产原料、邻近地区是否有同类的生产企业构成竞争等因素。

在确定厂址后就要根据实地情况进行工厂的规划布局,在这个阶段首先要考虑的因素有厂区的场地是否需要进行平整,如果场地地势过低还要进行加高,给排水通道也要提前布局。在厂区设计上要充分考虑到工厂各个区域的布局,一定要将有菌区、无菌区、生活办公区分开布局;人流、物流通道的建设也要实现人车分流,应特别强调的是厂区内的物流通道以及连接各功能区域的物流通道要设计得方便快捷,要符合效率优先级及省工原理,这样的设计可以在以后的运行中大大节约物流及运行成本。

表 9-2　厂址选择的可行性调研

调研项目	实际情况	结论
周围环境(提示:周围有哪些工厂、居民点,是否有垃圾场等污染源,周围环境 特别是上风口是否有污染源等)		
生产用水(提示:水质、供水量等)		
生产用电(提示:电力供应是否充足,是否有动力电等)		
交通环境(提示:厂址附近的交通情况,是否有公路,公路离主干线交通保障的距离等)		

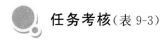

任务考核（表9-3）

表 9-3 杏鲍菇工厂设计考核标准

项目	要求	分值	得分	教师评语
厂址选择可行性报告	调研内容翔实,结论言之有理	50 分		
厂房布局设计方案	工作方便,省时省工,无环节倒排现象	50 分		

项目十

常用栽培原料的选择和处理

知识目标:了解木腐生菌工厂化生产常用的生产原料和处理方法。

能力目标:能够进行工厂化生产原料的选择、验收和处理

食用菌生长发育所需全部营养物质均来自培养料,因此,培食用菌栽原料的营养与配方,直接影响到其生物学效率。食用菌栽培的原料基质可分为主要原料和辅助原料。主要原料有棉籽壳、木屑、作物秸秆、玉米芯等,简称为主料,也叫粗料。它们富含纤维素、半纤维素和木质素等有机物,主要为食用菌正常生长发育提供碳源及能量。辅助原料有麸皮、米糠、畜禽粪便、石膏、生石灰等,简称为辅料,也叫精料。主要为食用菌正常生长发育提供氮源、维生素、矿质元素,并调节、缓冲培养料的酸碱度。

二维码 17　常用栽培
原料的选择与处理

食用菌规模化栽培在具体原料选择上除了要保证干燥、无霉变,还应考虑该原料获取的难易、社会存量、价格、运输成本、防火性等,还要考虑其理化性(颗粒大小、硬度、孔隙度、吸水性、比重)等因素。

一、木腐生菌工厂化生产的一般原料

(一)木屑

木屑是食用菌栽培的主要碳源之一,木屑分为软质木屑和硬质木屑两种。由于菌种特性的原因,各种食用菌对木屑降解的速率存在很大差异。栽培周期长的菌类应选用硬质木屑,栽培周期短的菌类则应选择软质木屑(香菇栽培周期为 100～140 d,海鲜菇 120～140 d,杏鲍菇 55 d,金针菇 45 d)。如果是栽培周期短的食用菌也可以在配方中完全不使用木屑,但口感会差一些。

木屑的颗粒度对产量与质量有很大的影响。木屑在使用前要进行预处理,配料前应将木屑用 2～3 目的铁丝筛过筛,防止木屑原料中混有一些杂物(如木块、绳头、石块等)扎破塑料袋。在实践中使用较多的过筛方法有滚动式(图 10-1)和振动式(图 10-2)两类,木屑过筛后还要经过堆积、喷淋甚至再发酵的过程才能使用。在使用时我们还要考虑到木屑的粗细程度,一般选用粗细程度适中的木屑,木屑过粗或过细都会对生长产生不利影响。在实践中也可以使

用粗木屑和细木屑按一定比例进行搭配的使用方法,具体搭配比例根据栽培品种和木屑的实际情况决定,一般粗细木屑的搭配比例为1:2。

图 10-1　滚动筛

图 10-2　小型振动筛

应当注意是由于我国对森林资源保护力度的不断加大,国内获取木屑资源的成本逐渐提高,尤其是硬质木屑的价格逐年上涨,因此有很多企业选择进口木屑,应当注意的是,进口木屑有时会有药剂残留,如果发现不明原因的菌丝不吃料,则应考虑药害的原因。

(二)玉米芯

玉米芯既是很好的碳源,又是氮源,含糖比较高,在食用菌工厂化栽培中得到广泛的应用。从食品安全的角度考虑,近几年来,尤其是在金针菇、杏鲍菇栽培上部分或完全替代木屑和棉籽壳,成为培养主料(图 10-3)。

为了便于运输和保存,食用菌工厂化企业都选择加工好的压块玉米芯(图 10-4),一般要求颗粒为 6 mm 左右,含水量在 14％以下,颜色新鲜,红、白色;无霉变、无异味、无杂质,包装为30 kg/件。

图 10-3　出口级玉米芯颗粒

图 10-4　压块玉米芯

在实际使用中,由于玉米芯组织结构紧密不易吸水,很难在短时间内彻底预湿,如果预湿时间过长,则很容易发生细菌性污染,在预湿时可以添加 0.5％～1％的石灰来抑制细菌繁殖,减少酸化、发臭的现象发生。用最少的时间彻底预湿又不至于发生酸化,同时又降低劳动强度,已经成为食用菌工厂化生产中的关键技术环节之一。

(三)玉米粉

玉米粉是玉米经过粉碎后的产物,是常用的辅料之一,在食用菌栽培中既可作为速效养分,促进菌丝快速生长,又可为食用菌生长提供生物素等,常被视为增产剂。玉米粉的质量标准为含水14%以下,颗粒度20目以上不超过10%,浅黄色。玉米粉在使用时使用量在2%~4%,不宜使用过多,在工厂化生产中过多使用会产生延长营养生长时间推迟出菇的现象。另外由于玉米粉在存放过程中容易氧化变质,因此实践中一般都是购进玉米粒后自行粉碎,每天使用多少粉碎多少。应注意的是玉米粉在使用前应和其他栽培料在拌料机内干混均匀后再加水使用。

(四)麦麸

麦麸是栽培各种食用菌最常用的辅料,它的作用主要是增加培养料的氮源。此外,还为食用菌生长提供所需的各种维生素,如维生素 B_1、维生素 B_2 等。但需注意添加量不宜过高,否则培养料碳氮比失调,会造成菌丝徒长,而且还易感染杂菌,甚至导致不出菇或出畸形菇的现象发生。麸皮有红、白麸皮之分,红麸皮营养成分含量较高。

麦麸分为粗麦麸和细麦麸两种,在生产中一般选择粗麦麸。应当注意的是,不同生产企业麦麸的品质相差较大,最好直接向面粉加工企业订购粗蛋白含量在11%以上的优质麦麸,并尽量保证每批次的麦麸品质一致。

(五)米糠

米糠俗称细糠,是栽培各种食用菌最常用的辅料,主要作用是增加氮源。新鲜的米糠中含有12.5%的粗蛋白和大量的生长因子,能够直接被菌丝体利用,由于很多用于商品化栽培的食用菌生长周期短,难以快速从木屑等物质中直接获得营养物质,因此能被食用菌快速利用的米糠已经成为很多食用菌工厂化企业的选择,米糠质量标准是:含水量14%以下,20目以上的颗粒不超过20%,浅黄色,口感略甜,包装一般为50 kg/件。见表10-1。

表10-1 部分原料的营养成分表

原料名称	粗蛋白	粗脂肪	粗纤维	有机质	含碳	含氮	碳氮比重
玉米芯	2.2%	0.4%	29.7%	91.3%	42.3%	0.48%	88.1
玉米粉	9.6%	5.6%	1.5%	87.9%	2.3%	46.7%	97.3
麦麸	10%	1.9%	11.0%	77.1%	44.74%	50.92%	20.3
米糠	9.4%	15%	11%	71.0%	41.20%	2.08%	19.8

(六)豆粕

豆粕是大豆提取豆油后的一种副产品,分为三个等级,由于豆粕含氮量高,近年在杏鲍菇工厂化生产中得到广泛的应用,可缩短生产周期提高产量,但在其他品种食用菌生产中应用没有杏鲍菇那么广泛。

豆粕一般呈不规则的碎片状,颜色为浅黄至浅褐色,味道有烤大豆的香味,其蛋白质含量高达46%,还含有大量不饱和脂肪酸。豆粕使用时由于其颗粒较大,必须经过粉碎后才能使用,其使用方法和玉米面相同。

(七)甜菜粕

甜菜粕是甜菜制糖后的副产品,吸水膨胀比很大,持水能力极强,瓶栽金针菇和杏鲍菇栽培一般都会使用,常用来调节配方的体积,起到保持水分的作用。

甜菜颗粒粕直径为 6～10 mm,长度为 1.5～3.5 cm,含水量为 13％左右,出厂为标准的 50 kg/袋,一般需要粉碎成 3～5 mm 使用。

甜菜颗粒粕的营养成分:干物质≥85％,蛋白质≥10％,纤维素 20％,果胶质 40％,油脂 1.7％、淀粉 1.1％,糖 3.5％,灰分 5％,pH 6～7、无氮抽提物 66％,还含有较丰富的甜菜碱、活性酵母、维生素、微量元素及生物活化因子等。

甜菜颗粒粕含糖量较高,在食用菌配方中添加后可能会增加感染细菌机会,应注意控制培养室空气环境。

(八)石膏

石膏可以中和食用菌菌丝在分解培养料过程中产生的有机酸,同时还能降低木屑中单宁的含量,补充培养基中硫、钙的不足,调整培养料空隙结构,使之更有利于菌丝的蔓延。

(九)碳酸钙

食用菌工厂生产常用的是轻质碳酸钙,食用菌生产提到的碳酸钙,如果没有特殊说明,指的都是轻质碳酸钙,简称轻钙。除可补充钙外,可调节 pH,防止培养料酸败,在高温季节尤为重要。

食用菌工厂化生产中还有可能用到贝壳粉、黄豆粉、过磷酸钙、硫酸镁、添加剂等。

二、工厂化食用菌生产中菌包配方应考虑的问题

食用菌工厂化栽培培养基含有所培养菌株生长需要的各种营养物质,并且养分浓度适宜,比例平衡,利于菌丝吸收利用,这样才能保证该栽培菌类有最佳的营养条件,在最短的时间内获得最大的经济效益,因此合理的栽培配方尤其重要。在调整配方时,应该考虑到配方的含氮量、孔隙度、含水量(持水量)、pH、经济指数等。

(一)含氮量

无论任何一种配方,其配方的核心就是 C/N 比值,不同品种的菌类所需的 C/N 也不同,测定栽培料的含碳量也比较麻烦,也没有一个准确可信的 C/N 比值数据,现有的数据都是参考数据,有时对实际生产的指导意义并不大。在实际生产中一般用凯氏滴定法来测量培养料中的含氮量。在这里应该特别说明的是我们应该测量的是灭菌后培养料的含氮量,因为接种是接到灭菌后的培养基上的,因此测量搅拌后的培养料是没有意义的。

经过生产实践检验已经确定的主要栽培品种的灭菌后培养料最佳含氮量为:金针菇 1.5％;杏鲍菇 1.2％～1.8％(菌株不同会有一定差别);海鲜菇 0.9％～1.05％;双孢蘑菇发酵后播种前 2.2％。

(二)孔隙度

菌丝蔓延生长需要一定的孔隙度,有孔隙才有充足的氧气满足菌丝对氧气的要求,也只有空隙的存在,菌丝大量增殖才有蔓延的空间、才有生物量、才有足够的营养物质供子实体发育。在生产实践中由于品种不同,各品种栽培周期长短也各不相同,因此不同品种的菌类对栽培料

孔隙度的要求各有不同。通常栽培周期长、好氧性强的菌类孔隙度就应该高些,反之孔隙度就可以低些。

(三)含水量

鲜品食用菌中含水量一般能达到 90% 左右,这些水分绝大部分均来自培养基,一般我们给子实体喷水其实就是给空气增加湿度,可以这么说培养基中水分含量的多少决定了食用菌的产量和品质。菌丝的生长和增殖都是在培养基表面的水膜上进行的,菌丝前段为降解培养基、吸收营养物质、分泌的胞外酶,必须通过水膜的存在才能扩散并发挥作用。但也不能无限制的添加水分,因为菌丝的生长必须需要有一定的氧气,培养基的颗粒物之间必须要有一定空隙,如果水分过大,这些空隙就会被水填满,使菌丝无法呼吸也就无法正常生长。因此,在保证颗粒之间空隙的前提下要想增加含水量,就必须想办法提高培养基中原料的持水性,一般来说,适当增加保水性好的木屑含量,或充分预湿发酵玉米芯都是提高基质的含水的量的有效方法。一般来说,灭菌后栽培料中的含水量应控制在 62%～66%,同时还要考虑主料的持水性、栽培品种、各地的不同气候环境、季节等因素。

(四)pH

任何生物生长发育都需要适宜的 pH,不同菌类的菌丝生长增殖都离不开相应的酶,而酶的活性又和 pH 息息相关,在温度合适的前提下,如果 pH 适宜,菌丝的新陈代谢就旺盛,菌丝积累的营养物质也就多。这里要注意的是培养料中的 pH 是动态变化的,培养料预湿、搅拌、装袋(瓶)、灭菌的过程中细菌和其他微生物都会大量繁殖产生有机酸,使培养料的 pH 下降,因此如何高效地控制培养料的 pH 下降过快,防止培养料酸败也成为食用菌工厂化生产中一项关键的技术环节。在生产实践中除了用石灰调节 pH 外,往培养料中添加 1%～2% 的轻质碳酸钙也可以起到调节培养料酸碱度与固化培养料的作用(注意切勿使用重质碳酸钙,否则可能引起菌丝不生长的现象)。

项目十一

袋栽杏鲍菇工厂化生产

> **知识目标**:掌握工厂化食用菌生产常用原料的特性;了解菌包制作的流程。
>
> **能力目标**:能够根据栽培品种选择合适的原料配方;能组织好拌料装袋工作并做好管理记录。

食用菌工厂化生产主要有袋栽和瓶栽两种生产模式。袋栽模式环境控制以温控为主,自动化程度相对较低,产品质量较瓶栽模式稍差,但前期投资较小,产品具有价格优势,目前有存在的市场空间。

二维码 18 袋栽
杏鲍菇工厂化生产

食用菌袋栽模式需要称量配料设备、拌料机械设备、装袋设备、高效灭菌设备、接种设备等各类高效、稳定的自动化生产设备,并要合理配套,这已成为食用菌工厂化生产正常运作和取得成功的关键。充分利用现有的工厂化生产设施设备,引进液体菌种生产、使用高压灭菌设备、自动化接种、自动化运输设备,配合全程无菌操作通道使用,从而实现菌包制作的方便、安全、高效。

不同品种的食用菌出菇方式不同,一是定点出菇,如金针菇、海鲜菇、杏鲍菇等;二是不定点出菇,如黑木耳、香菇和平菇等。因出菇方式不同,不同品种食用菌对填料有不同的技术要求。本项目着重介绍利用机械进行短袋式填料制袋相关知识和技能。

◆◆◆ 任务一　料包生产 ◆◆◆

> **知识目标**:掌握工厂化食用菌生产常用原料的特性;了解食用菌工厂化生产的相关设备;掌握拌料装袋车间的生产流程及标准;掌握灭菌车间工作流程及检验标准。
>
> **能力目标**:能够根据栽培品种选择合适的原料配方;能组织好拌料装袋工作并做好管理记录。

菌包生产操作流程: 配料 — 装袋 — 灭菌 — 冷却

(一)配料

1.原料预处理

通常工厂化生产都是连续性的,很难对每次使用的各类培养料都一一精确称重,在生产实践中一般采取以体积量取的方式比较方便快捷。我们在规划时必须要弄清楚以下几点,首先是企业的日计划生产量,还有就是灭菌锅最大能容纳的栽培包数量;此外还要考虑的有搅拌机的周转时间、灭菌锅灭菌全过程的周转时间及搅拌机的数量等。为了使每一批次的栽培料的理化性质都能尽量一致,避免差异过大的现象发生,尽量应使用大一点的搅拌机。

确定配方后,可以把培养料换算成相应的体积,把每天需要的各种辅料称取后一次性进行预先混合,然后再分次量取记入各批次进行搅拌。这样就会比每一批次一称量省时省力。

主料一般用料斗进行量取(图 11-1),将装满一料斗的主料重量作为基准单位,然后根据每一批次需要的主料重量除以这个基准单位,就得出每一批次需要多少料斗的料,不用每批次都去称量。注意主料一般都要经过预湿处理,一定不要遗漏这个关键环节,尤其是玉米芯使用前一定要彻底预湿(有些大厂玉米芯不预湿,但会在搅拌机中连续搅拌较长时间以达到预湿效果)。

图 11-1　食用菌专用料斗

2.培养料的搅拌

目前,工厂化使用的搅拌机类型较多,送料的方式也各不相同,常用的是液压翻斗送料,除此以外还有传送带送料、铲车送料等。国内常使用液压翻斗的送料方式,因为翻斗车本身就可以作为容器,可以按体积控制各种栽培主料的用量,而且玉米芯还可以直接在翻斗车内进行预湿,使用起来比较方便,使用过后也便于清洁。

无论是哪种送料方式最终都要进入搅拌机进行搅拌(图 11-2),搅拌机体积大小规格很多,需要根据工厂生产规模进行选配(图 11-3),但在搅拌方式上都大致相同,一般都分为一级搅拌(干混搅拌)、二级搅拌(两级搅拌),有的还会进行三级搅拌(尤其是在玉米芯不预湿的情况下需要增加搅拌时间),最后通过传送带送入装袋机进行装袋作业。

图 11-2　卧式搅拌机

图 11-3　卧式搅拌机搅拌槽

3. 栽培料含水量的控制

工厂化生产每天的生产量一般都是固定不变的,由于搅拌机的体积有限,只能进行分次搅拌,每批次原料的用量都是基本一致的,因此每批次的加水量也是一致的。一般都是在搅拌时先倒入主料,再倒入混合后的辅料,同时打开加水系统,边搅拌边加水。加水系统是由水箱、加压泵、阀门(电磁阀)、止水阀、时间控制器(电子水表)、喷水管等组成。使用时打开系统前端水阀,关闭系统末端排水阀,根据原来主辅料的含水量及实践经验设定时间控制器的通电时间,然后由其控制加压水泵的运行时间,水泵启动后(电磁阀同时开启)水通过搅拌机边加水管上的小孔沿搅拌机内边沿喷入搅拌机内,控制时间达到后加压泵及电池阀停止运行,加水停止。用这种方法重复完成每一批次的加水工作能达到精确计量的效果。每日工作结束后打开搅拌机下端的排水阀,使用洗车泵对搅拌机进行清洗然后晾干。

对于含水量的精确测定可以使用水分测试仪,也可以使用微波炉测水分,方法也很简单:称量 100 g 待测培养料,放到玻璃容器中内去皮后再放到微波炉中用中火运行 1～2 min,然后拿出用小勺搅拌后称量,然后再用微波炉烘烤 0.5 min 后拿出称量,这时重量会下降,然后再烘烤 0.5 min,依次往复,直到重量不再下降,最后用 100 减去烤干后剩下的培养料克数就是含水量。这里要注意的是第一次进微波炉可以时间长一些,然后就要时间短一些(或用小火),避免将培养料烤糊。

4. 培养料 pH 的控制和测试

对于 pH,我们不能只注意到搅拌时的 pH,还更要关注装袋、灭菌后的 pH 变化,同时也要注意检测用来调节 pH 的石灰和轻质碳酸钙的质量是否合格。

培养料一旦遇水后其 pH 的变化就是一个动态的过程,在这个过程中 pH 逐渐下降,也就是培养料逐渐酸化,因此我们在生产实践中要尽量避免加速培养料酸化的条件发生。例如,从原料搅拌到灭菌要控制在一定的时间内,一些大型企业还会设置专门的灭菌准备间,内部安装降温设备,在炎热的夏季会先将待灭菌的料包先放置在此准备间内,并将室温降到 18℃以下,来预防培养料在等待灭菌的过程中酸化变质。

对于 pH 的测量,传统的 pH 试纸由于受人为因素影响较大,往往都不够精确。一般大型工厂都使用 pH 测定仪来测试。

(二)装袋

1. 塑料袋的选用

高压灭菌多用聚丙烯料袋,在冬季低温时装袋可在料袋附近放置一台辐射型的取暖器,将塑料菌袋略微加热,就可以减少料袋破裂现象发生。

常压灭菌多采用低压聚乙烯菌袋。另外近年出现了能承受高温(120℃)、高压(1.1 MPa)的低压聚乙烯栽培袋,经过实践检验证实其使用效果,所以高压灭菌也可以采用这类耐高温、高压的低压聚乙烯袋。

2. 装袋辅助材料的选择

装袋的辅助材料包括颈圈、防水塑料塞和插棒。使用颈圈+防水塑料塞封口是工厂化食用菌菌包生产最常用的封口方式;喇叭形塑料颈圈+防水塑料塞常用于工厂化杏鲍菇栽培,使用时直接将颈圈压到栽培料的料面上,紧贴栽培料料面,这样可以减少原基的产生,一般杏鲍菇采用内径 3.8 cm 的颈圈。防水塑料塞和颈圈配套使用,内部过滤采用无纺布或专用的滤纸作为过滤介质;插棒使用的目的是使栽培料内形成预留孔,这样可以增加透气性、缩短养菌时间,插棒的具体规格要根据栽培品种和菌包大小决定(表11-1)。

表 11-1　塑料插棒规格

品名	插棒 1	插棒 2	带边插棒	细插棒 1	细插棒 2
规格(mm)	160(15 g)	186(18 g)	186(22 g)	160(15 g)	135(13 g)
适合菌类	金针菇	杏鲍菇、灵芝	杏鲍菇	杏鲍、秀珍菇	海鲜菇

3. 装袋机装填

工厂化生产中,搅拌机拌料结束后,培养料通过专门的不间断送料系统送入装袋机的料斗内,进行装袋作业。工厂化生产使用的装袋机一般为八工位转盘式装袋机(图11-4),有两种速度可供选择,根据装袋机的生产厂家不同,一般装袋速度在900~1 500袋/h。装袋步骤如下:工人在出料口套袋,转换工位,机构联动,自动落料,打孔,压板压料,打孔棒提升,旋转出包。这个过程周而复始地重复。出包后每一包都要单独称重,每一个料包的重量都要控制在误差范围内,如果误差过大则淘汰料包。称重后的料包要放入周转筐内,然后交给下一工位套颈圈及防水盖(图11-5),上好颈圈和防水盖的料包由下一工位的工人装上灭菌车送入灭菌锅。

图 11-4　送料系统和装袋机

图 11-5　装袋作业

(三)灭菌

工厂化食用菌栽培成功的关键在于彻底灭菌,因此灭菌可以说是食用菌工厂化生产中最关键的技术环节,只有灭菌彻底才能够对食用菌菌丝进行纯培养,才能获得优质高产的食用菌产品。而且工厂化生产是连续的,绝对不允许灭菌不彻底的情况出现,如果灭菌出现问题就会造成生产上的混乱,管理也无从谈起。以前很多刚入门的食用菌从业人员或食用菌种植户会认为只要料包灭菌后不感染杂菌,就没有问题。这在普通的小规模一家一户种植食用菌的时候可能没有问题,但绝对不适用于大型的工厂化生产。因为传统的食用菌种植是按季节进行的生产,每一个环节分开进行;装完袋灭菌,灭完菌再接种,并不会每个环节同时进行。而工厂化生产会在任何时间都重复食用菌生产的每一个环节。换句话说就是传统生产有问题的话短期内只影响一批料包,而工厂化生产则不同,如果有问题的话会在短时间内影响大批的料包,且短时间内不易发现。一旦发现问题则这个生产周期的料包都会出现问题,损失是巨大的。因此工厂化生产不允许任何环节出现一点纰漏,因为工厂化连续不间断的生产会把任何一点小问题放大无数倍,并对其他环节产生不可估量的影响,这都是有着惨痛教训的,必须引起足够的重视。

我们要知道灭完菌的料包不感染杂菌并不代表料包中就没有其他微生物了,在这里要特别强调细菌芽孢,它是产芽孢细菌的休眠体,很难被常规的灭菌方法完全杀灭,在合适的环境下就会重新变成营养体继续生长繁殖。而细菌的大量繁殖就会给在工厂化密闭独立环境下生长的食用菌带来严重危害,尤其在出菇阶段这种危害尤为严重。轻则影响产量和品质,严重者甚至有绝产的危险。可以这样说,食用菌尤其是珍稀品种食用菌,工厂化生产技术的核心之一就是如何在细菌绝对存在的前提下将其危害控制在最小范围内,而只有在这个前提下才可以谈到如何降低成本、提高品质和增加产量。而控制细菌危害的最重要的环节就是灭菌环节。

1.常压灭菌

设施化食用菌栽培多使用常压灭菌(图11-6),常压灭菌优点是投资少、场地灵活、对工人要求也简单,其缺点是灭菌时间长、灭菌温度低,容易出现灭菌不彻底的现象。一般常压灭菌都采用蒸汽锅炉供气,有着简单、方便、升温快的特点,生产实践中常用的常压灭菌方式可以参考平菇反季节设施栽培中使用的改进型"太空包"(图11-7)。

图 11-6　常压灭菌柜

图 11-7　改进型"太空包"常压灭菌

2.高压灭菌

高压灭菌具有灭菌时间短、灭菌彻底的优点。现在已经被大多数食用菌工厂化生产所采用。高压灭菌在使用时必须考虑到配套锅炉的选择。现在国家大力推进环保,改善环境,锅炉应选用无污染的电蒸汽锅炉或燃油锅炉,虽然短期成本高一些,但却符合国家的环保政策。另外,这类锅炉一般都是自动化操作、产气快,并可以精准控温,可以在很大程度上节约人工开支。退而求其次也要选择污染小的生物质锅炉,坚决淘汰对环境危害大的燃煤锅炉。

在工厂化生产中为了减少灭菌后的二次污染,要选用双门灭菌锅。双门灭菌锅有圆形灭菌锅和方形灭菌锅两种。圆形灭菌锅有无死角、灭菌彻底的优点,但空间利用率不如方形灭菌锅(图11-8),现在的食用菌企业多使用方形的抽真空灭菌锅(脉动式真空高压灭菌器)。

抽真空灭菌锅(脉动式真空高压灭菌器)(图11-9),采用抽真空的方法强行排出灭菌锅内的空气。当灭菌锅内的真空度达到－15 kPa时,剩余冷空气对灭菌的效果几乎没有影响。为了彻底排净锅内的空气,采用脉动式的方法:一次抽真空后,往锅内通入蒸汽,锅内压力回零后再次抽真空,如此反复3次就可以排净灭菌锅内空气,使蒸汽快速穿透灭菌物,彻底灭菌。

图 11-8　方形灭菌锅内部图

图 11-9　脉动式真空高压灭菌锅

在工厂化生产中一般通过"回接"的方法来检验灭菌是否彻底,步骤如下:按照常规细菌检测培养基的制作方法做好试管斜面培养基(配方:蛋白胨 10 g、牛肉膏 3 g、食用盐 5 g、水 1 000 mL),随机抽取制备好的料包和试管(新制作的有冷凝水的试管最好),一起放入接种箱或超净工作台内,按无菌操作要求打开料包,用灭菌后的镊子取一小块培养基接入试管,贴上标签。置 32℃ 培养箱内培养 2 d,观察斜面上是否有菌落出现,一般每次需要多接几只试管,避免由于操作问题产生的误判。即使同样的灭菌流程每周也应该进行两次这样的回接测试,才可以最大限度地提前预知问题,减少损失。

(四)料包冷却

冷却是食用菌工厂化生产中又一项关键环节,经过高温灭菌后的料包要冷却到室温才能接种,而在冷却的过程中会出现外界空气进入料包内部的"倒吸"现象,一旦在冷却过程中外界空气中的杂菌被吸入料包就非常容易发生二次污染,因此冷却的过程是否能达到标准对食用菌工厂化生产的成败起到关键作用。

冷却的一般流程:灭菌后的料包小车后门出锅→进入退炉缓冲间→进入隔热预冷间(风冷间)→进入强冷间(制冷机强冷)→接种准备间(接种结束后灭菌小车送入回车通道)→接种间净化流水线接种。

1. 退炉缓冲

在工厂化生产中,灭菌后的料包要趁热出锅,出锅温度要控制在 80℃ 以上(温度高出锅,即使有杂菌进入料包也不易成活),这个温度下出锅会有大量的蒸汽从锅内扩散出来,短时间内工人也无法到炉门口作业,因此退炉缓冲间(图 11-10)顶部设有排气扇可以将水蒸气快速排出到室外(图 11-11),排净水蒸气后工作人员就可以到锅门口作业,将装满料包的灭菌小车移出灭菌锅,进入下一道冷却程序了。

2. 一冷(风冷)

在退炉缓冲间排出锅内蒸汽后,料包就可以进入一冷间冷却了。一冷是采用经过过滤的无菌风冷却,一般设有类似冷库的保温层,面积根据灭菌锅的大小和生产规模决定,地面一般采用水磨石地面避免起灰,冷却用风通过顶棚的进气口经过初效过滤后进入储气间,然后经过储气间侧墙上的多组高效空气过滤器过滤后进入一冷间(图 11-12),并在一冷间形成正压,室内热空气经由进气口对向上方的百叶窗排出室外,并循环往复排出热空气,同时降温料包。一般为了不影响效率,一冷间一般分为互不影响的两间单独使用。料包冷却到 35℃ 左右时就可以进入强冷间进行强制冷却了。

图 11-10　退炉缓冲间

图 11-11　退炉缓冲间排蒸汽装置

3.二冷(强冷)

料包在一冷间冷却到 35℃左右就可以移动到二冷间(强冷间)(图 11-13)进行强制冷却了。二冷间的面积同样根据生产能力决定,二冷采用冷风循环风机快速制冷降温。冷风机按排列方式分为吊顶式冷风机和吸顶式冷风机两类。从制冷机制上分为风冷和水冷两种系统,配置冷量的计算也和冷库不同,强冷间必须在短时间内将料包冷却到接种温度 25℃以下,所以制冷机功率大些比较好。冷却结束后的料包便可以移到接种准备间,准备接种了。

图 11-12　小菇厂的冷却室

图 11-13　中大型菇厂的冷却室

4.接种准备间

接种准备间紧邻接种室,冷却结束后的料包在这里准备接种,工作人员在这里将料包放在接种间流水线下方滚轮式传送带的一端,通过传送带送入接种室接种,接种准备间一般和回车通道相连,灭菌周转小车在接种结束后放入回车通道,装袋之前再将灭菌周转车从回车通道中取出。

在这里应该特别强调的是灭菌之前的区域都是有菌区,灭菌以后的区域被称为无菌区。有菌区的工作人员不能随意出入无菌区,同样无菌区的工作人员也不能随意进入有菌区,凡是从有菌区进入无菌区的人员必须严格按照规定流程进入。

思考与练习

1. 如何测定栽培料含水量？

2. 工厂化生产如何拌料？

3. 工厂化生产料包灭菌后通过什么方法来检验灭菌是否彻底？

4. 工厂化生产料包采用高压灭菌时怎样排锅内冷气？

5. 说明杏鲍菇灭菌方法。

6. 退炉缓冲间有什么作用？

7. 一冷、二冷的冷却方式有什么不同？

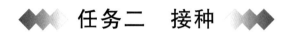

任务二 接种

接种就是按照无菌操作的技术要求将目的微生物（菌种）移接到培养基质中的过程，这个过程需要严格按照无菌操作要求进行。

接种可以说是食用菌生产过程中最关键的环节之一，工厂化生产是大规模连续性的，无法在小型的接种箱或超净工作台上进行，只能在流水线上依靠人工或人工辅助进行，要求接种环境要接近无菌状态，因此接种室又称为净化间。

（一）进入接种间的流程

进入接种室流程：更鞋（一更）→更衣（二更）、洗手→风淋（风淋间）→净化间。

工作人员进入净化间的顺序是先进入一更室换鞋，然后进入二更室，洗手后，接着从消毒净化柜（柜内设FFU净化模块和紫外线灯）中取出连体工作服更衣，更衣后通过风淋室风淋后进入净化间的工作岗位。

在这里要特别强调两点：第一，一更室和二更室的卫生消毒工作不能忽略，要安排专人在每天工作结束后进行清洁消毒，每个工作人员最少要准备两套连体工作服，换下了的工作服不能胡乱堆放，如有污垢或破损要及时清洗更换。第二，每个工作人员进入风淋室的风淋时间不能低于 20 s，并且每天工作结束后应该更换并清洗过滤网。

如果是接固体菌种，在每天工作结束后还要将第二天需要用到的固体菌种放入菌种预处理间，放入前应使用消毒药剂（5％的苯扎溴铵或甲酚皂液按比例稀释）清洗擦拭菌种袋进行表面消毒，清洗消毒后放入菌种预处理间，菌种预处理间一般设有FFU自净模块和传递窗，接种时菌种在自净模块的无菌风保护下按批次送入接种净化间使用。

（二）接种环境（接种室）

1. 接种环境（接种室）的结构

见图 11-14。

小型接种室构造及设备。

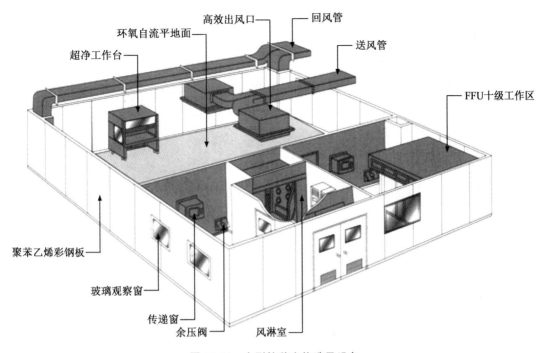

图 11-14　小型接种室构造及设备

2. 接种室(接种净化间)的设备

(1)空调新风设备　空调新风设备(图 11-15)主要作用是往接种室内补充新鲜空气和调节空间温度,这套设备包括进风口、出风口、回风口、置于设备外的制冷机组、风量调节阀、净化箱(箱内包括初、中、高效过滤、蒸发器、离心风机等)整套设备使用保温风管和净化接种间相连,运行时外界的新风通过过滤和调温后进入净化间,净化间的空气通过回风通道排出净化间,回风量始终比进风量要小因此净化间内能始终保持正压。

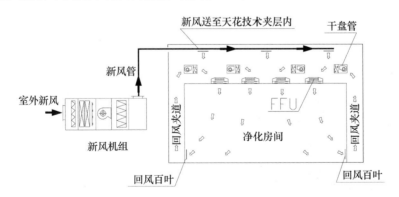

图 11-15　接种室无菌空气流向示意图

(2)FFU 自净模块　净化间的顶棚一般安装有若干组 FFU 自净模块(图 11-16),新风系统和其同时运行可以起到净化室内空气的作用(图 11-17)。

图 11-16 FFU 自净模块

图 11-17 安装在接种室顶棚的 FFU 自净模块

（3）接种层流罩 层流罩下方吹无菌风,整个接种过程就是在层流罩下方进行(图11-18),其下方也是整个接种净化间,无菌级别最高的区域,要注意的是应定期检测层流罩下方的菌群数量,一般用平板培养皿测定。具体方法是将层流罩运行 10 min 后将培养皿放置到层流罩下方接种高度,放置 30 min,然后放入 30℃恒温培养箱内进行培养,48 h 后观察,如果菌群数量小于 3 个则合格。

（4）滚轮式传送带 滚轮式传送带(图11-19)作用是将冷却后的料包从接种准备间传送到接种间,并将接完种的菌包从接种间传送出去。这种滚轮式传送带有"一"字形、"日"字形、"用"字形等排列方式,一般小型工厂使用前两种排列方式较多,第三种排列方式能够根据生产量调节工位,适合大型企业使用。

图 11-18 接种室层流罩

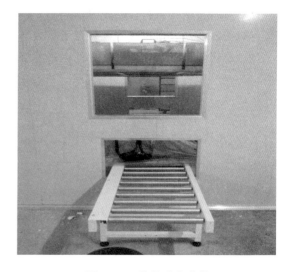

图 11-19 滚轮式传送带

具体的接种过程因菌种不同而异(图11-20)。一般国内工厂化生产多使用枝条菌种或液体菌种,接种的方法各个工厂也各有特点,但无论什么菌种采取什么方法接种都要严格按照无菌操作流程去做。在实践中培养工作人员的无菌意识比教给工作人员具体的接种方法更重要。因为接种的方法是灵活、多变的,要根据不同的情况灵活地使用。如果只规定接种方法,一旦情况变化原来的接种方法无法适应新情况,而其他方法接种人员还没用过,只能套用老方法应付新情况,往往会出现问题。而工作人员一旦具备无菌意识后,就可以自己想出新方法应对新情况,还能满足无菌操作的要求,这样无论情况如何变化都不易出现问题。工作人员的无菌意识不是短时间能形成的,还需要食用菌企业在实践中逐渐培养。

图 11-20 在接种层流罩下进行接种的作业

▌思考与练习

1. 接种室需要哪些设备?

2. 如何进入接种室?

3. 接种前需做哪些准备工作?

4. 如何接种?

◆◆◆ 任务三 发菌管理 ◆◆◆

(一)菌包培养室

接种结束后的下一步就是进行菌包培养,国内的工厂化生产有两种方式,一种是用专门的独立养菌室进行菌包培养,还有一种是养菌室和出菇室共用的模式,就是接种结束后菌包直接移入可以出菇的菇房中进行菌包培养,菌包培养结束后可以直接就地进行出菇管理。这两种方式各有利弊:用单独养菌室的优点是便于集中管理,缺点是在菌包培养结束后需要再周转进入出菇室。在劳动力成本不断上涨的现实情况下,如何最大限度地节省人工成本也是食用菌工厂化生产企业不得不考虑的问题。养菌室出菇室共用的模式最大优点是菌包培养结束后直接就可以就地进行出菇管理,节省了再次周转的人工成本,但其缺点就是设备成本加大,养菌室和出菇室要求温度不同,出菇室要求温度更低,共用的话就要求所有的菇房都按出菇室的要求配置,这样就加大了设备投入,在实际生产中具体采用哪种方式需要各企业根据实际情况决定。

(二)菌包的堆放模式

在工厂化生产中,为了提高工作效率和空间利用率,采用固定层架(图 11-21)或移动层架的菌包养菌模式,就是将接完种的菌包放到周转筐中直接摆放在固定或移动式层架上进行养菌的方法,这样就不用把菌包一袋袋地摆放到培养架上费时费力了。养菌室和出菇室共用的情况下,菌包是直接上到出菇架上的,直到出菇结束不用再移动菌包。现在杏鲍菇出菇一般采用网格式的出菇方式(图 11-22),网格用来养菌也有着透气性好、不易"烧菌"的优点。

图 11-21 独立养菌室的固定层架   图 11-22 出菇室常用的网格式出菇架

(三)养菌室需要的设备

养菌室需要的设备大致分为如下几类:通风设备、升降温设备、内循环设备、加湿设备、照明设备等。其中升降温和通风设备最为重要。食用菌企业在菌包培养过程中会根据自身的实际情况选用不同的设备,但无论采用什么样的方式、采用什么设备都要以满足培养期菌包的需求为前提,还要考虑到设备长期运行的成本和可靠性等因素,切勿贪图一时的便宜忽视了长远的考量。

(四)养菌各培养阶段的环境控制

1. 定植期管理

定植期是指从接种后到菌包(瓶)口菌丝长满料面的阶段。定植期养菌室的温度要比一般菌包培养的温度略高一些,目的是使菌丝快速长满料面,这个阶段一般温度控制在 26～28℃,一般湿度也要比正常略低一些,控制在 50%～55%,以防止杂菌滋生。这个阶段还要检查菌包的破损和污染情况,如果发现有破损及污染菌包,要及时进行清理,并查找发生的原因,一般在接种后的第 6 天和第 9 天进行检查。

2. 发热期管理

菌丝在菌包中定植后,随着菌丝的继续生长,菌包会产生大量的生物热(图 11-23),不同品种的食用菌产热情况也就是呼吸代谢的强度会有很大不同,一般从强到弱排列为:平菇、香菇、木耳、滑菇、真姬菇(白玉菇)、杏鲍菇、金针菇。

这个阶段的管理要点就是尽量维持不同菌包间菌丝的同步生长,并使菌丝持续保持活力。这个阶段由于菌丝生长旺盛,菌包内部的温度往往高于外界环境温度 $2\sim3℃$,因此在这个阶段外界环境温度要比正常菌丝生长温度低一些,一般维持在 $20\sim23℃$ 即可,此外养菌室要勤通风,降低二氧化碳浓度,还要经常开启内循环设备,保持养菌室内部温度均匀一致,养菌室内的湿度控制在 65% 左右,过低会导致菌包料面水分散失,过高可能会滋生杂菌。

图 11-23 发热期菌包

图 11-24 生理成熟期菌包

3. 生理成熟期管理

菌丝吃透培养料,长满袋(瓶)或即将长满袋(瓶)的时候就是生理成熟期(图 11-24)。这个阶段虽然外观看起来已经长满菌丝了,但这种现象只能说明菌丝已经填充了栽培料颗粒间的缝隙,并包裹在栽培料颗粒的表面,还没有对整个栽培料颗粒内部的物质进行完全地降解和吸收,也没有充分地积蓄养分,因此菌丝长满后还需要经过一段后熟期,才能更好地积累营养获得高产。后熟期的时间不同品种之间存在差异。从接种开始计算菌包养菌周期,金针菇、杏鲍菇需要 35 d;海鲜菇、真姬菇(白玉菇)需要 90 d 以上;香菇则需要 120 d 以上。大部分食用菌在生长过程中都会产生有机酸,导致培养料逐渐酸化,当达到适应值时就会转化为生殖生长,也就是开始出菇。一般杏鲍菇灭菌后 pH 控制在 5.2 左右,才能保证成品菇质量。

菌丝生理成熟的标志是菌包顶端出现轻微脱壁现象,还有生理成熟的菌丝会分泌出透明的黄色液体。出现这类现象一般可以判断出菌丝已经生理成熟,可以大致判断出菌包可以进行出菇管理了。

思考与练习

1. 发菌室需要哪些设备?

2. 菌包排放方式有哪几种?

3. 发菌管理环境如何调控?

4. 菌丝生理成熟的标志是什么?

任务四 杏鲍菇出菇管理

> **知识目标:**了解杏鲍菇子实体的一般生长规律;掌握杏鲍菇工厂化生产出菇管理的一般方法。
> **能力目标:**能够根据不同的设施条件制定杏鲍菇出菇管理方案,并能总结经验做好管理记录。

(一)后熟期管理

后熟就是使长满菌的菌袋在养菌室(或出菇室)继续培养一段时间,经过后熟的菌袋菌丝长势均匀,并能有效进行营养积累。后熟期温度控制在 20～23℃,湿度控制在 65%～75%,二氧化碳浓度控制在 2 000～2 500 mg/L,不需要光照,一般需要 7～10 d。

(二)搔菌期管理

根据杏鲍菇在新生菌丝上容易产生菇蕾的特点,通过搔菌去除接种点老化菌丝和表层菌丝,可以达到出菇整齐一致的效果,并且可以实现只在搔菌部位现蕾,减少菇蕾数量,起到避免营养浪费和减少疏蕾工作量的作用。

1.搔菌方法

先用漂白粉水或 84 消毒液对菌包进行表面消毒,按住颈圈将袋口盖体去掉(操作时注意不要使颈圈底部塑料和菌包间产生空隙),用药匙或专用搔菌工具挖去老菌块。如菌包是液体菌种接种则刮去颈圈部位老菌皮即可。如在搔菌过程中遇污染菌包则要将污染菌包移出出菇室,并消毒搔菌工具。搔菌结束后用漂白粉水或 84 消毒液进行地面清洗消毒,一般搔菌要在 1～2 个工作日内完成,越快越好。

2.搔菌期环境调控

温度控制在 10～12℃,湿度控制在 65%～75%,二氧化碳浓度控制在 1 500～2 000 mg/L,这个阶段由于有工作人员在出菇室内工作,因此需要有光照。

(三)菌丝恢复期管理

搔菌结束后需要使搔菌部位的菌丝恢复生长,因此称为菌丝恢复期,由于恢复生长的菌丝都是新生菌丝,杏鲍菇又有容易在新生菌丝上现蕾的特点,因此菌丝恢复时机的掌握尤为重要,一般以菌丝恢复 1～2 mm 为最佳时机(图 11-25),实际操作时以既能看到洁白的绒毛状菌丝,又能隐约看到搔菌后露出的料面为准,菌丝生长过度不容易现蕾,菌丝生长不足又起不到搔菌作用。

菌丝恢复期温度控制在 20～22℃,湿度控制在 85%～90%,二氧化碳浓度控制在 3 500～4 000 mg/L,此阶段需要光照,一般经过 3～5 d 菌丝就可以恢复。

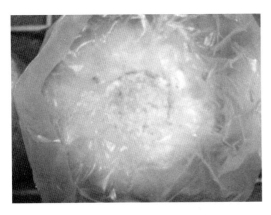

图 11-25　菌丝恢复

图 11-26　原基分化

(四)催蕾期管理

菌丝恢复结束后需立即转入催蕾管理阶段,这一阶段出菇室内要降低温度,拉大温差,同时配合光线刺激,目的是使搔菌部位的新生菌丝快速整齐地形成菇蕾。杏鲍菇菇蕾的形成分为 3 个时期:

(1)菌丝扭结期　即菌丝聚集形成白色点状物。

(2)原基分化期　点状部分分化形成倒水滴状实体并产生白色水滴(图 11-26)。这时需要将袋口拉直,形成局部小环境,使下一个阶段幼菇形成后尽量在受保护的小环境内生长,避免菇蕾直接接触到外界不良环境影响菇蕾生长。拉袋口时应注意袋口需留有一定空隙,方便和外界进行气体交换。空隙大小要适中,如空隙过小,易产生大量"菌皮",如空隙过大,则起不到保护菇蕾的作用。

(3)子实形成期　原基继续分化形成顶部带点状物的菇蕾。

应强调的是,这个阶段菇蕾表面形成一些水滴是正常现象,如水滴过多就需要加大通风量,应避免水滴在菇蕾表面长期大量存在,否则易引起细菌感染。一般正常生长代谢产生的水滴是无色透明的,一旦发现黄色或浑浊的水滴就很可能是细菌感染。

催蕾阶段温度控制在 12~16℃,湿度控制在 85%~90%,二氧化碳浓度控制在 1 000~1 200 mg/L,此阶段需要光照刺激菌丝扭结,一般经过 5~8 d 就可以看到菇蕾形成(图11-27)。

(五)疏蕾期管理

当菇蕾生长到 1.5~2 cm 大小时,就要进行疏蕾操作(图 11-28)。每一个出菇车间的疏蕾工作应尽量在 1~2 个工作日内完成。疏蕾一般使用自制的专用工具,原则是每个菌包一般留 1~2 个菇蕾;留大去小,并尽量保留菇形好、没有变形及水渍的菇蕾;尽量不要保留生长在一起的两个菇蕾,尤其是一大一小生长在一起的两个菇蕾会互相争夺营养,其中小的菇蕾会停止生长;疏蕾尽量不要暴露料面,避免菌袋失水,除非菌袋受到细菌污染。

疏蕾过后保留的菇蕾需要一定时间才能恢复正常生长,因此疏蕾结束后的菌袋最容易受到病害侵袭,应加强管理。菇房内应尽量避免无关人员随意出入,防止交叉感染。

疏蕾阶段温度控制在 10~12℃,湿度控制在 65%~75%,二氧化碳浓度控制在 1 200~1 500 mg/L,这个阶段需要光线刺激菌盖形成。

图 11-27　子实体形成

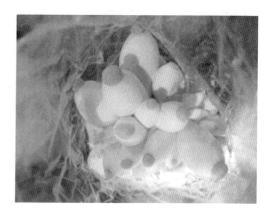

图 11-28　待疏蕾的菌包

(六)幼菇期管理

菇蕾恢复正常生长后便进入幼菇期管理,此阶段应注意避光,并提高二氧化碳浓度,使菌柄伸长,重点观察菇形,注意菌盖和菌柄的比例,及时调整二氧化碳浓度。幼菇期是决定杏鲍菇商品性的重要阶段,如发现菌盖过大则说明二氧化碳浓度过低或前期光照太强。

幼菇阶段温度控制在 12~16℃,湿度控制在 85%~90%,二氧化碳浓度控制在 3 000~3 500 mg/mL,这个阶段为了刺激菌柄伸长不需要光线。幼菇一般经过 3~5 d 后就可以进行下一步成菇期管理了。

(七)成菇期

成菇期子实体(图 11-29)生长同样要注意避光,要随时注意是否有菌丝逆向生长的情况。菌丝逆向生长就是子实体根部重新长出绒毛状菌丝,并向上蔓延,若发现绒毛状菌丝超过子实体长度的 1/3 则证明二氧化碳浓度过高,需加大通风量,否则容易造成产量下降,严重情况下甚至会使菇体停止生长。另外,若在成菇期发现菇体表面凹凸不平,则说明菌袋的培养料水分供应不足,应注意菌包的含水量是否正常,如果正常则考虑是否养菌阶段的湿度过低、菌包失水。

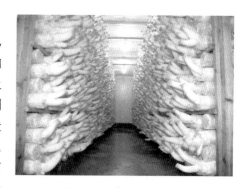

图 11-29　杏鲍菇成菇期

成菇阶段温度控制在 14~16℃,湿度控制在 85%~90%,二氧化碳浓度控制在 3 500~4 000 mg/L,这个阶段同样不需要光线,一般经过 3~5 d 就可以进行采收管理了。

(八)采收期管理

采收期温度控制在 16~18℃,湿度控制在 90%~95%,二氧化碳浓度控制在 2 500~3 000 mg/L,不需要光照。

采收期是菇体生长接近结束的时期,这个阶段要特别注意采收时机,在菌盖变软平展之前采收,如采收过晚,菇体则会变轻影响产量。采收原则一般采大留小,大菇采收后小菇还可以继续生长,采收前期可以适当提高湿度,有助于提高产量,但在采收前 1~2 d 则要降低湿度,以提高菇体的商品性和上架时间。采收后的杏鲍菇要及时进行打冷处理,经过打冷处理,杏鲍菇生长代谢活动完全停止,配合保温包装,可以进行长途运输,打冷可以在冷库,也可以在专用的气调保鲜室内进行,一般保持0℃,维持24 h即可。

(九)包装

经过打冷处理后的杏鲍菇应及时进行包装销售,包装一般在包装车间进行,一般根据等级2.5 kg/袋,装好后的包装袋用吸尘器抽成真空后扎口装箱,一般10 kg或20 kg一件装入印有厂家商标的纸箱后运输销售(图11-30)。

图11-30 包装

杏鲍菇工厂化生产出菇管理必须根据出菇场地的实际情况因地制宜设计管理方案,以上介绍的具体参数仅供参考,实际运用中还要根据杏鲍菇的品种和出菇车间的地理位置及设施条件适当做出改变和调整,才能直接运用到生产实践中去。没有适合所有菇厂的一成不变的管理方案,也没有最好的出菇方案,只有最适合的方案,适合本地本企业的就是最好的管理方案;另外,还要摸清杏鲍菇的特性,用心去了解其生物学特征,要学会与菇对话,因为环境适合与否都会从菇体的生长状态上反映出来,技术人员必须根据菇体的生长状况及时地调整管理方案,才能给杏鲍菇创造最适合其生长的环境,这样才是稳产高产之道。

另外,为了降低成本,也可尝试减少出菇管理流程,如采用半拉袋口不搔菌的方法,用二氧化碳浓度变化控制菇蕾数量,不疏蕾的方法等,都可以提高效益、降低成本,但前提是对其生物学特征和出菇环境充分了解,要善于总结,不可盲目跟风蛮干,否则极易造成损失。

 知识拓展

杏鲍菇袋栽起源于广东,但产量的突破及推广则源于福建漳州,杏鲍菇从试种到栽培推广直到全国各地进行大面积栽培仅用了20余年的时间。经过食用菌从业者多年的实践摸索,杏鲍菇的工厂化生产模式逐渐地完善成熟,各地都根据自己的实际情况总结出了一套有效的管理方法,但无论是什么管理方法都要遵循其生物学特征,只要吃透了杏鲍菇的生长规律,无论在南方或北方都能取得较好的栽培效果。杏鲍菇的生长规律是"道",其具体的管理方法是"术",明白了杏鲍菇的生产规律这个"道"后,以道驭术就会游刃有余。

思考与练习

1.袋式栽培杏鲍菇如何搔菌?搔菌期如何进行管理?

2.袋式栽培杏鲍菇如何疏蕾?疏蕾期如何进行管理?

3.袋式栽培杏鲍菇催蕾期如何进行管理?

项目十二

瓶栽杏鲍菇工厂化生产

> **知识目标**：熟悉杏鲍菇生产的工艺流程；能处理瓶栽杏鲍菇生产中易出现的技术问题；掌握杏鲍菇全程生产管理。
>
> **能力目标**：会检查料瓶装瓶质量、会菌瓶接种、会养菌和育菇；能够填写生产记录。

一、培养料配制

常用配方：

(1)杂木屑22％，甘蔗渣23％，玉米芯20％，棉籽壳6％，玉米粉6％，麦麸20％，糖1％，石灰1％。

(2)杂木屑24％，玉米芯20％，棉籽壳30％，麸25％，石灰1％。

二维码19 瓶栽杏鲍菇工厂化生产

(3)木屑16％，玉米芯35％，棉籽壳8％，米糠14％，麸皮14％，豆粕3％，轻质碳酸钙1％，石灰1％。

(4)木屑20％，玉米芯20％，甘蔗渣20％，麸皮24％，豆粕9％，玉米粉5％，轻质碳酸钙1％，石灰1％。

以配料(4)为例进行配料，将木屑、玉米芯、甘蔗渣、麸皮、豆粕、玉米粉、轻质碳酸钙、石灰等原料加入搅拌锅内干拌5～10 min，然后加水搅拌40～60 min，调节含水量和pH。为了使原料搅拌更充分和均匀，大多企业采用二级搅拌，有些企业甚至采用三级搅拌，也有的企业延长搅拌时间至2 h。

二、装瓶

栽培瓶为聚丙烯塑料制成，可重复使用。栽培瓶容量主要有850 mL、1 100 mL、1 200 mL和1 400 mL等规格，瓶口直径70～80 mm。

培养料充分搅拌后，通过传送带运送至自动装瓶机进行装瓶、打孔和盖瓶盖等操作。

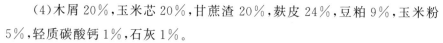

要求装料松紧度均匀，通常培养料距瓶口1.5 cm左右，填料之后机械打孔，打1孔或打5孔。打5孔，孔径10～15 mm，适合接种液体菌种；中心打1孔，孔径20～25 mm，适合接种固体菌种，孔径大菌种方能掉入接种孔底部，提高发菌的一致性。装瓶过程中，定时监测装瓶

重量,超出误差范围,及时调整机器设备。装瓶重量误差小于 30 g 为宜,装瓶误差过大会影响发菌和出菇的一致性和稳定性,延长栽培周期。打孔后机械盖瓶盖,然后用机械手将瓶筐推入灭菌小车,放入灭菌锅等待灭菌。

三、灭菌

将料车推进高压灭菌器中,关上仓门。灭菌过程中,料温达到 100℃ 的时间,较仓温迟,设置 100℃ 保温 90 min,料温在 100℃ 可以维持 10～15 min,料温达到 121℃ 后,继续保持 60～90 min,即可灭菌彻底。

蒸汽锅炉蒸发量与灭菌锅容量和数量需匹配,蒸发量太小,灭菌时升温慢,灭菌时间长,培养料容易酸败变质,灭菌后 pH 下降;蒸发量过大,投资增加,使用成本高。蒸汽压力一般用减压阀调整为 0.4～0.5 MPa。

四、冷却

当灭菌锅界面进入"准备行程",温度显示在 100℃ 以下,显示"门可开"后,将净化车间一侧的灭菌锅门打开 30～50 cm 缝隙,使锅内热蒸汽部分排出,减少冷凝水。当锅内温度降至 80℃ 左右时,打开锅门,将灭菌小车经过缓冲间拉入经高效过滤的环境下进行冷却。防止培养基冷却的过程中,吸入污染空气带来的二次感染。

五、接种

当料温降至 28℃ 以下时,使用自动接种机进行接种,接种机放置在 FFU 层流罩内,局部净化达 100 级。接种前,对接种机相关部件、接头等彻底消毒灭菌。

(1)固体菌种接种 通过传送带将栽培瓶运送到接种室,送达接种室后,通过接种机接种。人工将处理过的菌瓶放在接种机上,接下来进行自动接种,自动盖盖。每个栽培种可接 8 个菌瓶。

(2)液体菌种接种 使用自动液体接种机,将发酵培养 1 周左右的液体菌种在罐压 0.16～0.2 MPa 条件下,喷洒在瓶口表面,每瓶接种 25～30 mL,这种环境要求绝对洁净,控制在万级水平。

六、培养

接种后的菌种瓶通过传送带送至培养室,使用机械手或人工放置在垫仓板上,每个垫仓板每层放 4 筐或 6 筐,放 9～10 层,两个垫仓板摞一起,共 18～20 层,加上走廊等公摊面积,放置 600～700 瓶/m²。

根据菌丝发热量和所需新风的不同,杏鲍菇培养一般分为前培养、后培养和后熟区。

1.前培养

菌种接入栽培瓶后,菌丝逐渐恢复,并开始吃料。前期菌丝较弱,发热量较小,需要的新风量少,但对新风洁净度的要求较高,一般需要经过初效、中效,甚至亚高效过滤网进新风。温度 22～24℃,培养前期温度稍高有利于菌丝恢复、封面。但此温度条件下,杂菌繁殖速度相对较快,有些新风洁净度差的企业前培养温度调至 18～20℃,控制污染。空气相对湿度 50%～60%,空气相对湿度过大,污染率增加;CO_2 浓度 1 000～2 500 μL/L,黑暗培养 7～12 d。

2. 后培养

前培养后期，菌丝已完全封面，菌丝长至瓶口以下 1～2 cm，此时可将栽培瓶转移至后培养区。后培养温度 20～22℃，此时菌丝发热量大，瓶内温度比室温高 3～4℃，温度过高会造成烧菌现象，一般以瓶间温度不超过 23℃为宜。烧菌后的菌丝抵抗能力弱，容易出现病害，出菇不整齐，产量低。空气相对湿度 60%～70%，空气相对湿度过低，培养料水分蒸发快，含水量降低，影响出菇产量；CO_2 浓度 2 500～3 500 mg/L，黑暗培养 18～20 d。抗杂能力强，对新风洁净度要求降低，一般经过粗、中效过滤即可。

3. 后熟培养

菌丝长满后，还需一段时间的后熟培养，对营养进行进一步的消化和吸收，养分在菌丝内充分蓄积并完成形成原基前的准备，当培养料温度与室温几乎无差异时，即可进入搔菌程序。

后熟培养菌丝呼吸作用减弱，发热量也逐渐趋于平稳，可适当提高培养室温度，减少通风量。后熟培养可和后培养在同一区域，也可单独设置后熟区。单独设置后熟区，换区时可以将上下垫仓板交换，增加上下层菌瓶的均匀性，也更易于调控培养参数，但将增加运输和人力成本。后熟培养温度 22～24℃，空气相对湿度 70%～80%，CO_2 浓度 2 500～3 500 μL/L，黑暗培养 5～12 d。当瓶口菌丝表面有少量黄色露珠出现时，后熟期结束。

七、搔菌

培养成熟的菌瓶进入生育室出菇前，需进行搔菌作业。搔菌是利用搔菌机，将瓶口 1～2 cm 的老菌皮挖掉，通过造成表面菌丝损伤以刺激菌丝快速扭结形成原基，从而形成子实体。杏鲍菇不搔菌也可正常分化形成原基，但搔菌后的新生菌丝活力旺盛，在温度、湿度、光照与 CO_2 刺激下，新生菌丝能更快地表现出应激性反应，所以搔菌的菌丝比老菌皮先形成原基。此外，搔菌可提高出菇的产量和一致性，并可通过定点搔菌和控制搔菌深度，实现定点出菇或控制菇蕾数量，减少疏蕾工作。

搔菌时应特别注意，将污染的菌瓶及时挑出，不能进入搔菌机，以免污染刀头，出菇时造成大面积污染。搔菌刀头需定时用酒精擦拭和灼烧消毒，减少污染。杏鲍菇搔菌后不能加水，加水会导致培养料水分过大、出蕾慢、菇蕾多、污染严重等问题。

八、出菇管理

进出菇房前 3～5 d，对出菇房进行消毒，使用漂白粉 500 倍液，对室内菇床消毒。完成后，在菇架间撒适量的漂白粉。

根据子实体不同发育阶段的形态特征，杏鲍菇出菇期分菇蕾发生期，幼菇期和成熟期。

1. 菇蕾发生期管理

杏鲍菇菌瓶进入出菇房前 2 d 不能开灯，应向地面洒水，用加湿器雾化加湿，使菇房湿度保持在 90%～95%，湿度太低，原基干裂，不能分化。

将生理成熟的菌瓶搬入出菇室，菌瓶瓶口朝下整齐地摆放在菇床上，先给予 14～16℃ 的低温刺激，这样和菌丝培养阶段 24℃ 形成 10℃ 左右的温差，满足菌丝从营养生长到生殖阶段温差刺激的先决条件，促进原基发生，提高整齐度。

第 3 天，菌丝恢复生长。此时要有少量的光线，24 h 持续光照，强度为 50～100 lx，如果二氧化碳浓度过高，可导致子实体腐烂。

利用室内的通风设备通风、换气,每天通风 2 次。每次 10 min,二氧化碳浓度控制在 0.3%~0.5%。持续到第 7~8 天,瓶口就会有杏鲍菇原基。

第 10 天,菇蕾形成,进行翻筐,此时菇房湿度 85%~90%,温度提高至 15~17℃,促使菇蕾快速生长,100~150 lx,促进菌盖形成。光照对杏鲍菇子实体影响较大,无光条件下,菇蕾发育缓慢。

2.幼菇期管理

第 12~13 天,杏鲍菇进入幼菇期,幼菇期 4~6 d,此时,空气湿度保持在 90%~92%,温度 15~17℃,每天光照时间 4~6 d,以便促进菇体向上生长。如果光照时间过长,菌盖变大,菌柄变短粗。幼菇期适当加强通风次数,每天 3~4 次,每次 18 min,保持空气流通。当子实体长至 5 cm 左右时,进行一次疏蕾,留个体健壮,菇体向上的子实体。通常每个菌瓶留子实体 2~3 个,这样才能保证杏鲍菇长得更好。同时,也有更高的商品价值。

第 15~16 天,菌柄高度达到 10 cm 以上,上下粗细一致时,菌盖下可清楚地看到菌褶,开始转入成熟期管理。

3.成熟期管理

不断进行光照,温度降低至 12~14℃,湿度降低至 80%~85%,促进菇体紧实,提高商品价值,2~3 d 就进行采收。一般每个菌瓶产量在 220~270 g。

九、挖瓶

采收结束后的瓶通过传送带送至自动挖瓶机,将瓶内的废料挖出,废料可用作饲料,瓶子回收重复利用。

从配料、装瓶、灭菌等各工序完成后,及时如实填写记录单,交给生产主管,并录入电脑建档保管,实现实时追溯。

 知识拓展

一、瓶栽杏鲍菇时常见问题分析

1.菌丝不萌发

搔菌后料面过干,菌丝不萌发,或者萌发的很少。

杏鲍菇催芽时,为了达到控制芽数的目的,催芽的湿度往往比其他品种要低很多,但是当湿度低于 60%以下特别干燥的情况下,就容易出现菌丝不能正常恢复的情况。另外,如果出现因细菌感染引起菌丝不恢复,要对菌种、灭菌、冷却等环节进行排查。

2.不形成原基

10 d 以上不能正常分化出原基。

原因是催芽期间出菇房温度管理不合适,或者细菌感染也会导致不能分化出原基。

3.原基畸形

长出粗柄或不长柄呈脑状,不分化成菌盖。

原因是培养时期温度、通风管理不合理,导致后熟不够引起的生育能力下降;二氧化碳浓度高;光线太弱。

4.瓶口内壁出现子实体

搔菌后料面气生菌丝旺盛,瓶口内壁也生长大量的菌丝,并有子实体发生。

原因是催芽时期菇房湿度过高。搔菌后菇房湿度是90%以上,随着原基的生长,湿度应该逐渐下降,一定要注意湿度的管理。搔菌后3～5 d,这是催芽的前半部分,目的是菌丝恢复,湿度应该控制在90%以上,搔菌后5～7 d,这是催芽的后半部分,目的是控制芽数,湿度最低可以控制到60%,整个催芽阶段湿度从98%降到60%,要加强湿度的管理。

5.菌柄表面畸形

菌柄表面畸形状。

原因是培养时期温度、通风管理不合适;培养基指标不合适;菌丝轻度后熟不够;原基形成时期温度过高,以上几点都有可能出现菌柄表面畸形的情况。

6.漏斗菇

杏鲍菇菇帽呈漏斗状畸形。

原因是杏鲍菇分化后出菇房通风不足引起的二氧化碳过高,导致子实体畸形。

7.菇体过小

杏鲍菇子实体过小,长不大。

原因是催芽的时候湿度过大,导致子实体分化过多;或者菌种退化。

8.菇盖形成凸凹不平状(瘤盖菇)

在菇盖表面形成凸起,导致凸凹不平,也称瘤盖菇。

原因是杏鲍菇生长环境温度过低。

9.菇体不对称

杏鲍菇生长的方向不一致。

原因是搔菌后催芽时期湿度过高,瓶颈内壁出现气生菌丝而形成原基出现的症状。

10.菇体软弱症

杏鲍菇菇体纤细,软弱,长不大。

原因是催芽时湿度高,瓶颈内壁出现气生菌丝而形成原基出现的症状。

二、瓶栽杏鲍菇工厂化生产所需设施设备

瓶栽杏鲍菇机械化程度和生产效率高,投资成本大,但产品品质好,菇体洁白,菌肉紧实,菇帽大、口感好。随着国内消费品质的提高和劳动力成本上升的将来,瓶栽将是杏鲍菇产业发展的趋势。

(1)拌料室 拌料室主要放置搅拌机、送料带、部分常用的原材料。因为搅拌常引起大量的粉尘,因此需要与其他房间隔离,并安装除尘装置,避免污染环境。

(2)装瓶、灭菌室 装瓶灭菌室配有自动装瓶机、手推车、栽培瓶、灭菌锅。瓶栽杏鲍菇工厂基本采用方形抽真空脉冲排气双开门灭菌锅,灭菌锅尺寸可根据生产规模定制。抽真空可以将瓶内冷空气强制排空,消除灭菌锅的冷点,排除温度"死角"和"小装量效应",确保灭菌彻底。由于锅内空气被强制排出,氧气含量减少,栽培瓶不易被氧化,增加使用次数和寿命。

(3)冷却室 配有中效空气过滤器或高效空气过滤器、制冷机组、臭氧消毒机等设备,洁净级别控制在10万级水平。防止瓶体出锅到降至室温过程中与室内环境有热交换发生,造成空气交换的污染。

(4)菌种室 要求房间密闭,配有发酵罐及其匹配的灭菌柜,并安装温控设备,高效空气过

滤器、杀菌设备等。

(5)接种室　配偶接种机、传送带、消毒设备,要求室内空气绝对洁净,装有空调、高效空气过滤器。

(6)养菌室　养菌室通道装有传送带,安装保温、保湿、加湿器、通排风设备。培养室要求干燥、通风、干净。

(7)搔菌室　配有传送带、搔菌机、翻筐机。要求车间宽敞明亮。

(8)出菇室　出菇房一般高 4～4.8 m,每间出菇房面积 50～60 m²。内有出菇架,床架宽70～80 cm,菇架通常 8～10 层,层距 45 cm,底层菇架距地面 25 cm 以上。每层菇架上方安装LED 灯管,光照强度 50～350 lx。菇房应有调温、调湿、通排风及光照系统,满足杏鲍菇的生长发育条件。

(9)包装室　配有传送带、温控设备。要求宽敞明亮,地面洁净无灰尘。

(10)保鲜冷库　面积 700 m²。温度常年控制在 0～4℃。

(11)挖瓶室　装有传送带、自动挖瓶机、废料送料带等设备。

思考与练习

1.瓶式栽培杏鲍菇如何搔菌?

2.瓶式栽培如何进行发菌管理?

3.瓶式栽培如何进行出菇管理?

项目十三

金针菇工厂化生产

一、工厂化袋式金针菇栽培模式

金针菇栽培分成瓶式与袋式栽培两种模式,瓶式栽培采用"三区制",即将培养、诱导、出菇分别置于 3 种不同环境栽培库内,故称之"三区制"栽培,而袋式栽培的培养与诱导菇芽在同一栽培库内进行,出菇阶段在出菇库内完成,故称之为"二区制"栽培。袋式金针菇工厂化生产适合中小企业,根据当地的经济条件、人口密度、消费习惯等来决定适当的栽培规模。该模式承受的资金、市场等压力不重。

金针菇袋式栽培分为搔菌直生法和再生法两种管理方式。

(一)直生法

直生法是打开生理成熟栽培包,挖掉老菌皮,置于适宜的环境条件下,诱导出芽。缺点是一次性采收单产比较低,必须经过多次采收才能够获得满意产量,栽培周期偏长,对于工厂化生产是致命的弱点。

(一)再生法

再生法栽培具体做法为,让其发展到一定程度后,置于低温环境下,通过强风的快速气体交换,使菇蕾顶端快速失水,再从旧菇蕾的顶部重新形成密集的新菇蕾,增加枝条状菌柄 的数量,达到高产目的,栽培全过程需要 65～75 d,稳产、高产,栽培周期短,适合工厂化栽培。

二、工厂化袋式金针菇栽培主要设备设施

(一)拌料装袋车间

分二次拌料或三次拌料两种情况。两次拌料有设备区、辅料称取区、铲车回车区等。一次拌料区是高污染区,必须与二、三次拌料区隔断。二次拌区的拌料设备较多,三次拌料区的设备较少,二、三拌可设在一室,主要是湿拌,污染级别低一些,但也要与装袋区隔断。这区域有拌料设备和蓄水设施等。

一般装袋区是人员最多、劳动量最大的车间,该区域要求作业方便,安全有序。另有存车

区和维修室等区域,设备主要有培养料分配器、装袋和窝口设备、传输、上筐机、菌筐、灭菌车等。

(三)灭菌区

多采用高压灭菌方式。设有锅炉和锅炉房、灭菌锅(柜)、进气管道和排气管道等。锅炉房和储煤棚独立于主厂房外,布局位置要兼顾灭菌、养菌和后勤等用热。灭菌区的占用面积由灭菌锅(柜)的规格和数量及回车通道组成。灭菌区要与冷却区在灭菌锅(柜)与冷却区相接处隔断,灭菌锅出菌门在冷却区。

(四)冷却区

冷却区划分为排气区、一冷和二冷 3 个既间隔又相连的冷却室。有排气设备、净化设备、制冷设备。二冷和三冷是洁净区,地面、墙壁、上棚要采用洁净材料。另设有回车通道和人行通道。冷却区的面积是灭菌区 2 倍以上。

(五)接种车间

接种室是无菌区,尤其是接种隧道。接种室面积不宜过大,做到方便操作和安全即可。接种室还设有换衣间、风淋通道等。接种室的面积根据日产能、接种的速度和自动化水平等决定。

(六)上架和摆渡

接种后的菌包传送到上筐区,采用上筐机或人工将菌袋摆放在培养架上,然后由叉车将其摆渡到培养室。上架区的面积主要由上架机的大小、多少和回车区决定。这一区域一般设在主厂房或主厂房与培养室连接的廊坊内。

(七)培养车间

应根据日生产量设计培养室大小,根据培养室的遮光、通风等情况合理安排层架个数和层数,层底离地面和墙面的距离、走道宽度等。培养室需设置独立的制冷、制热、排气、光照等自动控制系统。

(八)出菇室

袋栽金针菇工厂化生产通常采用二区制,将催蕾、抑菇、育菇分区管理,出菇房面积一般 $48 \sim 60$ m²,大多采用固定的七层架式栽培,层间距净空 45 cm。为了使栽培包内的温度、湿度、氧气都能相对均匀,出菇库内两走道上方设有内循环风机。菇房设计时还应考虑设施的摆放和安装位置,如菇房的房门避免与通风窗对开,尽量采用推拉式;地窗、天窗等不宜对着培养架,而应该朝向过道,以保证出菇产量和质量。

三、栽培库准备

通过时间控制器设定内循环启动和关闭的时间,加快对流,达到均匀目的。

任务一　袋式金针菇工厂化生产

> **知识目标：**熟悉袋栽金针菇工厂化生产的工艺流程；能处理金针菇生产易出现的技术问题；掌握袋栽金针菇全程生产管理。
>
> **能力目标：**能做好发菌室管理、能检查发菌质量、能正确判断菌包出库适期和质量标准；能够调控金针菇出菇期的环境条件；能够判断采菇适期；能做好生产记录，会用常用的计算机软件报表。

利用塑料袋工厂化栽培金针菇的工艺流程：

栽培前的准备 — 栽培袋制备 — 接种 — 发菌管理 — 出菇管理 — 采收包装

一、栽培前的准备

1.栽培原料

栽培主料有木屑、玉米芯、棉籽壳、甘蔗渣，棉籽壳含有棉酚，为了保证产品质量、产量的稳定和食品的安全性，大型金针菇企业仅少量使用棉籽壳，大部分使用玉米芯替代。甘蔗渣是很好的食用菌栽培原料，特别是用来栽培白色金针菇，金针菇柄具有光泽，口感脆嫩，颜色洁白。辅料有麦麸、细米糠、玉米粉、石灰、石膏、过磷酸钙等。在工厂化生产的配方中营养物质所占比率比常规栽培的要高，一般要占总量30%～40%，以尽可能提高第一潮菇产量。

2.栽培袋及封口材料

栽培袋的规格是 17 cm×38 cm×0.005 cm,(17～17.5) cm×37 cm×0.004 8 cm 的高压聚丙烯折角袋。

3.菌种准备

规模化生产多数采用瓶装木屑菌种。要在生产前制订详细的菌种生产计划，包括数量计划和时间计划。依照每天生产菌袋数量确定栽培种生产量，依照栽培种需要量确定原种生产量，依照原种需要量确定母种生产量。一般每支母种接种原种 5～6 瓶，每瓶原种接种栽培种30 瓶左右，每瓶栽培种接种栽培袋 20 袋左右。时间计划按照母种 8 d 长满，木屑原种和栽培种大约 30 d 长满来进行计划。

也可以采用液体菌种，由于液体菌种不耐贮藏，母种、摇瓶种子和发酵罐菌种的生产计划更要详尽。优质菌种应该纯度高、生长旺、菌龄适宜，幼龄菌种菌丝量少，老化菌种萌发力差，直接影响栽培效果。

二、栽培袋料袋制备

1.培养料选择与搅拌

目前工厂化生产的常用配方如下：

①棉籽壳 38%，杂木屑 25%，麦麸 32%，玉米粉 3%，过磷酸钙 0.5%，石膏 1%，石灰

0.5%。

②玉米芯 45%,棉籽壳 27%,麦麸 24%,豆饼 2%,石膏 1%,石灰 1%。

③棉籽壳 60%,木屑 10%,麦麸 20%,玉米粉 7%,石膏 1%。

④棉籽壳 20%,木屑 10%,玉米芯 35%,麦麸 30%,玉米粉 3%,石膏 1%,石灰 1%。

⑤玉米芯 30%,木屑 33%,米糠 22%,麦麸子 11%,玉米粉 3%,碳酸钙 1%。

⑥玉米芯 34%,棉籽壳 30%,麦麸 32%,豆饼 2%,石膏 1%,石灰 1%。

⑦玉米芯 21.5%,棉籽壳 35.3%,甘蔗渣 5.3%,麦麸 34.2%,玉米粉 2%,轻质碳酸钙 1%,石灰 1%。

各地可根据当地资源多少、原料获取价格的高低、理化性能的好坏、栽培包内孔隙度大小等综合考虑,制定出适合本地生产的栽培配方,经过中试后再用于生产。

通常采用三次拌料或延长拌料时间。一般先干拌 5 min,再定量加水,边加水边搅拌,使营养、水分充分混匀,而且要保证每批料的含水量都尽量均匀一致。如果搅拌不匀,发菌、出菇同步性变差,会给循环生产带来诸多麻烦。

3. 装袋

使用装袋机装袋,取专用塑料棒插入栽培料的中心,整平料面,填料高度 15 cm,套上套环。

4. 灭菌冷却

为保障生产的稳定性,常采用高压灭菌(参照杏鲍菇灭菌方法)。灭菌后,可将培养料回接判断是否灭菌彻底。随即取样对栽培料含水量、pH 等进行测试。

多采用是二级冷却,灭菌结束后灭菌车拉至预冷室,通过净化至 1 万级的自然新风,将料袋温度降至 50℃ 以下,冷却 2 h 左右,起到节能的作用。然后移至冷却室,通过冷风机强制制冷至 28℃ 以下。

三、接种

接种操作前 1 h 开启接种室的空气净化系统,接种室需保持充分洁净,确保整个接种过程中接种室处于正压状态。在接种区域通过层流罩净化处理,局部达到 100 级。操作人员穿戴无菌衣、帽、鞋,经过风淋室,进入接种室。

(1)固体菌种接种　接种室内建造滚轴接种流水线,接种人员密切配合,1 人负责处理菌种,首先用来苏儿等消毒液对菌袋表面进行消毒,去掉表层老化干燥的菌种,将菌种搅碎。坐在接种流水线两侧的接种人员打开袋口,接入菌种,要求菌种覆盖整个袋口,且有少量菌种掉入菌袋内的通气孔中,最后迅速封口。整个接种过程仅持续几秒钟,接种的成功率也相当高。每袋菌种可接 30 个栽培袋。

(2)液体菌种接种　液体菌种接种时 5 人 1 组配合。1 名工人将菌袋从冷却室沿滚轴流水线推入接种室,2 名工人开袋、封袋,1 名工人用接种枪打入 20 mL 液体菌种,1 名工人将接好的菌种推出接种室室外,1 名工人将菌袋装上运输小车送到培养室培养。

四、发菌管理

接种后的菌袋以周转筐为单位直接放在培养架上。每间培养室面积 45 m² 左右,每间培养室可摆放 20 000 袋左右。也可用移动式床架堆叠培养。发菌期要在完全黑暗条件下培养。培养阶段分成定植期(恢复期、适应期)、发热期、生理成熟期。各期培养库内控制的侧重点有所不同。

(一)定植期

定植期又分为恢复期(接种后的前 5 d)和适应期(接种后第 6~10 天)。

(1)恢复期　接种后上架,排好栽培包,前 5 d 菌丝生长量小,袋温要低于气温,培养室温度可适当高一些,控制在 18~20℃;接种后的第 6 天进库测试污染概率,分析产生原因,及时加以改进。

(2)适应期　菌丝开始向下蔓延,正常菌丝前端呈短胡须状,向下蔓延生长。菌包开始微微发热。此时每天上午与傍晚各检查一次。记录各栽培库环境是否控制在设定的参数范围内。

(二)发热期

接种后第 11 天菌包明显发热,这是菌丝蔓延,对基质进行降解,群体生物量逐渐增加,新陈代谢逐渐活跃,产生热量、水、二氧化碳所致。

层架式发菌,应注意库内通风换气,通过排风扇进行室内外空气交换,开启室内循环系统使室内温度尽量均匀,严格将空间二氧化碳浓度控制在 0.3% 以下,空间温度不宜超过 18℃,栽培包中心温度不宜超过 21℃,否则易发生"烧菌"。

采用移动式层架堆叠培养时,在培养的第 11 天,用叉车将移动式培养架从定植库移至发热库,原来上层的培养架移至下层,按预先设计好的地线排列。

(三)生理成熟期

接种后第 23~42 天前后为生理成熟期,生理成熟期再细分成菇芽形成期、菇芽发育期、满芽期三个阶段。

接种后第 23~42 天前后为生理成熟期,生理成熟期再细分成菇芽形成期、菇芽发育期、满芽期三个阶段。

(1)菇芽形成期　即诱导期。金针菇长满袋后就开始降温刺激,诱导出菇芽,温度控制在 13~15℃,空气相对湿度 70%~80%,二氧化碳浓度 0.3%,同时增加光照,每天隔 4 h,照射 20 min,照射期一周,然后关灯培养。如果开灯时间过久,会出现菇芽变粗的情况。

(2)菇芽发育期　料面见小芽时,库内二氧化碳浓度过低,会出现长浮芽的倾向,易掉芽。经过数日培养,在栽培料面上形成众多芽体。

新芽形成的快慢和培养库内栽培包的容量有关,通常在培养架的顶层通风条件较好的地方先出现新芽。另外,由于人工打包,接种、接种量存在差异,栽培层架排放位置差异等缘故,整库栽培包出芽快慢不一致,必须人工选择适宜栽培包进行开袋。

(3)满芽期　密集新芽出现后,仅需几天时间,隔塑料袋膜用手轻轻捏新芽,感觉是否松软,再过 2~3 d,栽培包料面的新芽充满整个气室,手按之柔软,没有鼓起现象,子实体原基可发育成针尖状成丛密集的菇营。待菌柄长至 2~3 cm 时,就可以进入开袋工序。

五、出菇管理

开袋工序,分成选袋、去塞子、拔出圈套、割袋、套上薄膜 5 个动作。选择适宜开袋的栽培包,倒卧在层架外缘;统一拔出塞子及套环,取下栽培包,套上对折直径 19.5 cm、长度 40 cm的低压聚乙烯塑料袋,外袋口低于栽培包料口,多余袋底弯折置于周转筐内;统一套袋后,用锋利刀片将离袋口 3～5 cm 处的塑料薄膜割一小口,去除袋口的薄膜,完成割袋;割袋后的菌包整车推入出菇库,置于出菇库栽培层架上的中间三层,前后、左右对齐放置。满库容量大致在 1.24 万～1.5 万包。

出菇管理过程分成倒伏再生期(需要 11～12 d)、抑制期(9～10 d),发育期(2～3 d),全程 25 d 左右。

1. 倒伏再生期管理

倒伏再生期细分成倒伏、再生芽形成两个时期。栽培包置于栽培架上,室温控制在 6～8℃,湿度 80%～90%。通过对流的干燥风横吹菌袋,使菇蕾失水萎蔫倒伏。经过 7 d 左右,从菇柄的基部重新长出密集的菇蕾,且长度一致。

2. 抑制期管理

利用 6～8℃ 低温和 3 000～4 500 mg/L 二氧化碳浓度促使幼蕾均匀发育。当菌柄长 1 cm,菌盖直径约 1.5 mm 时,开始进行光抑制和风抑制管理,保持温度 3～5℃,空气相对湿度 90%～95%,二氧化碳浓度 3 500～5 000 mg/L,每天 200 lx 光照 2～3 h。风抑制是在菌柄长至 2 cm 左右开始吹风,风速 20 cm/s,2～3 h/d,持续 2～3 d。

3. 发育期管理

抑制完成后,逐步提高套袋高度,提升高度为高于子实体 2～3 cm 为宜,二氧化碳浓度控制在 4 000～6 000 mg/L,促进菇柄伸长,抑制开伞。温度控制在 8～10℃。相对空气湿度控制在 80%～85%,不需要光照。当菇柄长 15～17 cm,菇盖直径达 0.5～1 cm 时,即可采收。

六、采收

采收时,去掉套袋,手握菌柄基部,将金针菇成丛采下,菌盖朝向一端放在采菇筐中,避免菌柄基部的培养料掉落在金针菇上。工厂化栽培金针菇一般只收一茬菇,每袋产量一般可达 300～400 g。

七、包装

包装采收后把菌柄基部和培养基连接的部分、培养基及生长不良的菇剔除,按市场要求进行包装。金针菇小包装采用单向透气膜,通过自动化机械包装后,用聚乙烯薄膜袋抽气密封、包装后入 2～4℃ 冷库低温保藏,分批上市。

思考与练习

1. 袋式栽培金针菇倒伏再生期如何管理?

2. 袋式栽培金针菇发育抑制期如何管理?

任务二　瓶栽金针菇工厂化生产

知识目标: 熟悉瓶栽金针菇生产的工艺流程;能处理金针菇生产易出现的技术问题;掌握杏鲍菇全程生产管理。

能力目标: 能做好发菌室管理、能正确判断菌包出库适期和质量标准;能够调控金针菇出菇期的环境条件;能够判断采菇适期;能做好生产记录,会用常用的计算机软件报表。

一、配料搅拌

通常会采用木屑、棉籽壳、玉米芯、甘蔗渣、甜菜粕等材料作为主料。麦麸、米糠、饼肥、玉米面、贝壳粉、碳酸钙和糖等为辅料。常用的配方有:

(1)棉籽壳 30%,玉米芯 35%,麦麸 30%,玉米粉 3%,碳酸钙 1%,糖 1%。

(2)杂木屑 33%,玉米芯 30%,米糠 22%,麸皮 11%,玉米粉 3%,碳酸钙 1%。

二维码 20　瓶栽金针菇工厂化生产

(3)玉米芯 25%,棉籽壳 15%、麦麸 10%、豆饼 5%、锯末 15%、稻糠 26%、玉米粉 1%、贝壳粉 1%、石膏粉 1%、石灰粉 1%。

对于不同配方应以不同的搅拌方式,但总体搅拌较为统一,按 3 次搅拌为主:第一次为干拌料,勿求所有料都能均匀地分布,这样才能保证后期培养、育菇的统一度及品质;第二次为加湿拌料,主要是为了达到培养料的含水率为 67%～68%,为菌丝生产提供必要的水分;第三次是为了调整培养料的 pH,并进一步提升培养料的各养分的均匀度。

加水开始到开始灭菌控制在 2.5 h 以内,防止微生物大量繁殖,致使培养料发酵、酸败,改变它的理化性质影响发菌速度和产品的质量。

二、装瓶

装瓶由自动化生产线完成,工艺流程:

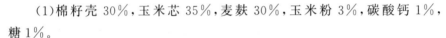

| 感官确认拌料效果 | → | 装瓶 | → | 打孔 | → | 压盖 | → | 码垛装车 |

通过搅拌罐搅拌,将搅好的栽培料通过传送带传送到装瓶生产线,依次完成装料(每筐 16 瓶)、压实,一次打孔、二次打孔,打完五孔使料面整齐,用盖盖机盖盖,通过机械手放进台车(每台放入 24 筐),最后推进灭菌釜进行灭菌(每釜 24 车)。

对装瓶要求是重量一致,上紧下松,瓶重(含瓶含盖)(1 010±20) g;灭菌前栽培料含水量(67.0±1)%;灭菌前栽培料 pH 6.3～7.0;料面平整,打 5 孔后料面距离瓶口 18～20 mm,用手轻压有弹性,不塌陷不坚硬,5 孔清晰;5 孔打孔深度为距离瓶底≤3 mm。

三、灭菌

工厂化瓶栽金针菇的培养基多数采用真空高压灭菌,灭菌釜有两个门,不能同时开,一面开向生产车间,一面开向冷却室,这样能有效地防止温度降低时外部空气回流到瓶内而引起污染。

1. 灭菌准备

检查灭菌釜内的管道通气性,灭菌釜门密封是否正常,检查胶条是否损坏,并用湿毛巾清除门槽内壁的异物。检查灭菌程序,参数设定为 105℃保温 15 min,115℃保温 15 min,121℃灭菌 70 min,焖置 10 min。

按动开门按钮,釜门胶条抽真空,按住开门按钮,开门,放下踏板,将装满栽培筐的灭菌车推进灭菌釜,摆放整齐,用湿毛巾擦拭釜门,关门,启动灭菌工序。

2. 灭菌

灭菌釜经过 3 次抽真空→一次保温→二次保温→灭菌→焖置→)排气→结束,灭菌持续 3.5 h 左右。

抽真空 3 次,抽真空至压力为－0.055 MPa,此时进气阀自动开启,直至压力回升至 －0.020 MPa,反复进行 3 次抽真空;一次保温 105℃,保温 15 min;二次保温 115℃,保温 15 min;灭菌 121℃,保持 70 min;焖置 10 min;排气大约 45 min。

四、冷却

当灭菌结束,界面温度显示在 100℃以下时,开启后门,将灭菌车从灭菌釜中拉至预冷室,用冷风机将净化后的空气吹向灭菌车,使培养瓶强制冷却,大约经过 2 h 左右,瓶内的料温就能降至 50℃以下。然后进入二冷间,通过新风系统降温至 30℃以下,就可以进入接种室进行接种了。

五、接种

1. 接种准备

工厂化生产金针菇的接种大多数采用自动接种机,接种前确保层流罩开启至少 30 min。

接种人员必须经过换鞋处、戴帽子、穿连体服、洗手、全身消毒、踩药垫,经风淋室进入接种间、冷却室、放筐区。

2. 接种

(1)液体菌种接种 将液体接种机喷头从冷却间推到接种间,检查喷头软管是否完好,如完好,在火焰保护下用镊子将包裹喷头的保鲜袋、铝箔纸去除,先用消毒液对喷头、夹盖板进行喷雾消毒,用火焰枪灼烧喷头灭菌,每个喷嘴不少于 20 s。然后用大喷雾器对夹盖板圆盘、柱子部位进行喷雾消毒,再对夹盖板及喷头上方空间喷雾消毒,确保软帘及接种机消毒充分彻底。进入层流罩内的手必须戴长袖手套,并进行消毒。

将预冷结束后培养料瓶通过传送带移入接种室,接种机先将盖抓起,将 10～20 mL 菌液喷入瓶中(喷洒要均匀),盖上盖,通过传送带进入机械手码放区,最后用电叉车插入培养室培养。

(2)固体菌种接种 接种前,工作人员把菌种瓶放在挖料机的瓶架上,挖出瓶口老菌皮,再将菌种瓶从挖料机移动到接种机的瓶架上。此时,培养料瓶被传送带输送到接种机下,接种机就会自动完成掀盖、挖料、接种、封盖一系列操作。接种完成后,装有菌瓶的专用筐就会被传送带自动送到下一车间。

3.卫生清理

接种结束后,风淋室、洗手处、接种间地面清洁后吸干水分,再用消毒液对地面进行擦拭消毒。接种间的层流罩上方和臭氧发生器上面每天用消毒液进行擦拭,确保表面无残留料渣等灰尘。层流罩内、液体接种机底部每天清洁、消毒完成后,开启紫外灯进行定时消毒。接种间的抹布每天用后清洗干净后进行高温灭菌,以备次日使用。

接种间、冷却间工具筐、车保持整洁,每周对工具筐高温灭菌一次。

六、培养

入库前要对堆放机、叉车、制冷空调、高压微雾和新风机进行检查。

培养室分为前置区和后置区。

接种后的栽培瓶用叉车转移到培养室前置区,采用堆积培养。将温度计插在列位前、中、后3个位置,从上数第3筐4瓶中间的位置,温度计夹紧,每天测量瓶间温度,瓶温和料温一般相差2~3℃。

前置区料温17~21℃ 瓶间温度17.5~19.5℃,湿度75%~85%,二氧化碳浓度1 500~2 500 mg/L。

栽培瓶在前置区培养6 d后用转移到后置区,以上下、前后,中间与两侧的原则调换位置。后置区培养室内温度(14±0.5)℃,料温17~19℃ 湿度75%~85%,二氧化碳浓度2 000~4 000 mg/L。

发菌期间应尽可能保持车间暗环境,除了检查外,不要开灯。由于菌丝的呼吸作用,室内易沉积二氧化碳,通过带定时的换气阀或全热交换器,每2~3 h,强制通风15 min。

除了做好上面介绍的管理工作外,在发菌后期,还要定期检查菌丝的生长情况,正常情况下,培养24 h,有白色菌丝生长;48 h后表面全部覆盖菌丝,第6天,菌丝刚刚长过瓶颈,第10 d,菌丝过瓶肩一半,底部有菌丝长出,第18天,底部全部长满。还需要再培养几天,第21天,栽培瓶内发满菌丝,进行洗菌出库。

如果发现有杂菌污染的栽培瓶,应立即将其带出车间销毁,以防止杂菌的扩散蔓延。

七、搔菌

菌丝长满瓶后,进入搔菌区,启盖机将瓶盖启开,工作人员需要挑走有污染的瓶和没有培养出菌丝的瓶、水大的瓶,然后进行搔菌,把瓶子上的老菌去掉。

冲掉残留的菌丝以及表面浮料,洗菌冲洗后要求料面平整、五孔分明,料面距离瓶口21~23 mm,注水量为单瓶8~13 mL,同时用毛刷清洁瓶颈,最后传送到栽培库。

八、育菇

整个生长周期根据对温、光、水、气需求上的差异,大致可分为菌丝恢复期、芽出期、抑制期、后期生长四个时期。

1.菌丝恢复期

入库开始到原基开始出现为菌丝恢复期,一般为第1~6天。转运筐被运到栽培库后,工作人员会把转运筐整齐地码放在出菇床架上,栽培库温度 15～16℃,相对湿度 98％～99％,二氧化碳浓度 2 000 mg/L 以内,防止瓶口培养料干燥。2～3 d 后受伤的菌丝恢复生长。

2.催蕾期

菌丝恢复生长到菇蕾长满料面为催蕾期,温度 12～15℃,湿度根据栽培料面情况调整,一般控制在 85％～90％。二氧化碳浓度控制在 2 000 mg/L 以内,光照强度 100～150 lx,光照时间根据实际情况调整,一般每天补光 12 h。催蕾中期以后因呼吸转旺,二氧化碳浓度升高,通风管理是关键。经 5～6 d,培养基表面会发生白色棉绒状的气生菌丝,接着便出现透明近无色的水滴,接着菇蕾就会长满料面。

3.抑制期

菇蕾发生后,个体发育强弱不同,分枝有先后,会影响整齐度。当菇蕾出现 2～3 d 后,菌柄长 1 mm,菌盖直径约 1.5 mm 时,进行均育处理,温度约 8℃,空气湿度 95％～97％,二氧化碳浓度控制在 7 000～10 000 mg/L,如生长不整齐,可继续降低室内温度,进行抑制,保证整齐度。

抑制期温度保持在 3～5℃,湿度 85％～90％,二氧化碳浓度在 1 000 mg/L 以下。抑制的措施有光抑制和风抑制两种方法。风抑制是在均育后菌柄长 2 mm 左右时进行。风速 3～5 m/s,2～3 h/d,吹风 3 d 左右。在风抑制时,结合光抑制,对金针菇的子实体形成有效。当子实体伸长到瓶口时,可提高风速。在抑制中期至后期,用蓝光灯带光照射 2 h/d,分数次进行,抑制效果最好。错过光照适期,就会妨碍原基的生长。

4.后期生长

栽培瓶入库第 16～17 天,当 80％的子实体长到瓶口上 2～3 cm 时开始包菇片。即把塑料筒膜卷起直立固定在瓶口上,以达到保湿、定型,使菇体匀称、整齐、饱满的目的。包菇后进入生长期,温度调整到 6℃ 左右,室内湿度 90％ 左右,二氧化碳浓度控制在 10 000 mg/L 以上。

九、采收包装

经过 10～15 d 的发育,金针菇高度达到 15～17 cm,超出包菇片 0.5 cm 以上时,即可下架,通过链条传送到包装车间。

工作人员从传送带上先将包菇片取下,后边的工作人员将菇丛从栽培瓶上摘下。

采收后的子实体要及时采取保鲜措施,否则因子实体作用旺盛,不仅会继续生长,而且会变色,影响商品价值。包装车间的温度应控制在 12℃ 以下,采用厚 0.02 mm 的透明聚丙烯袋包装,包装后装箱、封箱,放在 2～4℃ 库房中临时储存,或在相同的温度条件下运输上市。

十、挖瓶

采摘完金针菇后,栽培瓶随周转筐传送进入挖瓶室,通过挖瓶机将废料挖除。要求瓶里无料,瓶口无菇,破损瓶、脏瓶挑出。挖完料的空瓶清洁灭菌后,重新投入生产。

废料可以当燃料,也可以用作微生物菌肥。

生产结束后,先要把车间内的地面清理干净,然后用高压水枪对着床架墙壁和地面认真地冲洗一遍,最后对墙壁和菇棚喷洒消毒。消毒 2 d 后才可以再次使用。

知识拓展

一、袋式栽培金针菇菇蕾形成过程常见的问题及预防措施

1. 不现蕾

发生的主原因是培养料含水量偏低,料面干燥;出菇室温度偏高,空气干燥;通风不足,二氧化碳含量过大,光照弱。因此,出菇期要注意通风降温,喷水增湿,诱导菇蕾形成;温度维持在10℃左右,空气相对湿度提高到85%～90%。

2. 原基形成较多,而有效成菇数偏少

原因是金针菇发育不同步,为抑制开伞片面提高二氧化碳浓度,过早拉直袋口。在子实体形成期间应根据其生长发育的不同情况,分阶段进行通风调节,当鱼子般菇蕾布满料面时,打开袋口,向外折起卷至离料面2～3 cm处,加强通风,使较长针尖状菇蕾失水萎蔫倒伏、枯萎变深黄色或浅褐色。一般倒伏后第3天,再从干枯的菌柄上形成新的菇蕾丛,这样可提高有效菇数量。

3. 袋壁出菇

发生原因是装袋太松,后期袋壁与培养料之间出现空隙,出现侧生菇。装袋时将料装实,上下均匀一致,料贴紧袋壁。

4. 幼蕾变色枯死

原因是诱导出菇阶段分泌的小水珠未及时风干,使菇蕾原基被水珠浸没,缺氧窒息。现原基时,若料表面出现细小水珠时,应加强通风,使小水珠风干。

5. 畸形菇

子实体发育过程中及时通风,光照强度应低于200 lx,每天光照2 h,可分数次进行。防止因出菇室中通风不畅,菌丝未达到生理成熟,培养基过干,菌种老化等原因造成畸形菇。

二、瓶栽金针菇工厂化生产主要的设施与设备

金针菇栽培采用塑料瓶栽工厂化、自动化生产工艺技术,整个过程是分室完成的。因而瓶栽生产设施主要包括堆料场、辅料仓库和生产车间。生产车间分为五个区域:一区为冷却室和接种室,是无菌区;二区为菌丝培养区,对环境的洁净度也有较高要求;三区对生产环境的整体有一定的要求,为搔菌、栽培、包装区;四区为挖瓶区和配料区;五区为装瓶灭菌区,这两个区域对环境无特殊要求。不同车间要有合理的布局,设计时要根据金针菇的生产流程合理安排,特别是有菌区和无菌区要严格分开。

(一)堆料场

一般企业都需要预存1个月以上的生产原料,企业应根据生产规模设计建造足够大的堆料场。堆料场应建在拌料车间附近,远离发菌、出菇车间。要求用水泥硬化地面,排水设施完善。

(二)辅料仓库

金针菇生产需要的辅料麦麸、细米糠、玉米粉、石膏、石灰等占栽培料总量的20%左右,这些辅料都不宜久置,一般在栽培前分批购进。同时这些原料容易吸潮、霉变或结块,需要建造仓库放置。还要存放大量的塑料袋或塑料瓶、灭菌筐、周转筐等。辅料仓库要保证防雨、防潮,

避免阳光直射。辅料仓库也可和拌料车间合二为一。

(三)生产车间

1.冷却室和接种室

(1)冷却室　一冷间的面积根据日计划栽培数量而定,高度通常控制在 4 m,地面使用高强度水磨石地面。冷却室配备强制温控系统、空气净化系统、冷却机、灭菌锅等设备。传感器应放置在灭菌车中央。

(2)接种室　安装有控温系统、空气净化系统等环境调控设备,保持室内恒温及空气净化。由缓冲室和接种室两部分组成。内配自动接种流水线。

2.菌丝培养区

培养室分为一个前置区,4 个后置区。

发菌室有完善的控温、控湿、照明及空气循环系统,一般内设床架,瓶栽时有的不设床架。发菌车间一般分割成不同大小的培养室,每间标准养菌房面积 45 m²,即长 9 m,宽 5 m。

采用层架培养。架宽 1.0 m,长 8.5 m,架与架之间靠紧,并用螺栓加固,一般设 10 层,层间距 37 cm,两边距墙 15 cm,中间走道 1 m。最底二层可适当增加至 50 cm。采用塑料周转筐,每库可以培养 20 000 包。

周转筐堆叠培养。直接将装有栽培瓶的周转筐堆叠进行集中培养,这样培养对设备和技术的要求更高。

3.搔菌、栽培、包装区

根据不同管理阶段要求又可将出菇车间分成搔菌室、催蕾室、抑菌室和育菇室等。搔菌室配备自动搔菌机。

(1)栽培库　标准出菇房内设菇架 4 个,9 层,11 格,每层菇架的两条蓝光灯带处于菇架内外两筐每筐正中间的上方;在每间标准出菇房的通道边两端开上下纱窗各一对,上窗低于屋檐 50 cm,下窗高出地面 20 cm,窗户大小为 37 cm×37 cm。两个上窗安装 3 号轴流风机,下窗装上百叶帘。1 台 9KG/H 的超声波加湿机,1 台 7.5 HP 的制冷机组。安装空气湿度、CO_2 浓度自动控制设备。

(2)包装区　金针菇采收后集中送到包装区进行包装。内设不锈钢操作台、电子秤、减压包装机或真空包装机,大规模的企业安装自动包装生产线。

4.挖瓶区和配料区

(1)挖瓶区　内配置挖瓶机,用于将废料挖除。

(2)拌料区　工厂化生产采用大型拌料机进行拌料,地面要求光滑,便于清理。拌料区内安装拌料机及培养料输送带、瓶栽生产线等。搅拌机安装在装瓶机的上方,方便培养料传送。而搅拌机上料又在搅拌的上一层,方便上料。

5.装瓶灭菌区

要求硬化地面,装瓶操作区和预冷室相通,在灭菌柜与冷却区相接处隔断,灭菌器后门(出锅门)在冷却区。室内安自动装瓶机,按日生产量配备蒸汽发生源、高压灭菌设备。

(四)冷藏库

包装后的成品集中堆放在冷藏库中,要求温度控制在 1~5℃。

(五)栽培容器

工厂化生产金针菇使用的塑料瓶规格有 850 mL、950 mL 和 1 100 mL 等多种,瓶口直径 65～75 mm。850 mL 的栽培瓶装料 520～550 g,1 100 mL 的栽培瓶装料 650～680 g。瓶盖为双层,中间夹有一层海绵,内层有 4 个孔洞,在瓶盖的边缘留有缺口。目前,多数企业选用容量为 1 100 mL、瓶口直径 75 mm 的聚丙烯塑料瓶,这种瓶容量大,瓶口大小适中,能够循环使用 20 次以上。配套使用耐高温的聚丙烯周转筐,每筐可装栽培瓶 4 行 4 列共 16 瓶。

思考与练习

1. 袋式栽培金针菇倒伏再生期如何管理?

2. 袋式栽培金针菇发育抑制期如何管理?

项目十四

平 菇 栽 培

平菇肉质肥嫩，味道鲜美，营养丰富，是一种高蛋白、低脂肪的菌类，含有 18 种氨基酸、多种维生素和矿物质，其中含有 8 种人体必需氨基酸。平菇还含有一种多糖，对癌细胞有强烈的抑制作用。因此，经常食用平菇，不仅有改善人体新陈代谢、增强体质和调节自主神经的功能，而且对减少人体内的胆固醇，降低血压和防治肝炎等有明显的效果，是理想的营养食品。

一、平菇的生物学特性

(一)形态特征

菌丝体白色，密集，粗壮有力，气生菌丝发达，爬壁性强，不分泌色素，菌丝密集，生长速度快，抗逆性强。25℃ 6～7 d 可长满试管斜面，有的平菇品种在试管中形成子实体。显微镜下观察，菌丝粗细不匀，分枝性强。锁状联合结构多，锁状联合突起呈半圆形，大小不一。

二维码 21
平菇生产概述

子实体覆瓦状丛生。菌盖初为圆形、扁平，成熟后则依种类不同发育成耳状、漏斗状、贝壳状等多种形态。菌盖表面色泽因品种不同而变化，有白色、乳白色、鼠灰色、桃红色、金黄色等。菌盖较脆弱，易破损。菌褶白色，延生，在菌柄交织成网络。菌柄侧生或偏生，短或无，内实，基部常有白色绒毛。

(二)生活条件

平菇对生活条件的要求是栽培平菇技术措施的依据。人为地创造适当条件满足平菇生长发育要求，是平菇获得优质高产的关键。

1.营养条件

平菇属木生菌，分解纤维素、半纤维素、木质素的能力很强，对营养物质要求不严格。大多数富含纤维素、半纤维素、木质素等的农副产品下脚料,如木屑、棉籽壳、玉米芯、蔗渣、甜菜废丝等都可作为栽培原料,满足平菇生长发育对碳源的需求。

在培养料中还需加入少量的麸皮、米糠、玉米粉、花生饼粉等作为平菇的重要营养源。另外,加入磷、钾、钙、镁等矿物质和维生素 B_1、维生素 B_2、维生素 C 等可增加产量和改善品质。平菇营养生长阶段碳氮比以 20∶1 为好,而在生殖发育阶段碳氮比以(30～40)∶1 为好。

2.环境条件

(1)温度　温度是平菇生长发育的重要条件,但在不同发育阶段对温度的要求是不同的。平菇菌丝生长的温度范围为 4～35℃,以 24～28℃最适宜。子实体的形成及生长范围为 4～28℃,最适宜的温度为 10～24℃。平菇属于变温结实,昼夜温差大,能促进子实体原基的形成。在子实体发育温度范围内,温度低时,生长较慢,菇体肥厚;温度高时,菇体成熟快,但菇体薄、易碎,品质差。

(2)水分和湿度　平菇是喜湿性菌类。菌丝体生长阶段和子实体生长阶段所需要的水分大多是从培养料中获得的。平菇菌丝培养阶段因采用的培养料不同,物理性状(吸水性、孔隙度、持水性)也存在着差异,在配制培养料时应根据不同的培养料,做适当的调节,如棉籽壳做主料含水量为 65%,木屑为 55%,稻草为 70%。子实体生长阶段,培养料的含水量要求在60%～70%。

平菇在菌丝生长阶段空气相对湿度一般以 70%左右为宜。子实体分化和生长发育时空气相对湿度为在 85%～90%。空气相对湿度低于 70%时,子实体生长缓慢,甚至出现畸形,当空气湿度高于 95%时,子实体易变色腐烂或引起其他病害。

(3)空气　平菇属好气性菌类,需氧量因生长发育不同阶段而有所不同。在菌丝生长阶段对空气中氧的要求比较低,耐二氧化碳能力较强,但透气不良,也会使菌丝生长缓慢或停止。在子实体形成和生长阶段,需要大量的氧气,供氧不足子实体不能正常生长或形成畸形菇,影响产量和质量。因此,在出菇阶段,特别是在冬季,应在保持棚温的同时,加强通风换气。

(4)光照　平菇对光照要求因不同生长发育阶段而不同。菌丝生长阶段几乎不需要光照,弱光和黑暗条件下均生长良好,光线强反而使菌丝生长速度下降。平菇子实体生长发育阶段需要一定的散射光,如光线不足,原基数减少,分化出的幼小子实体菌柄细长,菌盖小,畸形菇多。平菇菌盖的颜色与光照强度密切相关,如果光线不足,色泽偏浅。一般在菇棚内,能看书看报的光线即可。

(5)酸碱度　平菇喜欢在偏酸性环境中生长,培养基质在 pH 3～7 均能生长,适宜的 pH为 5.5～6.5。在平菇生长发育过程中,因其新陈代谢而产生的有机酸,也会使培养料 pH 下降,另外,培养基在灭菌后 pH 也要下降,所以,在配制培养料时,应适当提高 pH,使其偏碱性为好,一般用 1%～3%的石灰水来调节 pH,偏碱的环境还有利于防止杂菌的发生。

二、生产概况

分布在世界各地的侧耳约 30 多种,绝大部分都可供食用。目前各地普遍栽培的平菇,大多为糙皮侧耳。人工栽培起源于德国,始于 1900 年。20 世纪初,欧洲的一些国家和日本开始用锯木屑栽培平菇获得成功。目前,世界上生产面积较大的国家,除中国和韩国外,还有德国、意大利、法国和泰国等。日本已进行平菇的工厂化生产。

在自然情况下,平菇多生长在杨树、柳树、枫香、榆树、槭树、槐树、栎树、橡树等多种阔叶树的枯枝、树桩或活树的枯死部位,常重重叠叠成簇生长。平菇的适应性强,在我国分布广泛,云南、福建、浙江、江西、湖南、湖北、贵州、四川、山西、河北、黑龙江、吉林、辽宁、内蒙古等省(自治区),自秋末至冬后,甚至初夏均有生长。

我国栽培平菇始于20世纪40年代,1972年由河南省刘纯业用棉籽壳生料栽培成功后,栽培生产迅速发展。棉籽壳在平菇栽培中的成功利用,是食用菌栽培技术的重大突破和改进。近年来,由于各种代料的成功利用,使平菇生产得到迅速发展。目前人工栽培已遍及全国各地,能利用多种农副产品下脚料进行栽培,是食用菌中最易栽培的菌类。具有生活力强,抗逆性好,方法简便,管理粗放,生长周期短,产量高,见效快的特点。

三、平菇的栽培方法

平菇有很多种栽培方法,根据栽培的场地分为室外阳畦栽培、室内菌床栽培、人防工事栽培、日光温室栽培、塑料大棚栽培;依其对栽培原料的处理方式不同可分为生料栽培、发酵料栽培和熟料栽培;根据栽培季节不同分为正季节栽培(传统的主栽模式)和反季节栽培(与主栽模式相反的季节,地区差异很大)。各种方法在实践中不是截然分开的,如熟料袋栽、室外塑料大棚栽培等。

在食用菌工厂化栽培大行其道的今天,平菇的工厂化栽培在我国却一直难以推广,原因主要有两方面:首先是市场方面,平菇不耐储运,一般都是就近销售,是一种地域性较强的食用菌。工厂化生产要求规模化,一旦产量太高,当地市场销售不了售价就会大跌,在没有充分考虑当地市场容量的情况下,就大规模生产,对于平菇这种不易储存、运输的食用菌并不是一个好选择。其次工厂化生产由于出菇密度大,要达到出商品菇的品质,就需要大量的通风和光线,平菇在出菇时需要大量的通风和光照,这就对通风、控温系统和照明提出了严格的要求,和大棚生产不同,工厂化食用菌生产的通风、控温及照明系统都是通过相关设备实现的,因此要想达到生产高品质平菇的目的,对设备的要求就非常严格,设施、设备的成本也大大提高,如果达不到一定的生产规模,平菇工厂化的栽培成本反而比普通大棚栽培要高,而生产规模太大,当地市场很容易饱和,出现售价极低的"烂行"现象,会给从业者造成很大损失,正是由于以上的原因限制了平菇工厂化生产在国内的发展。

虽然平菇的工厂化生产由于种种原因受到限制,但由于平菇生产历史悠久,消费者认可度高,市场潜力一直是非常高的,近年来随着食用菌设施、设备的进步,有一种新型的食用菌反季节栽培模式逐渐推广成型,这种模式在具备生产机械化程度高、人力成本低的优点,同时也具备普通平菇栽培模式的规模可控、转产简单等特点,可以实现四季栽培,并且出菇品质较高,是未来国内平菇生产的一种发展趋势。

四、平菇反季节设施栽培

平菇反季节栽培主要是指平菇在夏季高温季节的栽培。夏季高温对于平菇来说主要具有温度高、湿度大、光照不足、通风不畅、病虫害多发等不利因素。反季节设施栽培就是利用近年来出现的一些食用菌工厂化生产设备,克服反季节生产的不利因素,在反季节(主要指高温季节)生产优质平菇的一种生产方式。

平菇熟料设施反季节栽培的突出优势是可以在不易出菇的季节,通过对生产场地及设备的改造生产优质的商品平菇,填补市场空白,取得较好的经济效益。

平菇由于适应性广泛所以可以进行四季栽培,但一般冬季栽培使用低温型品种,春秋两季栽培使用广温型品种,夏季栽培则使用高温型品种。这样虽然可以实现周年不间断出菇,但出菇品质不能统一。如夏季栽培选用的高温型品种虽然耐高温、抗性强,但产出的子实体叶片薄、颜色浅还特别容易碎裂,因此商品性比较差,市场不认可,价格偏低,经济效益也不好。因此平菇栽培要想取得较好的经济效益,就必须实现在温度高或者温度低的反季节生产出朵大、叶片厚、颜色较深的优质菇。

(一)平菇反季节熟料栽培设施设备

同普通的平菇熟料栽培一样,平菇反季节栽培可以在空房中进行,也可以在大棚中进行(图14-1)。生产场地要求附近无污染源、地势较高、排水通风良好、交通便利、水电供应充足,最好有三相动力电,水源要求洁净,深井地下水或山泉水最好。如果是空房栽培,则要求有南北通透的双侧大通风窗、房间光线充足、保温良好。

图 14-1 标准平菇反季节栽培大棚

菌包生产的设备要求与普通的平菇熟料栽培相同,以下主要介绍平菇反季节出菇管理中需要使用到的特殊设备。

1. 温控设备

平菇反季节熟料栽培模式使用高效节能的水冷降温设备,北方地区配合通风设备使用,也可单独使用。一般使用水帘(图14-2)或风机盘管(图14-3),但风机盘管必须使用软化水循环换热器换热,如果直接使用地下水,容易在盘管的管壁内结垢影响使用效果。因此使用水帘降温的比较经济,水帘降温有两种方式:一种是使用微喷水带夹层喷水降温,另一种是湿帘降温,湿帘降温设备安装简单,但使用时湿度较大,夹层喷水降温干湿分离不影响出菇场地湿度,但对排水要求较高,还需要吊二层棚。

2. 通风设备

由于平菇在生长过程中需要消耗大量的氧气,因此通风是否充足成为反季节生产平菇的关键。但夏季天气炎热,室外温度动辄在30℃以上,如果直接将干热的空气通入菇棚(房)内部,幼菇在短时间内就可能枯萎死亡,成菇也极易发生病害,影响商品性和产量。因此,如果室外气温超过25℃,就不能直接进行通风,必须使用带降温功能的辅助通风设施(图14-4)将室

图 14-2　水帘降温

图 14-3　风机盘管

外高温空气降温后通入出菇场地,避免高温空气对平菇尤其是幼菇的损伤。辅助通风有两种方式:一种是使用制冷机组的蒸发器直接冷却空气或冷水,再通过盘管冷却空气降温,另一种使用水帘式辅助通风设备或风道喷淋式辅助降温,这两种方式在实际使用中各有优缺点。制冷机组蒸发器直接冷却空气效率高、效果好,出风湿度低,但能耗较大,冷水走盘管冷却空气的方式能耗和出风湿度都低,但效率不高,同时长时间使用后盘管易结垢堵塞。水帘或风道喷淋辅助降温的方式能耗低,效果也不错,但通进去的新风湿度大。综合各项优缺点及投入产出的性价比,在实际使用中多倾向于第二种方式,虽然湿度较大,但如果管理得当,并不会对出菇产生太大的影响。

图 14-4　辅助通风降温设备

3. 光照设备

　　无论是菇棚还是菇房,在夏季进行反季节出菇时都不能引入自然光,而平菇在生长过程又需要较强的光照,这样菇型和菇体的色泽才能得到保证。因此,菇棚(房)必须有适合的补光设备,目前从节能角度考虑都使用 LED 光源进行补光(图 14-5),LED 补光有两种方式:一种是 LED 灯带或射灯,一种是使用防爆灯罩配普通的家用 LED 灯。前者安装简便,防水安全性好,但造价高、光照强度固定;后者安装工作量大,防水性能相对全密封的 LED 灯带差,但安装相对灵活,可以根据实际使用情况随时增减光源数量和亮度。在实际使用中最好是这两种方式相互配合使用。使用灯光要注意以下几点:首先,必须做好安全保障,必须多路安装漏电保护器,电线走线也要合理,必须由专业人士安装,接头要处理好,避免产生安全隐患;其次,光线分布要均匀,避免由于光线分布不均引起的出菇品质差距。

图 14-5　补光设备

4.喷淋加湿设备

平菇生长过程中对湿度的要求较高,由于反季节栽培期间空气中的湿度较大,加湿时一定要喷雾状水(图 14-6),并且水滴越细越好,最好配合通风进行。设备可采用雾化喷头(图 14-7)配合洗车用的增压泵。

图 14-6　雾化效果图　　　　　　　　　　　　　　　　图 14-7　雾化喷头

5.空气内循环设备

平菇反季节栽培还要根据菇棚(房)的实际情况配备内循环风扇,以达到内部空气流动的目的,这样可以增加通风的效果,尤其在高温通风不足的情况下,内循环可以起到改善通风效果的作用。在菇棚(房)内使用吊扇即可实现,有条件的也可以使用专用的内循环风机,效果更好。内循环不需要全天运行,在室外温度过高,室内使用辅助降温通风设施通风的同时进行,可以起到增强通风效果的作用。

6.其他自动化控制设备

随着技术的进步,尤其是通信及物联网技术的普及,一些新出现的环境数据、视频采集设备及远程自动控制设备也可以大量应用在菇棚(房)中,可以实现在任何地点都能通过一部手机了解实时的出菇情况及各项参数,同时也可以在任何地点通过手机中的 APP 设置参数,控制菇棚(房)内的各种设备的运行,大大减低管理成本。

(二)平菇反季节熟料栽培的品种选择

进行平菇反季节栽培品种选择非常重要,品种往往是决定栽培的成败的决定性因素。一般选择颜色较深的广温型品种,并经过多年大面积栽培确保种性没有问题的成熟品种。菌种可以自制也可以引种,如果引种需要选择正规的制种单位,避免不必要的损失。如果自制菌种,在不易出菇的季节选择菇棚(房)中菌龄、菇型都比较合适的二潮菇子实体及时进行组织分离,经试种合格后就可以作为母种使用。

(三)平菇反季节栽培场地的选择

对于反季节平菇栽培来说,场地的选择至关重要,往往会决定栽培的成败:首先要求栽培场地必须远离污染源,例如禽畜饲养场、污染作坊或小型企业,在大棚区栽培还要注意附近是否有农户堆肥,其次栽培场地还必须有充足的洁净水源,通风良好,附近不能有大的遮挡物(图 14-8),除以上两点外还要求交通便利,最好在城市周边靠近大型的消费市场,最好有动力电,靠近村镇,附近有临时劳动力。

图 14-8　大棚

(四)菌袋选择及菌包封口

1.菌袋选择

平菇反季节生产必须采用熟料栽培,为了防止夏季菌丝生长阶段出现"烧菌"现象,菌包不易过大。一般使用 22 cm×45 cm×(0.08~0.1) mm 的低压聚乙烯折角袋,料袋要厚一些,防止出现微孔造成链孢霉污染。

2.菌包封口方式

从出菇整齐度和出菇品质来考虑,最好采用套环扣盖(图 14-9)的方式封口,因为这样的出菇方式出菇和转潮整齐,便于集中采收、集中管理,但工作量大、用工也较多。也可以采用类似木耳栽培时采用的"窝口"式封口方式(图 14-10),用插棒封口,操作和生产黑木耳菌包相同,只在出菇时划开袋口出菇。这种方式优点是利用了黑木耳栽培的很多成熟经验,省时、省力、用工少、节省人力成本,缺点是夏季出菇容易感染链孢霉,并且划口出菇时,力道不好控制(翻框后划口部位料面易疏松),容易出现出菇不整齐的现象,转潮也不如套环方式整齐。

图 14-9　套环式封口方式

图 14-10　窝口式封口方式

任务一　反季节平菇栽培

知识目标:了解平菇反季节生产常用的栽培场所及栽培模式;知道平菇栽培的工艺流程及栽培管理方法。

能力目标:能够根据季节或生产情况安排平菇反季节生产;会处理培养料,能制作栽培料袋;能够采取适当措施,创造平菇正常生长发育的条件。

平菇反季节熟料栽培生产工艺流程:

$$\boxed{料包制备}—\boxed{灭菌}—\boxed{出锅冷却}—\boxed{接种}—\boxed{养菌}—\boxed{出菇管理}—\boxed{平菇反季节栽培病虫害防治}$$

(一)料包制备

平菇反季节生产时,为了提高产量可以添加 3%～5% 的豆粕,反季节出菇时天气炎热,为减少链孢霉污染一般不使用玉米面,常用配方如下:

硬木屑 30%～35%,玉米芯 45%～50%,麦麸 15%～20%,豆粕 3%～5%,白灰 1%～2%,含水量 63%～65%,pH 7.5～8。

硬杂木屑要求颗粒不能太粗,否则容易戳破袋壁造成污染。玉米芯需提前预湿,夏季温度高使用 0.5% 石灰水预湿,预湿时间也不能太长,否则容易造成培养料酸化。玉米芯的颗粒也不能太大,一般筛网的直径在 10～

二维码 22
反季节平菇栽培

12 mm,既可以避免在塑料袋上戳出微孔,也可以减少预湿时间培养料酸化。由于高温季节培养料酸败的速度快,除培养料提高 pH 外,装袋时间还要尽量缩短,最好控制在 4 h 之内,并且越快越好。装袋后还要及时灭菌,尽快将温度升到灭菌目的温度。

(二)灭菌

菌包灭菌可以采用常压灭菌或高压灭菌(图 14-11),高压灭菌具有灭菌时间短、灭菌彻底、培养料不易酸败、营养损失小等特点,是高温季节灭菌的首选方式。但高压灭菌对设备和人员的要求较高,一般栽培户很难达到要求,也可以采用"太空包"常压灭菌方式。近年在实践中出现了一种借鉴工厂化灭菌改进而形成的新型常压灭菌方式,称为改进型"太空包"(图14-12)。改用框架结构,可以根据料包数量调整空间大小,内部地下的轨道可以移动,两边带绞盘,装好料包的灭菌平可以电动进锅,灭菌后电动出锅。具有进出锅方便、密封效果好、升温快、保温好等特点,灭菌方法和普通常压灭菌相同,使用时要注意排净冷空气,灭菌时间为10~12 h。

图14-11　高压灭菌锅

图14-12　常压灭菌锅

(三)出锅及冷却

无论是使用高压灭菌还是常压灭菌,最好等菌袋自然冷却再出锅,这样可以防止菌袋倒吸污染,如果生产安排紧张,不能自然冷却,就必须使用专用的冷却室进行冷却。冷却室可以使用制冷系统强制冷却,也可以在冷却室内自然冷却,但要注意保持冷却室的环境卫生,做到使用一次消毒一次,如果湿度过大,要及时通风、排湿,否则特别容易滋生杂菌。

(四)接种

菌袋冷却到25℃左右才可以接种,高温季节接种必须在专用的接种室内进行(图14-13,图14-14),接种室内需要安装空调,接种时接种室的温度要控制在20℃以下,可以最大限度地减少杂菌污染。

图14-13　接种室接种设备

图14-14　接种室翻筐设备(窝口封口方式使用)

(五)养菌

夏季高温养菌最重要的就是避免"烧菌",菌包培养阶段很容易遇到高温,在养菌过程中要避免菌包温度过高,菌袋摆放一般不超过5层。培养一段时间过后要及时清理污染菌包,避免杂菌大量繁殖污染环境,也可以降低菌包温度,防止中间层菌包由于散热不利导致烧菌。

在高温的夏季养菌过程最容易出现的杂菌就是链孢霉(图14-15 图14-16),链孢霉发病快、传播迅速并且很难根治,只能以预防为主,要注意以下几点:第一是注意适当增加菌袋的厚度,尽量减少微孔的产生,第二注意控制空气湿度,避免湿度过大袋口积水,第三如发现链孢霉污染的菌包,要及时隔离,防止杂菌扩散传播。

由于平菇抗杂菌能力较强,一般不严重的链孢霉污染,其菌包仍可正产出菇,菌丝萌发良好的污染菌包隔离即可,不必在第一时间丢弃,但要经常对隔离区域进行消毒处理,并尽量远离正常接种及养菌区域,防止交叉感染。

图14-15　链孢霉

图14-16　高温且通风良好情况下产生的链孢霉

(六)出菇管理

在高温季节获得叶片相对肥厚、菌盖不易开裂、菇体色泽较深、商品性好的优质平菇,除了品种选择好、基础设施到位外,最重要的就是出菇管理,好的出菇管理方法可以在同等的硬件条件下,产出更高品质的平菇。品质好的平菇市场更认可,价格也更高。因此管理出效益,在平菇的栽培中不仅同样适用,而且起着决定性的作用。

1. 出菇前场地的处理

菌袋进场前应对出菇场地进行彻底地消毒(同样适用一场制),处理对象包括地面、墙壁、过道等。处理方法有药剂喷洒、烟雾熏蒸、紫外线臭氧处理等方法。处理过程如下:首先清理出菇场地卫生,清除杂物、灰尘等,在通风口及门窗安装防虫网,阻挡蚊蝇进入,其次在地面、墙面分别喷洒多菌灵、漂白粉或84消毒液,如果场地有蚊蝇,还需闭棚用杀虫药剂熏蒸处理。最后在地面尤其过道处撒上一层生石灰(或覆盖地膜便于清理)(图14-17、图14-18),防止杂菌滋生。

图 14-17　出菇场地的过道(已石灰处理)

图 14-18　过道覆盖地膜

2. 出菇前的菌包处理

当大部分菌包菌丝长满出菇袋 1 周左右,就可以进行出菇管理了,如果有个别菌包没有长满也不用理会,因为平菇要出多潮菇、出菇周期较长,在出菇过程中菌丝就会长满菌包,并不会影响产量。曾经有一些种植户提出了半袋出菇的方法,认为这样可以缩短出菇周期,但由于出菇和养菌阶段的管理并不相同,这样就很容易给后期出菇管理增加难度,因此不提倡这种出菇方法。

菌包进行出菇管理前,首先要考虑的就是菌袋的开口方式,平菇菌袋的开口方式有两种:一种是上套环盖报纸的(图 14-19)方式,另一种是直接划口出菇的方式(图 14-20),这两种开口方式各有优缺点。

图 14-19　套环出菇

图 14-20　划口出菇

首先,上套环覆盖报纸的方式可以使菇蕾在小范围、小环境内集中发生(图 14-21)出菇比较整齐,菇体商品性好,并且只需要将报纸喷水打湿后并一直保持报纸湿润即可保证出菇时所需要的湿度,不用在整个出菇环境中统一加湿,菇蕾产生后,幼菇可自行将报纸顶破,不必人工摘除,待幼菇长到袋外后,再按照正常进行加湿作业。二潮菇也只需清理袋口后重新覆盖报纸即可。这种方式的缺点是需要额外的套环和橡皮筋,并且用工量较大。

图 14-21　套环出菇

其次,是直接划口出菇(图 14-22),就是出菇前直接在袋口划 1～2 个,2～3 cm 的小口(划口部位及数量根据实际菌包及菌包摆放情况而定),深度 1 cm 左右,划口一般采用竖划的方式,这样可以最大限度地减少后期浇水加湿时产生的袋口积水。划口出菇的最大优点就是节省人工成本,但缺点是不如套环出菇整齐,菇体品质也不如套环出菇好,尤其是在出二潮菇时,往往由于头潮菇采摘后菇根带出的培养料大小不等、袋口破坏程度也不一样等原因,给转潮后的出菇管理带来种种不便。

图 14-22　划口出菇

综合以上两种开口方式的优缺点,建议如果想生产出高品质的商品菇,采用套环覆盖报纸的出菇方法;如果人工费用高,并且对菇体品质要求不严的情况下,采用划口的出菇方式可以最大限度地降低成本。也可以两种方法交替使用,一般市场价格比较低的时候,采用划口的方式出菇,在出菇不易、售价较高季节采用套环的出菇方式,可以提高菇体品质,提高销售价格。

3.出菇前期管理

由于平菇是变温结实性菌类,菌包长满菌丝后为使出菇整齐,应尽量拉大温差。拉温差可以使用在夜间温度较低时开启降温设备的方法,温差在 10℃ 以上效果最好。如果是夏季高温时段拉温差有困难,也可以使用深井冷水直接给菌包降温,也能起到拉大温差、刺激出菇的效果,但要注意不要将冷水直接浇到幼菇上,还要注意不要使袋口积水,否则在夏季高温季节容易引起细菌性病害。

　　光线可以刺激菌丝扭结并改善菇体色泽,但由于夏季气温高,不能利用自然光,因此给菇棚(房)进行人工补光非常必要,一般补光在白天进行。夜间应尽量避免补光,因为夏季蚊蝇较多,并且在夜晚蚊虫活动频繁,蚊虫还有较强的趋光性,即便菇房(棚)有防虫措施,也无法完全避免蚊虫进入,一旦蚊虫在菇房内繁殖就会滋生病虫害。白天则蚊虫相对活动较少,因此从预防的角度来讲,应避免夜间除工作需要外的灯光使用。

　　平菇从菌丝扭结到形成幼菇一般要经过桑葚期、珊瑚期等阶段,如果是使用套环覆盖报纸的方式,菌丝扭结、原基形成几个阶段都是在套环和报纸之间的小环境内进行(图14-23),一旦顶破报纸后就

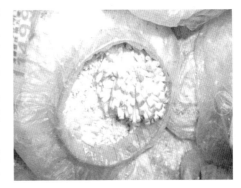

图 14-23　套环现蕾

已经进入到幼菇阶段,这个阶段要注意的就是避免给幼菇直接浇水,即便是雾状的水,也要避免湿度过大。因为幼菇期子实体生长速度快、需氧量大,如果湿度过大容易在幼菇的菇体表面形成水膜,并且由于幼菇抵抗力较弱,短时间的缺氧,就会使菇体萎缩死亡。此外,还要注意幼菇期要避免通风时温度过高,尤其是超过25℃的干热风很容易将菇体表面的水分带走,使幼菇由于缺水发育不良直至萎缩。

　　4.出菇中期管理

　　随着幼菇的逐渐生长,一般2～3 d(根据温度)幼菇就可以生长成成菇(图14-24),在这个阶段幼菇生长旺盛,需要大量的氧气和水分,因此这个阶段通风和加湿都必不可少。一般在白天室外温度较高时,应避免直接通风,可以使用辅助通风设备进行通风,保持菇房(棚)内空气清新即可。在白天为避免高温高湿的情况出现,一般不进行加湿,夜间室外温度降到25℃以下时,可以采用全部通风措施进行大通风,通风前可以进行加湿,这时的湿度可以加大,即使菇体表面有液态水存在,只要及时通风,也不会影响菇体正常生长。加湿和通风要交替进行,先加湿后通风,加湿和通风的次数根据室外空气湿度决定,如果室外空气干燥,则增加加湿次数,如果室外湿度大,则减少加湿次数,通风保持不变;如果室外下雨湿度较大,则可以只通风不加

图 14-24　平菇成菇期

湿。无论是什么模式栽培平菇都要避免浇"闭棚水"，也就是一定要避免只加湿不通风的情况，加湿和通风一定要配合进行，一定要按照"通风多多加湿、通风少少加湿、不通风不加湿"的原则进行管理。

5. 出菇后期的管理

幼菇长成成菇后一般过 2～3 d 就可以进行采收了，从成菇到采收前这段时间，除了按照出菇中期要求进行加湿、通风管理外，还要注意适当增加光照时间，以改善菇体色泽，提高商品价值。

在出菇后期还要注意由于菇体已经生长成熟，子实体已经具备了弹射孢子的能力，平菇的孢子弹射量在食用菌当中是比较大的。因此，在这个阶段中除了及早采收外，还要注意在进入菇棚（房）前要先通风 20 min，再进入菇棚（房）中进行工作，最好戴上过滤效果较好的口罩，避免由于吸入过量的孢子引起过敏咳嗽等症状。

6. 采收管理

反季节平菇采收要较普通季节平菇的采收提前一些（图 14-25），提前采收可以提高商品性，也可以减少孢子的弹射，虽然采收提前，但由于高温季节平菇生长速度快，一旦采收不及时，孢子大量弹射，菇体的重量会迅速减轻，所以提前采收并不会影响整体产量，一般在七分成熟、菌盖完全没有平展时，采收效果最好。采收后的平菇可以往菌褶上喷少量的水，这样菇体在运输过程中不易开裂，平菇采收后必须尽快上市销售，一般是半夜采摘，凌晨送到就近的批发市场销售，运输和保存时间越短越好。

7. 转潮期管理

平菇可以采收多茬，在采收完第一潮菇后立即进入转潮管理（图 14-26），首先要清理袋口，将袋口的残余菇根和培养料清除干净。如果是套环式出菇，就要重新覆盖报纸，按照之前的管理方法出二潮菇，也能达到出菇整齐的目的。如果是划口式出菇，则需要在清理菇根后加大湿度和通风，等待二潮出菇，但不如套环出菇整齐。

无论是哪种出菇方式，拉大温差都可以缩短转潮的时间，如果温差太小，转潮时间太长的话，可以往料面喷洒低浓度三十烷醇（使用方法参考使用说明），可以在缺乏温差刺激的条件下缩短转潮时间，要注意的是三十烷醇的使用浓度不易过高，否则会起相反的作用。

图 14-25　采收后的平菇

图 14-26　转潮期平菇菌包

（七）平菇反季节栽培病虫害防治

1. 平菇反季节栽培的病害防治

夏季是食用菌病害的高发季节，平菇在反季节栽培时容易发生以下病害。

（1）细菌性病害　发生最多的是细菌性病害，常引起菇体颜色变黄，产生黄水，发展到后期菇体就会腐烂萎缩，并且传播较快，一般这类病害都是由于湿度过高、通风不及时引起的，产生这类症状后，要及时清理染病的菇体，减少加湿、加大通风，可以有效地控制这类病害的发生。

（2）菇体变形　如果发现幼菇呈豆芽状生长或者菌盖边沿发生不正常的卷曲（图 14-27），都是由于通风不良或者菇棚（房）内有害气体浓度过大引起的。同样需要加大通风并且避免氨气或者有机磷类等有害物质进入菇房。在通风过程中也要注意周边是否有堆肥或使用除草剂的现象，如有发现，则在外界有害气体浓度大时减少通风，等风向改变或者有害气体浓度变小时，再恢复通风。

图 14-27　通风不良或有害气体引起的菇体变形

反季节平菇在出菇阶段还有一些病害也基本都和通风、加湿有关，只要掌握好加湿和通风的规律，就可以有效减少病害的发生。

2.平菇反季节栽培虫害的防治

平菇在夏季进行反季节生产时特别容易发生虫害，尤其是蚊蝇类虫害在夏季几乎都会发生，尤其是密封不严的菇棚发生率更高，一般蚊蝇类虫害好发生于二潮菇之后，蚊蝇繁殖速度非常快，卵产在培养料上孵化出的幼虫以菌丝为食，成虫则飞出原有菌包，继续寻找新的菌包产卵繁殖，如不加以控制，会在几天之内传染大部分出完一潮菇后的菌包，使菌包靠近袋口部位的菌丝都被蚊蝇幼虫啃食，严重影响下一潮出菇。

防治蚊蝇类虫害的发生除了在门窗通风口处加装防虫网外，还要尽量减少夜间光照，还可以采用在夜间过道处点燃蚊香的方法驱赶成虫。一旦虫害发生，可以在采收结束后关闭通风口，往料面喷洒低毒高效的杀虫药，如氯氰菊酯等，同时在过道处每隔 3 m 点燃一盘蝇香，用来杀灭成虫，依此法重复几次后，就可以有效减少蚊蝇的数量。

思考与练习

1.写出平菇熟料栽培的管理要点。

2.平菇反季节生产如何进行出菇管理？

3.平菇反季节如何防治病虫害？

任务二 秋季平菇栽培

> **知识目标**：了解平菇常用的栽培场所及栽培模式；知道平菇栽培的工艺流程及栽培管理方法；掌握平菇栽培中经常出现的问题及原因。
>
> **能力目标**：能够根据季节或生产情况安排平菇生产；会处理培养料，能制作栽培料袋；会平菇生产管理。

（一）生产时间确定

平菇栽培时间因各地气候不同、品种适宜生长温度不同而有差异。根据平菇生长发育对温度的要求，春秋两季是平菇生产的旺季。确定栽培季节时，不但要考虑到当地的气候条件和出菇要求的温度，而且还要考虑到各季节平菇的市场行情或销售价格。只有综合考虑，才能取得更好的经济效益。

二维码 23
秋季平菇栽培

北方播种可分为秋播和春播。秋季栽培的播种期一般在 8 月中旬至 10 月上旬，最适播种期在 8 月下旬至 9 旬下旬，此时日平均气温已降至 20℃，对杂菌生长不利，一般经 35～40 d 即可出菇，大批量商品菇生产多在这段时间内播种。春季栽培的播种期在 2 月，虽然此时气温较低，发菌慢，但是很少有杂菌污染，4 月中下旬可出菇。

（二）菌种准备

依据栽培季节选择抗逆性强的品种，要多选几个品种，同一品系的菌种要实行轮换栽培。有条件的最好自制栽培种，以降低成本。栽培种的菌龄在 30～45 d 为宜，为了得到适龄菌种，必须切实做好制种时间与栽培时间上的衔接。

在菌种培养过程中，由于平菇菌丝生长粗壮、速度快，如果不注意及时检查杂菌，就可能出现菌丝体将杂菌覆盖的现象，导致培养结束后，菌种从表面上看纯正健壮，其实已经污染了杂菌，最终给生产带来损失。

（三）菌袋制备

1. 配制培养基

不同原料栽培平菇的产量有所不同。在制定配方时应注意针对平菇对营养的需求特点，合理搭配碳素营养和氮素营养，做到碳素和氮素营养平衡。常用的培养料配方有：

（1）玉米芯 50%，豆秸 47%，麸皮 2%，石灰 1%。

（2）玉米芯 60%，米糠或麸皮 37%，石膏 1%，过磷酸钙 2%。

（3）稻草 76%，蔗糖 1%，石膏 1%，麸皮 20%，过磷酸钙 2%。

（4）棉籽壳 70%，麸皮 12%，过磷酸钙 1%，稻草 15%，糖 1%，石膏 1%。

（5）阔叶树木屑 82%，石膏 3%，石灰 2%，麸皮（玉米面）10%，过磷酸钙 2.5%，尿素 0.5%。

（6）玉米芯 78%，麸皮 20%，蔗糖 1%，石膏 1%。

按配方比例称取各物质,把粉碎后的玉米芯与麦麸、石膏等不溶性的干料先混匀,再将糖等可溶性辅料溶解于水中成母液,分批洒入培养料中,含水量约为 60%,充分搅拌,力求均匀,待水分从表面吸入颗粒内部后,再酌情洒些水,即可开始装料。

2.装袋

早秋栽培选用(22～24) cm×(50～55) cm×(0.04～0.05) mm 栽培袋;春季栽培选用(18～20) cm×(45～50) cm×(0.04～0.08) mm 或 23 cm×40 cm×0.05 mm 的聚乙烯栽培袋。一般用装袋机装料,最好有周转筐,装好的料袋放入周转筐内灭菌,既避免了料袋间挤压变形,又利于彻底灭菌。

3.灭菌

常压灭菌时,待料袋中心温度升至 100℃ 开始计时,需要灭菌 12～14 h,也要遵循"攻头、促尾、保中间"的原则。太空包灭菌最适合在日光温室内就地灭菌,就地接种,可减少搬运过程,在节省劳力的同时,也降低料袋的破损率,提高成功率。

出锅前先把冷却室或接种室进行空间消毒。把刚出锅的热料袋运到消过毒的冷却室或接种室内冷却,待料袋温度降到 28℃ 以下时才能接种。

4.接种

(1)菌种瓶(袋)的预处理 接种前将料袋、栽培种及各种接种用具一起放进接种室,熏蒸或喷雾消毒,再将菌种瓶(袋)放在 0.2%～0.3% 高锰酸钾溶液中浸泡 2～3 min。

(2)接种方法 接种时将菌种搅成玉米粒般大小的碎块,两人操作,一人持菌种袋(瓶),一人持料袋。在酒精灯火焰无菌区内,打开料袋,迅速将菌种均匀地撒在袋料表面,形成一薄层。然后将袋口套上塑料环,将塑料袋口翻下,再在环上盖上牛皮纸或报纸,用橡皮筋箍好即可。操作时,动作要快,防止杂菌污染。熟料栽培用种量,一般为培养料干料重的 8% 左右。

(四)发菌管理

采用双区制栽培体系(即发菌和出菇分别在不同的场所进行)时,发菌室熏蒸消毒,密闭 24 h 就可以将菌袋搬入进行发菌管理。合理排放菌袋,适时进行倒袋翻堆和通风,控制好发菌温度,发菌场所尽量保持黑暗。菌袋的排放形式一定要与环境温度变化紧密配合,菌袋采用单排堆叠的方式排放。堆放层数及排与排之间的距离视气温而定,温度低时,菌袋可堆 6～8 层,排距 20 cm 左右;气温高时,堆 3～4 层,排距 50 cm 左右;菌袋采用"井"字形摆放,以 4～6 层为宜,当气温升高至 28℃ 以上,以 2～4 层为好,同时要加强通风换气。正常情况下,每隔 7～10 d 要倒袋翻堆一次,以调节袋内温度与袋料湿度,改善袋内水分分布状况和透气状况,促进菌丝生长一致,经过 30 d 左右,菌丝即可长满袋。

(五)出菇管理

清理出菇场地卫生,清除杂物、灰尘等,然后在通风口及门窗安装纱窗,防止蚊蝇成虫进入。然后对出菇场所进行消毒,防止杂菌滋生。

采用网格式出菇架出菇时,将生理成熟的菌袋用双手抓住菌袋肩部放入网格式出菇架(图 14-28)内,菌袋端面平齐在同一平面,用刀在袋口附近划口定位出菇。或将发好的菌袋在温室内南北向摆放(图 14-29),菌墙不得超过 1.5 m,行间留 80～100 cm 的过道。过道最好对着南北两侧的通风口。菌袋堆放好后,喷淋,使环境的相对湿度提高到 85%～90%。温度可根据品种的温型需要调控,每天喷水次数依天气变化灵活掌握,出菇室要有充足的散射光。

当子实体长到八分成熟时,要及时采收,采收前3～4 h应提高出菇室内空气的相对湿度,降低空间孢子量,防止人体吸入过量孢子而引起过敏。菇体上要少量喷水,以保持其鲜度,盖缘不易开裂。

图14-28　网格式出菇　　　　　　　　　　图14-29　菌墙出菇

采收时,用利刀紧贴菌袋表面,将菇体成丛切割下,以免将培养料整块带下。第一潮菇采收后,清理袋口表面的老菌皮及菇根,停止喷水,加大通风,使袋内菌丝恢复生长。几天后再提高空气相对湿度,促进袋口原基形成,再按上述方法进行出菇管理。

袋栽平菇头潮菇采收结束后,用专用补水器补水。水分的补充标准是使菌筒的质量达到装袋时的质量或者略高一点。经补水后,可连续出2～3潮优质平菇,总产量可比常规出菇法提高50%。该补水法在高温季节切不可用,以免导致整体污染。

(六)秋季平菇出菇阶段常见问题及预防措施

1.常见的问题

平菇在形成子实体期间,高温、通风不良、光线不足、营养缺乏等,少数是由菌种退化、变异、病毒感染等不良环境和条件,使子实体不能正常发育,出现不出菇或不正常出菇等现象,严重影响平菇的产量和质量,甚至完全失去商品价值。这种现象多发在头茬菇之后。

(1)不出菇　栽培季节与品种温型不适应。平菇品种有高、中、低温型和广温型之分。中、低温型的品种,在春季气温回升到25℃以上时,不能再分化子实体。在低温季节种植高温品种也会推迟出菇。平菇生产中要慎重选择品种温型,在栽培前进行品种出菇温度试验。

(2)瘤盖菇　菇体发育过程中,生长较慢,菌盖表面出现瘤状或颗粒状的突起物,有的突起还形成菌褶。受害严重时,菌盖僵缩,菇质硬化,停止生长。发生原因是菇体发育时温度过低,低温持续时间太长,造成菌盖内外层细胞伸长失调。

防治措施:根据不同品种对温度的需要,适当加温、保温,保持适宜的温度,并有一定温差,促进菇体生长、发育、分化。控制好菇房温度,出菇期最好控制在不低于15℃。

(3)粗柄菇　原基发生后,菌盖分化和发育速度不正常,表现为菌盖小,菌柄长,下粗上细,菌盖的直径小于菌柄的直径而形成大脚畸形,且柄粗质硬,商品价值较低。发生原因是采用闷闭式保温防寒措施,导致出菇场所内供氧不足,菇体内养分运输失去平衡。

防治措施:遇上连续低温天气时,出菇场所采取保温防寒时,要注意在中午进行短时间的通风换气,但切忌大风直吹料面,以免造成幼菇死亡。

(4)蓝色菇　菇体生长时,菌盖边缘产生蓝色晕圈,甚至整个菇体变成蓝色,直到菇体采收也不再退去。发生原因是采取柴火、煤火等增温,使出菇场所内一氧化碳增多,造成菇体中毒,刺激菇体发生变色反应。

防治措施:冬季出菇场所增温方法尽量采取日光、暖气、电热等为好。

(5)菜花菇　平菇子实体原基不断生长,菌柄丛生并分叉,不形成菌盖,在菌柄端大处又形成丛生小菇蕾,类似花菜的花球。发生原因是出菇场所内二氧化碳浓度过高、空气相对湿度长时间接近或达到饱或农药中毒所致。

预防措施:当子实体原基形成时要加强通风换气,保证培养室有足够氧气,二氧化碳浓度在 0.1% 以下,空气相对湿度在 95% 以下。菇房慎用农药,在菇房门窗上挂防虫网或纱布,并在门窗悬挂浸有敌敌畏乳液的棉球防菇蚊或菇蝇,如果虫害已发生,可用氯氰菊酯 1 000 倍液进行防治。

(6)水肿菇　现蕾后菌柄变粗变长,菇盖小而软,逐渐发亮或发黄,最后水肿腐烂。发生原因是湿度过大或有较多的水直接喷在幼小菇体上,使菇组织吸水,影响呼吸及代谢。

防治措施:加强通气,增加菇体温差刺激;菇蕾期尽量采用雾化补湿,以保持菇房空气湿度。

(7)珊瑚菇　原基顶端向上伸长,而不分化菌盖,在菌柄上又重复分叉,无菌盖或者极小,形如珊瑚,一般呈白色。发生原因是原基发生时,二氧化碳浓度过高(0.15% 以上)和光线太弱所致。

预防措施:加强通风。子实体原基形成后,每天必须通风 2 次以上,使二氧化碳浓度低于 0.1%。出菇场所安装 LED 灯,改善光照条件,以防光线不足。

(8)盐霜状平菇　子实体产生后分化很慢,在已经分化的菌盖表面出现一层像盐霜一样的东西。发生原因是因为出菇场所内温度太低所致,黑色品种一般气温在 5℃ 以下就会出现此类现象。

防治措施:注意出菇场所内温度不能太低,或选用出菇耐低温的平菇种植。

(9)锈斑菇　部分幼菇或成熟菇的菇丛中,菌柄、菌盖上出现锈褐色的斑点、斑块。发生原因是出菇期水分管理不当,喷水量过多,棚内薄膜上形成的冷凝水反复滴落在菌盖上;加上通风换气不良,菇体表面水分蒸发慢,使有水滴的部位出现锈褐色斑点。

2.平菇出菇阶段常见的生理性病害控制措施

菇棚内要保持一定的通风换气量,以缩小棚内外温差,减少冷凝水的形成;出现锈斑后,应停止喷水,待恢复正常后,再科学喷水。

知识拓展

一、平菇的品种

平菇品种很多,可根据季节、栽培场所、市场需求等因素选择适宜品种。

(一)平菇品种分类

1.根据菌盖的色泽分类

平菇可分为黑色、灰色、灰白色、白色、黄色和粉红色等。

2.按照孢子释放情况分类

平菇可分为有少孢品种、孢子晚释品种、无孢(sporeless)品种。

3.根据子实体分化时期对温度的要求不同分类

平菇分为4种类群,即低温型、中温型、高温型和广温型。

(1)低温型　子实体分化的最适温度为10~15℃,如糙皮侧耳、紫孢侧耳、美味侧耳等。

(2)中温型　子实体分化的最适温度为16~22℃,如佛罗里达平菇、凤尾菇等。

(3)高温型　子实体分化的最适温度为22~26℃,如金顶侧耳、桃红侧耳等。

(4)广温型　子实体分化的适宜温度为8~34℃,四季均可栽培,如黑平 AE、辽平四号、辽平五号、杂24、荷大叶、沈农1号、沈农916、沈农542、沈农026、沈农729、山大等。

近年来,平菇品种繁多,各品种对温度的要求也有差异,栽培时应根据气候条件选择温型不同的平菇品种(表14-1)。

表 14-1　常见栽培品种生殖阶段对温度的要求　　　　　　　　　　　　℃

种类、品系		原基分化温度	子实体发育温度	最适温度	备注
低温型	粗皮侧耳	2~20	2~22	10~16	
	冻菌	5~20	7~22	13~17	
	美味侧耳	5~20	5~22	10~18	
	阿魏平菇	0~13	5~20	15~18	
中温型	紫孢平菇	15~24	17~28	20~24	
	佛罗里达平菇	6~25	6~26	10~22	
	凤尾菇	15~24	8~26	18~22	
	金顶菇	15~27	17~28	20~24	
高温型	鲍鱼菇	25~30	25~33	25~30	
	红平菇	15~30	20~28	25~28	
	盖中侧耳	22~30	22~34	25~32	

注:引自黄毅《食用菌生产理论与实践》。

(二)平菇常见的种类和优良品种

(1)糙皮侧耳　又称平菇、鲍鱼菇、黄冻菌、杨树菇等。平常所说的"平菇"多指这个种,是目前广泛栽培的种类,主要是低温型和中温型品种。子实体大型,菌盖扁半球形、肾形、喇叭形或扇形至平展,初期蓝黑色,后渐变淡,成熟时呈白色或灰色。菌肉白色,肥厚,有菌香味。菌柄短,侧生或偏生,内实,基部常相连,使菌盖重叠。

(2)美味侧耳　又称白平菇、冻菌等。子实体菌盖扁半球形,伸展后基部下凹,幼时铅灰色,后渐为灰白色至近白色,有时稍带浅褐色。菌肉、菌褶白色。菌柄短,显著偏生或侧生。

(3)佛罗里达平菇　属低温型品种。菌盖漏斗或扇形,白色、乳白色至棕褐色。且色泽随光线的不同而变化。高温和光照较弱时呈白色或乳白色,低温和光照较强时呈棕褐色。丛生或散生。菌柄稍长而细,常基部较细,中上部变粗,内部较实。性状稳定、产量高、耐贮运。属中低温型平菇。常见的有中蔬10号、佛诱1号等。

(4)凤尾菇　又称漏斗状侧耳、环柄侧耳、环柄斗菇等。是一种栽培较为广泛的中温平菇。菌盖脐状至漏斗状,灰褐色,菌肉白色,有菌香味。菌柄短,侧生,内实,常具菌环。子实体单生、群生或丛生,是一种栽培较为广泛的中高温品种。常见的优良品种有:平菇831和f327。

(5)桃红侧耳 又名红平菇,属高温型品种。子实体幼时鲜桃红色,成熟时褪至近白色。味道鲜美,有螃蟹味。常见的品种有:红平菇、福建桃红平菇、江西桃红。

(6)鲍鱼菇 菌柄短小、粗壮,菌盖呈暗灰或褐色,成熟时菌褶边沿呈暗黑色。肉质肥厚,脆嫩可口,有独特鲍鱼风味。

(7)金顶侧耳 又名榆黄蘑、金顶蘑、玉黄菇、黄冻菌、杨柳菌等,属高温型品种。菌盖呈漏斗形,草黄色至金黄色,菌柄偏生,白色至淡黄色,基部常相连。子实体多丛生,常发生在夏季及秋初季节。是一种高温型菌。一般在春初、夏末栽培。常见的品种有:农大榆黄96、东北榆黄蘑。

(8)姬菇 又称小平菇,是我国从日本引进的食用菌新品种,商品名称为玉蕈,在日本,将姬菇与松茸相媲美。子实体菌盖较小,味道鲜美、品质细腻。常见的品种有:姬菇9008、姬菇8911、西德33、闽31。

平菇的品种很多,每年都有新品种推向市场,生产上以糙皮侧耳为主,但平菇品种同物异名现象较严重,在生产上应引起注意。

二、孢子过敏及其预防

孢子过敏又叫蘑菇肺,是一种食用菌从业者的职业病,它对人的危害很大。孢子通过人的呼吸系统进入人体内,对人的呼吸系统(气管、肺部等)产生危害。症状主要表现为发低烧、头晕、恶心、吐黄痰、浑身酸痛、四肢乏力等症状。在停止接触平菇孢子1~3 d后,症状便会消失。孢子过敏与感冒症状相似,可做皮试进行鉴别,即将孢子悬浮液滴在皮肤表面并擦拭,然后暴露在空气中,15 min内擦拭处红肿,几小时后消失,证明孢子过敏。防治方法有:

(1)栽培少孢品种,如少孢06、山大1号等。

(2)平菇子实体在菌盖充分展开、边缘上卷时,尽早采收,出菇高峰期本着采大留小的原则,最好每天采收2次。

(3)采收前加强出菇室通风换气,并向菇体和空气中喷雾,以减少孢子飞扬。

(4)采收时带上湿的厚的大口罩,用喷雾器向空间喷雾,孢子随水雾坠入地下,可大幅度降低孢子浓度。

(5)孢子过敏者可服用抗过敏类药物,如息斯敏(阿司咪唑)、扑尔敏(氯苯那敏)、克孢敏1号、安乃近、APC或吗啉呱,服后发汗休息2~3 d即好。

思考与练习

1.写出平菇熟料栽培的管理要点。

2.平菇秋季生产如何进行出菇管理?

3.平菇秋季生产中常发生的生理性病害有哪些?如何预防?

项目十五

香 菇 栽 培

知识目标:熟悉香菇栽培场所及栽培模式;掌握香菇栽培物料准备和预算;熟悉香菇栽培的季节、材料和方法;知道栽培工艺流程及管理方法。

能力目标:会打孔接种;能够进行脱袋与排场处理;能进行转色期处理;能够进行出菇期优质高产的处理。

香菇肉质脆嫩,味道鲜美,香气独特,营养丰富,又有一定药效,深受国内外人们的喜爱,早已成为佐膳和宴席上珍贵的佳馔,在国际上被誉为健康食品。香菇除含有蛋白质、脂肪、碳水化合物、粗纤维、灰分、多种维生素和矿质营养外,还含有一般蔬菜所缺乏的维生素 D 原。它被人体吸收后,受阳光照射时,能转变为维生素 D,可增强人体的抵抗能力,并能帮助儿童的骨骼和牙齿生长。在香菇中含有 30 多种酶,可以认为是纠正人体酶缺乏症的独特食品。香菇含有腺嘌呤,经常食用可以预防肝硬化,香菇还有预防感冒,降低血压,清除血毒的作用。它含有的多糖物质有抗癌作用。我国中医早已认为香菇具有开胃、益气、助食、治伤等功效,是一种非常好的保健食品。

一、香菇的生物学特性

(一)香菇的形态特征

香菇菌丝白色,绒毛状,具有横隔和分枝,双核菌丝有明显的锁状联合,成熟后扭结成网状。菌丝在斜面培养基上平铺生长,在试管内略有爬壁现象,边缘呈不规则弯曲。老化后略有淡黄色色素分泌物。早熟品种在冰箱内存放时间稍长,有的会形成原基。

二维码 24
香菇生产基础

菌盖位于子实体上部,幼时菌盖内卷,呈半球形。随着生长逐渐平展,趋于成熟。过分成熟时,菌盖边缘向上反卷。菌盖表面色泽为淡褐色或茶褐色,盖面披有白色或黄白色鳞片,有的出现菊花样纹斑,甚至龟裂,称为花菇。菌肉肥厚,洁白。

菌褶白色,后期红褐色。孢子印白色,孢子椭圆形,无色,光滑,$4.5\sim7~\mu m\times3\sim4~\mu m$。

菌柄中生或偏生,呈圆柱形或近圆形,表面附着纤毛,内部实心,纤维质。

(二)生活条件

1.营养条件

香菇是一种木腐菌,主要的营养成分是碳水化合物和含氮化合物。以纤维素、半纤维素、木质素、果胶质、淀粉等作为生长发育的碳源,但要经过相应的酶分解为单糖后才能吸收利用。以多种有机氮和无机氮作为氮源,小分子的氨基酸、尿素、铵等可以直接吸收,大分子的蛋白质、蛋白胨就需降解后吸收。菌丝生长还需要多种矿质元素,以 P、K、Mg 最为重要。并且需要少量的无机盐和维生素等,需补充少量维生素 B_1。香菇也需要生长素,包括多种维生素、核酸和激素,这些多数能自我满足。

(1)碳源 香菇菌丝能利用广泛的碳源,包括单糖类(葡萄糖、果糖)、双糖类(蔗糖、麦芽糖)和多糖类(淀粉),糖的浓度在 $1\%\sim5\%$ 比较好。培养基或木材中的木质素和纤维素是香菇最基本的碳素来源。在天然培养基中经常用麦芽浸膏、酵母粉、马铃薯、玉米或可溶性淀粉作为碳源。

(2)氮源 香菇菌丝能利用有机氮(蛋白胨、L-氨基酸、尿素)和铵态氮,不能利用硝态氮和亚硝态氮。香菇生长发育对氮的需求,因氮源种类和香菇菌株而有所不同。高浓度的氮会抑制香菇原基的分化。

(3)矿质元素 除了 Mg、S、P、K 之外,Fe、Zn、Mn 的同时存在能促进香菇菌丝的生长,并有相辅相成的效果。

(4)维生素类 香菇菌丝的生长需要维生素 B_1,其他维生素则不需要。适合香菇菌丝生长的维生素 B_1 浓度大约是每升培养基 $100~\mu g$。维生素类在马铃薯、麦芽浸膏、酵母浸膏、米糠、麸皮、玉米中有较多的含量。因此,使用这些原料配制培养基时,可不必再添加。

2.环境条件

(1)温度 香菇是低温型菌类,菌丝生长的温度范围在 $5\sim32{}^{\circ}\!C$,最适温度 $23\sim25{}^{\circ}\!C$。香菇原基在 $8\sim21{}^{\circ}\!C$ 分化,在 $10\sim12{}^{\circ}\!C$ 分化最好。子实体在 $5\sim24{}^{\circ}\!C$ 范围内发育,$8\sim16{}^{\circ}\!C$ 最适。

实际生产中,根据各个香菇品种原基分化的最适温度范围,将香菇分为低温($5\sim15{}^{\circ}\!C$)型、中温($10\sim20{}^{\circ}\!C$)型、高温($15\sim25{}^{\circ}\!C$)型,以及中低温型、中高温型品种。同一品种,在适温范围内,较低温度条件下子实体发育慢,菌柄短,菌肉厚实,质量好;在高温条件下子实体发育快,菌柄长,菌肉薄,质量差。

由于香菇是变温结实型的菇类,子实体分化需要温差刺激,不同的品种对温差的敏感程度也有所不同,一般认为温差刺激需要 $10{}^{\circ}\!C$ 以上。

(2)水分 ①水分对菌丝生长的影响 在木屑培养基中,菌丝生长的最适含水量是 $55\%\sim60\%$,因料的粗细而有差异,细料孔隙小,不利于通氧,要做干些,粗料则相反。香菇在含水量过多时,其菌丝会缺氧而生长受阻甚至死亡;相反,含水量不足时,菌丝分泌的各种酶就不能通过自由扩散接触培养料进行分解活动,在 30% 以下接种成活率不高,在 $10\%\sim15\%$ 条件下菌丝生长极差。

②水分对子实体的影响 子实体形成阶段培养料含水量保持 60% 左右,但培养料含水量太高,所生香菇质软易腐,菌盖呈暗褐色水浸状,商品价值低。含水量适宜,可以培养厚菇。

出菇时要求空气的相对湿度 $80\%\sim90\%$ 为宜,较高的湿度有利于子实体的分化和生长,但湿度低可以造成逆境培养而提高质量,如加大通风,湿度降至 60%,有利于花菇生长。

(3)空气 香菇是好气性菌类,足够的新鲜空气是保证香菇正常生长发育的重要环境条件之一。加强通风,还有利于菇形和菇质,盖大柄短,提高商品价值。在香菇生长中,如遇通气不良、CO_2 积累过多、O_2 不足,菌丝生长和子实体发育都会受到明显的抑制。缺氧时菌丝借酵解作用暂时维持生命,但消耗大量营养,菌丝易衰老、死亡,子实体易产生畸形,也有利于杂菌的滋生。

香菇菌丝培养期间,菌棒应疏排低放,加大通风,让流动的空气及时带走菌丝生长释放的热量,降低湿度,能提高菌丝的抗病虫能力,防闷堆烧菌和黄水发生。

(4)光照　香菇菌丝的生长不需要光线,在完全黑暗的条件下菌丝生长良好,光线过强反而会抑制菌丝的生长。子实体分化阶段要进行光照处理,以促成菌棒转色,形成菌皮。子实体生长发育需要一定的散射光,在完全黑暗的条件下,子实体不形成。只要有微弱的光线,就能促进子实体形成。光线太弱,出菇少,菇型小,柄细长,质量次。但直射光又对香菇子实体有害,随着光照度增强,香菇子实体的数目减少。

在生产中,菇棚荫蔽度要求 65%～80%。但北方的花菇栽培中经常进行白天敞棚日晒,晚上盖棚保温。

(5)酸碱度　香菇菌丝生长发育要求微酸性的环境,培养料的 pH 在 3～7 都能生长,以 5～6 最适宜,超过 7.5 生长极慢或停止生长。在生产中常将栽培料的 pH 调到 6.5 左右,因为高温灭菌会使栽培料的 pH 下降 0.3～0.5,菌丝生长过程中所产生的有机酸也会使栽培料的酸碱度下降。子实体的发生、发育的最适 pH 为 3.5～4.5。

二、国内外香菇生产概况

(一)世界香菇的生产概况

世界香菇主产国和地区,主要集中在亚洲东部的日本、韩国和中国。欧洲、美洲、澳洲和东南亚其他国家的香菇产量较少。人工栽培香菇起源于我国,已有 800 多年的历史,采用原木砍花法栽培香菇由历代流传下来。一直到 20 世纪 30 年代后,日本在接受欧美纯菌种培养技术的基础上,成功培养出香菇纯菌种,并用段木进行人工栽培,取得了成功。1942 年又发明了纯种木菌种。纯菌种的问世和段木栽培成功是香菇产业从原始栽培走向人工栽培的一次革命,也使日本成为"香菇王国",长期垄断着香菇的国际市场。90 年代以来,由于资源短缺,能源紧张,生产后继乏人等因素的影响,日本香菇生产跌入低谷。韩国在 70 年代以来,抓住我国香菇业因历史原因几乎停顿的有利时机,产量和出口量增长较快,1993 年产量达 2 580 t,占世界产量的 3.1%。近几年由于资源的贫乏,尤其是阔叶树奇缺,已制约了香菇业的发展,产量在逐年减少。从世界香菇生产格局上看,香菇生产中心已完成了由日本向中国的转移,我国成为香菇生产最多的国家。

(二)我国香菇的生产概况

1. 生产概况

我国香菇人工栽培已有近千年的历史,始于浙江龙泉、景宁、庆元,香菇栽培技术经历了原木砍花法栽培、段木接种栽培和代料栽培三个阶段。传统采用原木"砍花"栽培方式,依靠孢子自然传播栽培。国内 20 世纪 60 年代中期才开始大规模培育菌种,采用人工接种的段木栽培法。20 世纪 70 年代末出现的香菇代料栽培,随着木屑代料栽培等生产技术模式的研发成功并普及推广,我国香菇生产规模和产量得到较快发展,规模逐渐扩大,随着国内外市场对香菇需求量的增多,香菇代料栽培技术的不断完善和人们保护森林意识的增强,近几年段木栽培已经很少,利用木屑、棉籽壳、玉米芯等农林副产品资源作为代料栽培香菇,已经成为我国香菇生产的重要途径。全国已有"庆元香菇""随州香菇""西峡香菇""平泉香菇"四个地理标志产区,并形成四大香菇集散地。我国香菇生产中心也将从传统香菇产地(浙江、福建等省)向北延伸扩大种植区域完成另一个转移。近几年来,河南、江西、陕西、山西、山东、河北、辽宁等省的香菇产业也有了突飞猛进的发展,香菇菌棒栽培模式已遍及大江南北。近年福建寿宁县、河南沁阳市花菇栽培率高,是香菇从数量型向质量型转变的一次质的飞跃,是香菇的第三次革命。

2.香菇的主要栽培模式及特点

(1)段木栽培法 该法使我国香菇栽培从浙江龙泉、庆元、景宁等集中产区,扩大到全国广大山区。

(2)福建古田的"人造菇木"模式 采用17 cm×55 cm的细长菌袋盛装培养料,熟料侧面打孔多点接菌,春季接种,秋冬季出菇。菌丝长满菌袋后,放置在人工菇棚内,剥袋或不剥袋,人为控制小气候,促使菌棒转色出菇。

(3)河南省沁阳创造的香菇"沁阳模式" 采用25 cm×55 cm的大袋装料,夏秋季制种,冬春出菇。熟料侧面打孔多点接菌,培养成熟的菌袋不脱袋,在小棚内(每棚500袋),强光、较大通风量的人工控制环境下生产花菇,花菇比例可达90%以上。

(4)香菇熟料立袋栽培模式 该模式采用温室或塑料大棚立袋出菇。具有产量高、品质好,出菇时间可控,产品更能适应市场要求的特点。

(5)香菇半熟料三联柱体栽培 香菇栽培料常压灭菌2 h,冷却后拌种、装袋、低温发菌。将发好菌的三个菌柱捆绑在一起,立在平坦的地面上,其上也可再放置捆绑在一起的3个菌柱,3个(或6个)菌柱经过7~15 d的转色过程,将会自然生长成一体。

(6)双层拱棚层架立体栽培 该模式采用双层拱棚层架立体出菇,双层拱棚及风机水帘降温措施相结合,较好的丰富和完善了香菇栽培技术和安全越夏问题,优质菇率达到80%,产量、质量和效益大幅度提升,可提高产品的市场竞争力。

 任务一　秋冬季香菇栽培

知识目标:熟悉香菇栽培场所及栽培模式;掌握香菇栽培物料的选择与处理;掌握香菇菌棒的制作及管理方法;掌握香菇栽培中经常出现的问题及原因。
能力目标:能够根据季节或生产情况安排香菇生产;会选择与处理香菇栽培原料,能制作香菇菌棒;会打孔接种,能脱袋与排场处理,会转色期管理;能够进行香菇发菌期和出菇期管理。

香菇立棒出菇模式是将菌棒直立或斜立在地面上,充分利用地面的温度、湿度等要素条件出菇,具有产量高、品质好,出菇时间可控,产品更能适应市场要求的特点,适宜在城乡广泛发展。

(一)生产安排

各地应当因地制宜根据栽培方式,对照当地气候确定香菇生产时间。北方通常安排在冬春季和夏季,冬春季(顺季)生产,5—6 月制棒,9 月至翌年 3 月出菇,东北地区应当适当提前制袋。

(二)菌种准备

选择与本地区气候和菇场小气候特点相适宜的高产优质菌种。目前在北方多选用 135、808、辽抚四号、灵仙一号等。菌种要求菌龄在 35～40 d,菌丝洁白,健壮浓密均匀一致,无褐色菌膜,无杂菌,培养基无萎缩干枯衰老现象。

(三)出菇场地准备

选择交通便捷、地势平坦,通风良好,没有病虫和杂菌污染源,水源充足,排水方便,偏沙性土质的地块搭建温室或冷棚做出菇棚。

(四)菌棒制作

1.栽培原料的选择与配制

壳斗科麻栎、栲树、米槠、青冈栎等树种的木屑栽培香菇,虽然菌丝生长速度慢些,但菇质好。而其他材料质地较软,虽然菌丝生长速度快,但因木质素含量较低,得到的是劣质菇。在资源贫乏的地方不能用木质素、纤维素含量较低的软质材料完全取代木屑,至少应添加 30％～40％的木屑,否则菇体质量差,脱袋出菇时菌棒易散。通常采用不同粗细的木屑颗粒搭配,才能使菌棒内有适宜的孔隙度、溶氧量和较高的持水性。配料前应将木屑用 2～3 目的铁丝筛过筛,防止树皮等扎破塑料袋。

麦麸、玉米粉等必需新鲜、干燥、不霉变,石膏粉要用无水石膏粉,要特别说明的是主料木屑最好是新、陈木屑各一半。

常用的配方:

(1)木屑 80％、麸皮(细米糠)19％、石膏 1％,含水量 55％～60％。

(2)木屑 78％、麸皮 16％、玉米面 2％、糖 1.2％、石膏 2％～5％、尿素 0.3％、过磷酸钙 0.5％。料的含水量 55％～60％

(3)木屑 78％、麸皮 18％、石膏 2％、过磷酸钙 0.5％、硫酸镁 0.2％、尿素 0.3％、红糖 1％。料的含水量 55％～60％。

(4)棉籽皮 50％、木屑 32％、麸皮 15％、石膏 1％、过磷酸钙 0.5％、尿素 0.5％、糖 1％。料的含水量 60％左右。

(5)木屑 36％、棉籽皮 26％、玉米芯 20％、麸皮 15％、石膏 1％、过磷酸钙 0.5％、尿素 0.5％、糖 1％。料的含水量 60％。

根据当地资源情况选择配方。拌料时先将辅料混合拌匀,再与木屑等主料一同倒入搅拌机混合搅拌,含水量要求 55％～58％。

2.装袋

选用规格为 17 cm×55 cm、18 cm×55 cm、15.5 cm×55 cm,厚 0.055 mm 优质低压聚乙烯折角袋,要求厚薄均匀,没有沙眼,不漏气。

用机械装袋,整个装袋工作一般由 4～6 人流水作业完成,装料要求松紧适度,袋壁要光滑,没有空隙,装料高度以离袋口 8～10 cm 为比较适宜。料装好后用扎口机扎好袋口,或用绳将袋口系紧,操作过程中要注意轻拿轻放,避免弄破料袋。

从开始装料到装料结束尽量不要超过 4 h,做到当天拌料,当天装袋,当天灭菌,拌好的料不能堆积过夜,否则培养料容易酸败变质。

3.灭菌

采用常压灭菌方法,17 cm×55 cm 与 18 cm×55 cm 的大袋灭菌量为 4 000 袋/锅以内,快速升温至 100℃,当温度到 100℃后,维持 20~26 h,中间不能降温,最后用旺火猛攻一会儿,再焖 6 h 以上出锅。要求当天装料当天灭菌,以免料变酸变质,并注意排净冷气,防止出现灭菌死角。

4.接种

(1)接种准备　接种通常在接种室或塑料接种帐中进行,先对接种室进行彻底消毒,并用 0.1%新洁尔灭溶液或 2%~3%来苏儿溶液拖干净。将灭好菌的料袋及时送到已经过消毒处理的接种室码堆,待培养料温度下降到 28℃以下,连同接种工具、菌种等进行熏蒸消毒。在料袋堆的行间过道上,放上气雾消毒剂,用塑料膜罩住料袋堆(使其呈密闭空间),熏蒸消毒 1.5 h 后接种。

(2)菌种和工具消毒处理　接种人员在更衣室换上干净的服装并戴好口罩,将双手用水冲洗干净,再用 75%的酒精棉球擦拭双手,菌种袋外表面擦拭消毒后放置在经过消毒处理的专用盆内,并对接种工具进行灭菌处理。

(3)打穴接种　香菇料袋多采用侧面打穴接种,要几个人一组配合。接种操作工使用蘸有消毒液的棉团将待打孔面擦拭一遍,然后用火焰灭菌过的专用电钻在袋侧面的一条线上打接种穴 4个,或一侧 3 个,另一侧 2 个,孔深 3~4 cm,直径 2~3 cm,两端接种穴尽量靠近料棒的扎口一端。接种人员将菌种瓣成锥形,塞入孔内,接种口要紧实饱满,压实,菌种与料袋表面持平,再套一个聚乙烯塑料筒,并将口扎紧,或分层用地膜进行"滚膜法"封存(图 15-1)。接种过程要求"准确""快速""动作轻"。

图 15-1　接种后覆盖地膜

香菇打孔接种法打孔与接种时间稍长,污染率则会大大提高,规模化生产企业有的使用自动菌棒接种机。

(五)发菌期管理

接种后的菌袋应及时移入发菌室内,"井"形堆叠法(图 15-2),横直每行 3~4 袋,依次重叠至 10 层为 1 堆。注意堆叠时接种穴朝侧面排放,有利通风,室内要求阴凉、干燥、空气新鲜。

香菇发菌期适宜条件是温度为 22~26℃,空气湿度为 60%~65%,通风良好,黑暗或弱光。

接种后 1~6 d,是菌丝萌发和定植期,由于菌丝生长微弱,菌袋温度比室温低 1~3℃,温度控制在 28~29℃。每天要测定室温、堆温和袋温,其中以袋温为主调节室温和堆温。此时不宜移动菌袋,以防杂菌感染。3 d 内不通风或少量通风。

接种后 7~10 d,菌丝向料内蔓延,袋温逐渐升高,将室温控制为 25~27℃,培养室每天通风 1~2 次,每次约 30 min。第一次翻堆,如果气温过高,菌袋改为"△"形堆叠法(图 15-3)。

图 15-2 "井"形培菌

图 15-3 "△"形培菌

接种后 11~20 d,菌丝进入旺盛生长期,各种代谢活动加快,袋温高出室温 1~5℃,要特别注意降温和通风。将室温控制为 20~24℃,每天通风 1~2 h。

接种后因菌丝大量生长,袋内氧气不能满足菌丝生长要求,需用刺孔的方法增加氧气。第一次刺孔的时间在菌丝圈直径为 8~10 cm 时进行。用消过毒的钢针在菌丝圈前沿 2 cm 左右处扎微孔 3~4 个,孔深 1 cm;当接种穴之间的菌丝相连时,进行第二次刺孔增氧,扎一圈 4~5 个微孔,孔深约 2 cm;当菌丝发满袋时,在菌袋周身刺孔,刺孔的数目及深度,视温度及菌丝生长情况而定。温度高时多刺孔、深刺孔,反之少刺孔、浅刺孔。刺孔后,菌丝加速生长,菌袋温度会骤然升高。此时要加大通风量,并疏散菌袋,防止烧堆。经 30~50 d,菌丝长满菌袋,待菌袋内壁四周菌丝体出现膨胀,有褶皱和隆起的瘤状物,且逐渐增加,占整个袋面的 2/3,手捏菌袋瘤状物有弹性松软感,接种穴周围稍微有些棕褐色时,表明香菇菌丝生理成熟,可进菇场脱袋转色。

(六)脱袋排场

1.搭建立棒排放架

立架材料采用木桩及防老绳,立架采取棚长向,在大棚的两端对应打下木桩,木桩高出地面 30 cm,在对应的两根木桩上系紧防老化绳,每根绳间距 25~30 cm,出菇棚两侧 4 根绳一组,中间 2 排 10 根绳一组,每组绳间距 2 m 加一半"工"字形钢筋架支撑,组间留人行道,宽 50 cm,大棚两侧 4 根一组,计 4 组(图 15-4)。

2.脱袋立排菌棒

气温 15~25℃时,将菌袋运到菇棚,用消毒刀沿菌袋纵向刺破袋壁,剥去薄膜脱袋,按 5~8 cm 的间距,70°~80°斜靠在绳上。脱袋立排菌棒要快,排满一畦,马上拱起畦顶,罩上塑料膜保温保湿。

图 15-4 立袋排放架

(七)转色期管理

待菌棒全部排好后,菇棚温度 17~20℃,不要超过 25℃,光线要暗些。

前 3~5 d 尽量不要揭开畦上的罩膜,畦内的相对湿度 85%~90%,塑料膜上有凝结水珠,使菌丝在一个温暖潮湿的稳定环境中继续生长。在此期间如果气温过高、湿度过大,需在早、晚气温低时揭开畦的罩膜通风 20 min。在揭开畦的罩膜时,温室不要同时通风,将两者的通风时间错开。

排场 5~7 d 时,菌棒表面长满浓白的绒毛状气生菌丝,要加强揭膜通风的次数,每天 2~3 次,每次 20~30 min,增加氧气、光照(散射光),拉大菌棒表面的干湿差,限制菌丝生长,促其转色。

第 7~8 天开始转色时,可加大通风,每次通风 1 h。结合通风,每天向菌棒表面轻喷水 1~2 次,喷水后晾 1 h 再盖膜,连续喷水 2 d,至 10~12 d 转色完毕。

由于播种季节不同,转色场地的气候条件特别是温度条件不同,转色的快慢不大一样,具体操作要根据菌棒表面菌丝生长情况灵活掌握。

(八)出菇管理

1. 催蕾期管理

香菇是变温结实性菌类,一定的散射光,温差和新鲜空气有利于子实体原基分化。这时,揭去畦上罩膜,出菇棚温度最好控制在 10~22℃,温差 5~10℃。如果自然温差小,还可借助于白天和夜间通风的机会人为拉大温差。空气相对湿度维持 90% 左右。条件适宜时,3~4 d 菌棒表面褐色的菌膜就会出现白色的裂纹,不久就会长出菇蕾(图 15-5)。

图 15-5 出菇期

此期间要防止空间湿度过低或菌棒缺水,以免影响子实体原基的形成。出现这种情况时,要加大喷水,每次喷水后晾至菌棒表面不黏滑,但却潮乎乎的为止,然后盖塑料膜保湿。也要防止高温、高湿,以防止杂菌污染,烂菌棒。一旦出现高温、高湿时,要加强通风,降温降湿。

2. 子实体生长期的管理

菇蕾分化出以后,进入生长发育期。不同温度类型的香菇菌株子实体生长发育的温度是不同的,多数菌株在 8~25℃ 的温度范围内子实体都能生长发育,最适温度在 15~20℃,恒温条件下子实体生长发育很好。要求空气相对湿度 85%~90%。随着子实体不断长大,呼吸加强,CO_2 积累加快,要加强通风,保持空气清新,还要有一定的散射光。

3. 采收及转潮期管理

整个一潮菇全部采收完后,要大通风一次,晴天气候干燥时,可通风 2 h;阴天或者湿度大时可通风 4 h,使菌棒表面干燥。然后停止喷水 5~7 d,让菌丝充分复壮生长,待采菇留下的凹点菌丝发白,就给菌棒补水。以后每采收一潮菇,就补一次水。

任务二　反季节香菇栽培

> **知识目标**：了解反季节香菇生产相应的生产设施；熟悉反季节香菇栽培场所及栽培模式；掌握反季节香菇栽培物料的选择与处理；知道反季节香菇的栽培管理方法；掌握香菇栽培中经常出现的问题及原因。
>
> **能力目标**：能根据市场情况判断香菇栽培时间；会选择与处理香菇栽培原料；会香菇脱袋与排场处理，转色期管理；能进行反季节香菇发菌期和出菇期管理。

香菇反季节种植，出菇季节正好与大面积常规栽培相反，不但打破了香菇栽培的时间限制，填补了市场空白，使香菇实现了周年生产，而且香菇的产量、质量和效益大幅度提升，可有效提高产品的市场竞争力。

二维码 26
反季节香菇栽培

(一)生产安排

各地应当因地制宜根据栽培方式，对照当地气候、行情的走势，进行小幅度的调节生产时间，尽可能地让价格相对高一些。一般华北地区 10 月中旬至翌年 3 月末为养菌期，4 月中下旬菌棒入棚脱袋出菇，5 月批量出菇，9 月结束。东北地区一般在 10—12 月生产菌棒，5—10 月菌袋进棚，脱袋排场后转色出菇，夏季盛产，可延续至翌年 1 月产季结束。

(二)栽培准备

1.栽培场所准备

选择阳光充足、冬暖夏凉、地势平坦、通风良好、排灌方便、环境卫生的地方搭建双层菇棚。出菇棚由上下两层拱架棚组成，外拱棚和内拱棚皆用遮阳网和塑料薄膜覆盖，内拱棚为保温保湿棚，外拱棚可根据季节温度变化和出菇状况选择揭开或覆盖塑料膜，达到遮阴及保温作用的可调性。棚内出菇架架高 1.65 m，每架 7 层，每层间距 25 cm，顺棚向安装 3 排出菇架，两排之间留 70 cm 过道(图 15-6)。也可用冷棚做出菇棚，采用立棒或层架出菇模式(图 15-7)。

图 15-6　层架出菇

图 15-7　冷棚立棒出菇

2.菌种选择

选择耐高温、转潮快、商品性好、抗逆性强,生活力强的菌龄短高温品种或者广温型品种,菌龄在 45~50 d,如 808、辽抚 4 号、238、241-4、南山一号、秋 1 等。

3.菌袋制作

常用配方:

(1)阔叶硬杂木屑 80％、麦麸 17％、石膏粉 1.5％、红糖 1.5％。

(2)阔叶硬杂木屑 78％、麦麸 16％、玉米粉 3％、石膏粉 1.5％、红糖 1％、过磷酸钙 0.5％。

(3)阔叶硬杂木屑 77％、麦麸 18％、玉米粉 3％、石膏粉 1.3％、磷酸二氢钾 0.2％、碳酸钙 0.5％。

具体选用哪种配方可以根据当地的资源条件择优选用,菌袋制作参照任务一相关内容。

(四)发菌期管理

菌丝萌发初期,发菌棚内温度控制在 18~22℃,空气湿度自然状态(30％~45％)。

接种 1~10 d 后,可以明显看到菌丝恢复,接种块定植后,开始向栽培料蔓延,在此期间无需补充新空气,随后应逐渐增加新风量,二氧化碳浓度一般控制在 0.3％以下,重点防止链孢霉发生。

15~20 d 后菌丝便可长出接种点,接种穴菌丝直径达 3~5 cm 时第一次倒剁,倒垛时发现有杂菌感染的菌袋,要根据感染情况采取不同方法及时处理。菌丝直径 8~10 cm 时生长量增加,呼吸强度加大,要注意通气和降温。二次码垛时,菌袋改"井"字形摆放,垛间要留有通风道,倒垛时上下层菌棒,要交换码放,以便于发菌的同步性。昼夜开动通风器进行通风换气,使菌棒内温度不超过 28℃,防止高温烧菌。

当菌丝圈生长到相互连片直径达 8~10 cm 时,扎微孔,俗称"放小气"。每棒刺 20~30 个,孔深 2.5~3 cm。此时,应加强通风降温,发菌场地的温度控制在 25℃以下,第一次刺孔后 20 d 左右,菌丝便可长满菌袋。

菌丝满袋,瘤状物占菌袋 1/3 时,进行第二次刺孔,二次刺孔通常使用刺孔机进行,每袋刺孔 60~90 个,孔深 4 cm 左右,刺孔后,由于菌丝生长产生的热量多,此时管理的重点是通风降温,空气相对湿度控制在 70％左右,菌棒内部温度不超过 25℃,防止造成高温烧菌。

由于菌袋的大小和接种点的多少不同,一般要培养 45~60 d 菌丝才能长满袋。这时还要继续培养,待菌袋内壁四周菌丝体出现膨胀,有褶皱和隆起的瘤状物,且逐渐增加,占整个袋面的 2/3,手捏菌袋瘤状物有弹性松软感,接种穴周围稍微有些棕褐色时,可进菇场转色出菇。

为了克服暴出菇和白棒出菇的弊端,在养菌后期的通氧和倒垛操作要轻拿轻放,防止惊蕈影响菌棒转色。

(五)转色期管理

菌棒在室内发菌 60 d 左右,进行转色管理。为防止暴出菇应该适当让菌皮长厚些。反季栽培环境条件相对比较恶劣,菌棒更加需要菌皮的保护。在转色期要定期通风,棚内温度不超过 25℃,空气相对湿度 70％左右,同时,给予适宜的散射光照,光照度为 200~300 lx。当绒毛菌丝已覆盖培养料的全部颗粒,菌丝呈波皱状,并分泌褐色素,菌丝隆起面占 50％以上,标志着菌丝已完全成熟,可以脱袋进棚上架。

也可以转色前期不脱袋,当转色面达到 80％以上,菇蕾将破皮而出时再脱。此外,如果菌棒受冷热及机械刺激,原基和菇蕾大量出世,应及时脱袋进棚上架,加强管理,减少畸形菇。

(六)出菇期管理

转色后的菌袋在4月到了出菇期,选择晴天的早晚入棚上架。出菇棚温度最好控制在10～22℃,空气相对湿度维持在85%～90%,利用加大昼夜温差或刺孔振动,促使菇蕾发生。处理好温度、水分、通风、光照之间的相互协调关系,确保菌肉厚实、菇柄短。

层架出菇时,当菌袋中菇蕾生长至1～1.5 cm时要及时割袋开穴。每袋留菇蕾4～6朵,去畸形弱小,留圆正粗壮的,而且要分布疏散均匀,尽量形成塔形。待菇蕾长至菇蕾2～3 cm时,夜间掀开薄膜引冷空气进入菇棚,人为制造干冷空气条件,此时菌盖表面生长受阻,而菌肉细胞还在菇体内部分裂生长。菇体内外生长不同步、表皮胀裂、菌肉外露。进入出菇期后,避免环境湿度过低或菌棒缺水,每天通过适时通风、喷水、降温促进菇蕾健壮生长,为子实体原基的形成创造良好条件。

(七)采收与转潮期管理

夏菇大多是鲜销,所以采摘前数小时不能喷水喷雾,以减少菇体的含水量,延长保鲜时间,采摘时菇柄不能残留在菌棒上,也不能碰伤菇盖和周围小菇蕾,轻放周转筐里,及时放入保鲜库打冷、降温保存,然后根据市场需求标准分选销售。

采收后停止喷水,晾棒,每天通风1～2次,促使菌丝体恢复生长,积累营养。1周后,采菇穴内菌丝开始发白时注水。注水应在上午9时之前和下午16时之后,第一次补水应为菌棒为原重量的70%～80%,宁少勿多。同时利用北方昼夜温差大的气候特点拉大棚内温差,诱导第二潮子实体形成。以后每潮菇采收后,都要先让菌棒恢复菌丝生长,积累养分,再进行注水,使菌棒含水量达50%～60%,拉大棚内温差,进行下一潮香菇生产,反季可采收6～7潮香菇,10月下旬至11月上中旬结束。

知识拓展

一、香菇转色

香菇菌丝发满菌袋,并达到一定的生理成熟度时,人为调控湿度、温度、通气、光照等条件,使其料表气生菌丝全部倒伏并分泌色素,料表色泽逐渐由浓白、浅白转为浅棕直至棕色、棕褐色,最后形成一层集保温、保湿、避光、抗杂菌等多重作用于一体的棕褐色菌膜,该过程称之为转色。

香菇菌棒转色的色泽深浅、菌膜的厚薄等,与出菇时间、出菇产量及菇品质量关系密切。一般正常转色表现为菌膜厚薄适中、棕褐色、菌棒有树皮光泽,富有弹性;其出菇表现为按时现蕾、菇蕾均匀,潮次明显;菇体发育正常,产量高,质量优。

二、香菇转色管理中易出现的问题

(一)香菇菌袋转色不良

菌袋白色,或者白色与褐色相间,色泽不均匀,菌袋易失水干燥,出菇量减少,感染杂菌或烂袋。

发生原因:一是菌龄不足,脱袋过早,菌丝没有达到生理成熟。二是菇床保湿条件差,湿度偏低。三是脱袋时气温偏高,喷水时间太迟,或脱袋时气温低于12℃。

预防措施:香菇菌丝达到生理成熟后才进行脱袋转色,即菌丝长满袋后要进行后熟,菌袋表面出现黄褐色水珠和瘤状物,接种孔附近菌丝开始变为褐色,菌袋由硬变软时,才可进行脱袋转色;控制好转色期的环境条件。脱袋后 $3 \sim 4$ d,菇床罩膜内的温度控制在 25℃ 内,不必揭膜通风,使脱袋的香菇菌丝在适温中复壮。4 d 后每天通风 $1 \sim 2$ 次,时间为 $30 \sim 40$ min,拉大温差,使气生菌丝受到抑制,不至于过分旺长。

一般脱袋后 $7 \sim 8$ d,菌丝开始吐出黄水珠,必须及时喷水冲洗。待菌棒稍干时,覆盖薄膜。

(二)菌丝徒长不倒伏

表现为菌丝持续生长,密集成团,结成菌块或组成白色菌皮,难以形成子实体。

发生原因:一是湿度过大;二是缺氧气,菌丝开始洁白后,没有适当进行通风换气,或掀动膜次数太少;三是培养料配方不合理,营养过量,菌丝生长过盛。

预防措施:一是加大通风量,选中午气温高时,揭膜 $1 \sim 1.5$ h,让菌棒接触光照,达到干燥,促使菌丝倒伏,待菌棒表面晾至手摸不黏时,盖紧薄膜,第二天表面出现水汽,菌丝即已倒伏。采取上述措施仍未能解决倒伏问题的,可用 3% 的石灰水喷洒菌棒一次,晾至不粘手后盖膜,3 d 后菌丝即可倒伏。二是如果 $10 \sim 15$ d 仍不转色,以至菌棒脱水,应连续喷水 $2 \sim 3$ d,每天 2 次,通风时间缩短至 30 min,补水增湿促进转色。

(三)菌膜脱落

表现为脱袋 $2 \sim 3$ d,菌袋表面瘤状菌丝膨胀,菌膜翘起,局部片状脱落,部分悬挂于菌袋上。一般发生菌膜脱落现象时,出菇会推迟 10 d 左右。

发生原因:一是脱袋太早,菌丝没有达到生理成熟。二是脱袋后温度突变(高温或低温),表面菌丝受刺激,缩紧脱离,使菌袋内菌丝增生,迫使外部菌膜脱落。三是管理失误,脱袋后 $1 \sim 3$ d,在 25℃ 条件下不揭膜通风,但有的因当时气温较高,中午揭膜通风,致使菌丝对环境条件不适应。

预防措施:一是温度以 25℃ 为宜,让恢复生长的菌丝迅速增长。二是选择晴天喷水加湿,相对湿度保持在 80%。三是每天保持通风 2 次,每次 $30 \sim 40$ min,经过 $4 \sim 6$ d 管理,菌棒表面可产生新的菌丝。

(四)转色太深,菌膜过厚

表现为皮层质硬,颜色深褐,出菇困难。

发生原因:一是脱袋延误,菌龄太长,体内养分不断向表层输送。二是菌丝扭结,菌膜逐层增厚。三是通风不当,脱袋后没有按照转色规律要求的时间揭膜通风,或通风次数、时间太少。四是菇场过阴缺乏光照。

预防措施:一是加强通风,每天至少通风 2 次,每次 1 h。二是调节光照,菇棚要求保持"三分阳七分阴"花阴光照。三是增大菇棚内的干湿差和温差,促使菌丝从营养生长转为生殖生长。

三、香菇的主要栽培品种

香菇因栽培历史悠久,自然分布广泛,因而形成了众多的品种。香菇品种繁多,可按需要划分品种类型,可按栽培技术划分,按出菇早晚划分,按出菇温度划分等。

(一)按出菇温度划分的品种类型

(1)高温型品种 春、夏、初秋的菇种,子实体分化发育温度范围多在 $15 \sim 25 \text{℃}$,常见的品种有931、武香1号等。

(2)中温型品种　秋、冬、春发生的菇种,子实体分化的温度范围10～20℃,生产上应用的品种有L26、1363、867、939、937、Cr04、L868、沈农63、Cr66等。

(3)低温型品种　深秋、冬、早春发生的菇种,子实体分化发育的温度范围5～15℃,常见的品种有135、241-4等。

(二)按出菇周期长短划分的品种类型

(1)早生型　接种后70～80 d出菇,出菇温度较高,如辽抚4号(0912)、武香1号等。

(2)迟生型　接种后120 d以上出菇,出菇温度较低,如241-4、135。

(三)部分香菇主栽品种简介

(1)L241　中低温型,最适出菇温度12～16℃,菌盖茶褐色,菌肉肥厚,菌柄短,花菇比例大,180 d出菇。抗逆性强,适应性广,是代料栽培香菇感官和品质均优的品种。

(2)939　属中低温型品种,最适出菇温度14～18℃,菇体大,菌肉肥厚致密,菌盖黄褐色,高产优质,花菇厚菇比例大,菌龄90 d左右。接种适期长,抗逆性强。

(3)135　属中低温型,其菌盖大,肉厚,菇柄短,菇质优,易形成花菇。出菇温度范围6～18℃,以9～13℃为最适;菌龄200 d以上。

(4)L868　属中低温偏低型早熟品种,出菇温度8～25℃。子实体中大型,菌盖茶褐色,圆整,菌肉较厚,柄细短,抗杂能力强。出菇快,菌龄60 d以上,自然转色好,产量高,适鲜销。

(5)937　属中温偏低型中熟品种,子实体中型,菌盖黄褐色,边缘有白色鳞片,圆整,菌肉肥厚,柄特短,出菇温度8～25℃。菌丝抗逆性强,产量高,极易形成花菇。菌龄90 d左右,为鲜销特优种。

(6)Cr33　属中温型,菇形圆整,菌肉肥厚,盖色较深,柄短而细,产量高,菇质较优。最适出菇温度15～22℃,菌龄60 d。

(7)L26　属中温型早熟品种,出菇温度10～25℃。子实体大型,菌盖茶褐色,肉厚,柄较短,抗逆性强,出菇较快,产量高。菌龄65 d以上,是露地或温室秋栽的理想品种。

(8)Cr66　属中温型早熟品种,菌丝抗逆性较强,菌龄60 d以上,子实体中型,菌盖黄褐色,菌肉肥厚,柄细短,出菇温度10～23℃。出菇早、高产、易管理。

(9)灵仙一号　属中温偏高型品种,菌丝粗壮浓密色白,定植力较强,生长旺盛,菌龄100～120 d,子实体大而单生,菌盖浅棕褐色,菌肉肥厚,柄稍长,中粗。出菇温度10～34℃,最佳温度20～26℃,菌龄70 d。

(10)L808　属中高温型中晚熟品种,子实体中大型,朵型圆整;菌盖深褐色,半球形,颜色中间深,边缘浅,多丛毛状鳞片,呈圆周形辐射分布;菌肉厚,质地结实;菌柄短而粗。菌丝生长温度为5～33℃,最适25℃;出菇温度为12～25℃,最适15～22℃;需要6～10℃的昼夜温差,菌龄110 d。

(11)931　中温偏高型早熟品种,子实体表面为淡褐色,朵型圆整,菌盖有少量鳞毛,菌肉厚、色偏黄,菇质较硬、耐储运。菌丝生长温度为5～35℃,最适24～27℃;出菇温度为15～33℃,最适20～25℃。菌龄70 d,菌丝生长旺盛,出菇早,转潮快而集中,抗高温、抗杂菌能力强,是反季节香菇栽培优良品种。

(12)0912(辽抚4号)　菌株属广温类型,菌龄70～90 d,出菇温度10～29℃,菌丝生长速度特快。大型菇叶,菇型圆正,柄短叶厚,质地坚实,菇体颜色浅。抗病性强,抗杂性好,高温下能出优质菇。适合东北地区春、夏、秋季栽培。

(13)1363 属中温型,菌丝生长快,抗逆性强,自然条件下 10～20℃ 可正常出菇。菇形好,菌盖圆整,开伞晚,菌肉厚且密实。盖面色泽为浅茶色至灰白色,直径 3～7 cm,菇体含水量少,易烘干,商品率高。适于各种季节,尤其反季节栽培,在较低温度下出菇。

四、香菇的分级标准

一级:菌盖直径 5.5～7 cm,圆整,色泽正常棕褐;菌柄长度不大于菌盖半径;切削平整,无虫蛀菇,无破碎菇。

二级:菌盖直径 4.5～5.4 cm,菌盖圆整,色泽正常;菌柄长度不大于菌盖半径;无虫蛀菇,无破碎菇。

三级:菌盖直径 3～4.4 cm,菌盖圆整,色泽正常;菌柄长度不大于菌盖半径;无虫蛀菇,允许少量破碎菇。

思考与练习

1.影响香菇菌棒转色的原因有哪些?

2.香菇脱袋后应采取哪些措施促进菌棒转色?理想的转色膜有什么特征?

3.香菇出菇阶段的管理要抓住哪些重要环节?

4.香菇出菇后期的补水措施有哪些?

二维码 27
香菇菌棒栽培

项目十六

黑木耳栽培

知识目标:了解黑木耳最佳栽培季节的确定方法;能选择优良菌种;掌握黑木耳全程生产管理。
技能目标:会布置黑木耳出耳场地,会打孔、困菌、会出耳管理。

黑木耳的营养价值十分丰富,其蛋白质中不仅含有人体所必需的 8 种氨基酸,而且赖氨酸和亮氨酸含量特别高,是一种高蛋白、低脂肪食品。同时,黑木耳具有清肺益气、清涤胃肠、补血活血、镇静止痛作用,对痔疮出血、产后虚弱、寒湿性腰腿疼痛有明显疗效,是纺织工人、理发工人和矿山工人的重要保健食品。

一、黑木耳的生物学特性

(一)形态特征

黑木耳菌丝体白色,紧贴培养基匍匐生长,绒毛状,毛短而整齐。菌丝不爬壁,生长速度中等偏慢。在温度适宜的情况下,约 15 d 长满试管斜面。菌丝体在强光下生长,分泌褐色素,使培养基变成茶褐色。显微镜下,菌丝纤细,粗细不匀,分枝性强,常呈根状分枝,有锁状联合。

子实体新鲜时半透明,胶质有弹性,干燥后缩成角质,硬而脆。子实体初生时为杯状,后渐变为叶状、浅圆盘形、耳形或不规则形。耳片分背腹两面,腹面也叫孕面,生有子实层,能产生孢子,表面平滑或有脉络状皱纹,呈浅褐色半透明状。背面凸起,青褐色,密生短绒毛。子实体单生或群生,单生的为耳状,群生的为菊花状。

(二)生长发育条件

黑木耳在生长发育过程中需要一定的生活环境条件,而影响其生活环境条件的因素涉及自然因素、物理因素、化学因素和生物因素,但对黑木耳生长起重要作用的因素主要有营养、温度、湿度和水分、空气、光照、酸碱度。

1.营养条件

黑木耳是一种腐生性很强的树木腐朽菌,只有在死的树木上才能生长。在自然界中,多生于栎、桦等阔叶树的枯木上。黑木耳所需的营养物质主要是碳水化合物、含氮物质、无机盐和生长素类。碳是菌丝细胞形成的物质基础和能量来源。碳源来自葡萄糖、蔗糖、淀粉、纤维素、半纤维素和木质素等。氮是构成黑木耳蛋白质及形成各种氨基酸必不可少的物质。含氮量高的物质有米糠、麸皮、豆饼等。无机盐是构成细胞和形成酶类的重要组成物质。无机盐中,以 P、K、Ca 尤为重要。P 对核酸的形成起重要作用;K 对细胞的形成和呼吸作用起重要作用;Ca 对菌丝体及子实体的形成和生长发育起重要作用。石膏中的 Ca 既可中和酸根起调节 pH 作用又可以提供 Ca 源。此外,黑木耳的生长发育还需要微量元素,如 Fe、Cu、Mn、Co、Zn 等,不过,这些微量元素在普通水中就足以具备,不需要再额外添加。生长素类是核酸和维生素类形成的来源。尽管其需要量不大,但同样是黑木耳生长发育所必需的。生长素类在米糠和麸皮中含量较高,在配方中加入的米糠或麸皮里所含的生长素类完全可以满足黑木耳生长发育的需要。

2.环境条件

(1)温度 黑木耳属中温型真菌类,其各生长发育阶段对温度的要求各不相同,一般菌丝在 5～36℃均能生长,适宜温度为 22～28℃,在此温度范围内,菌丝生长健壮,生活力旺盛。0℃以下,生长受抑制且不易形成子实体,高于 32℃以上菌丝较细弱且容易衰老。子实体生长温度范围为 15～32℃,以 20～25℃最为适宜,温度超过 33℃,子实体停止生长。

(2)湿度和水分 黑木耳在不同生长发育阶段对湿度、水分的要求不尽相同,黑木耳培养料含水量以 55%～60%为宜。这样可提高透气性,促使菌丝面料的纵深发展,含水量超过 70%时,培养料中氧气不足,就会影响菌丝呼吸,并易发生杂菌。子实体生长发育阶段,除维持相应的含水量之外,还需要一个多湿的环境,空气相对湿度保持在 85%～90%,则子实体生长快,耳形大,耳肉厚,但湿度不宜过大,否则造成通气不良,妨碍菌丝呼吸引起子实体腐烂,而过于低(当空气温度低于 70%时)子实体却又难以形成。

(3)空气 黑木耳是好气性真菌,菌丝体和子实体的呼吸作用要不断地吸入氧气,呼出二氧化碳。在制作菌种时,培养料、水和空气三者的比例要适当,注意培养料的松紧和含水量,保持一定孔隙。满足菌丝对氧气的需要,这样才能使菌丝健壮生长。黑木耳在子实体生长阶段,即从营养生长转入生殖生长时,对氧气的需要略低,一旦子实体形成,其呼吸旺盛,对氧气的需求急剧增加,需要加大通风量,此时,栽培室内经常通风换气相当重要。同时,随着通风换气,也可以改变和调节温度和湿度,减少杂菌污染。这也同时调节了空气的相对湿度和温度,有助于减少病菌滋生。

(4)光照 黑木耳在较暗环境中菌丝生长良好,少量的散光对菌丝的发育有促进作用。但是,子实体在黑暗环境中很难形成,光线对子实体原基形成有促进作用,并与黑木耳的色泽有关系。在光线充足的情况下,子实体颜色深,长得健壮肥厚,光线不足,黑木耳的子实体颜色变浅,长势弱,在选择耳房时必须考虑光照这一重要因素。

(5)酸碱度 酸碱度是影响黑木耳新陈代谢的重要因素。菌丝生长在 pH 5～6.5 的微酸环境下最为适宜。黑木耳喜欢偏酸的环境,是因为其分解纤维素、半纤维素、木质素碳源和能源时,所需的纤维素酸在偏酸性的条件下活性最高,分解能力最强。在配制培养料时,必须注意 pH 的调整。因为培养料在灭菌后 pH 下降,同时在培养过程中,由于生物体自身产生多种有机酸,使 pH 降低,所以在配制培养料时,应该使 pH 适当高些。另外,为防止培养料偏酸、偏碱,在配料时可加入 1%左右的石膏粉(即硫酸钙)或碳酸钙,这两种盐类对 pH 的变化有缓冲作用。

二、生产概况

世界上生产黑木耳的国家主要集中在亚洲的中国、日本、菲律宾、泰国等,但以中国产量最高,约占世界总产量的 96% 以上。木耳栽培在我国已有 1 400 多年的历史。20 世纪 50 年代前,是靠自然接种法生产黑木耳;50 年代,我国科学工作者经过艰苦的努力,成功地培育出纯菌种,并应用于生产,改变了长期以来的半人工栽培状态,不仅缩短了黑木耳的生产周期,产量也获得了成倍的增长,质量也有显著提高。70 年代末开始采用代用料栽培黑木耳,现在代料栽培已经成为木耳最主要的生产方式。我国黑木耳产区分为三片:东北片——辽宁、吉林、黑龙江;华中片——陕西、山西、甘肃、四川、河南、河北、湖北;南方片——浙江、云南、贵州、广西、广东、湖南、福建、台湾、江西、上海。

我国人工栽培黑木耳,历来都是利用栎树、枫树、榆树等阔叶树的段木进行栽培,生产周期长(一般 3 年),产量低。随着国家天然林保护工程的实施,木材产量逐年削减,木段栽植木耳受到了限制,代用料栽培黑木耳已成为黑木耳生产的主要方式。与段木栽培比较,黑木耳代料栽培有以下特点:充分利用自然资源,节省木材;产量高,生产周期短,经济效益显著;产品质量好,营养价值高;适合广大农村家庭栽培,又可集中进行工厂化生产。常用的栽培模式有黑木耳立式地栽和黑木耳棚室吊袋栽培。

黑木耳立式地栽采用室内养菌、室外出耳的栽培方法。20 世纪末由浙江龙泉和云和农民发明的"代料黑木耳露地微喷栽培技术"已推广到全国 20 多个省、区,特别是辽宁、吉林、黑龙江、内蒙、山东、山西、河北等地发展较快。此法不用搭棚,可以在大田内进行生产,也可在房前屋后空地做床,操作方便,出耳管理简单,节省人工。地栽木耳恢复了木耳的自然生长习性,上面喷水,下面返上地气,再加上通过人工适当调节温度和湿度变化,使耳片能够充分生长,均匀受光,产量高,质量好。

"吊袋"木耳就是将木耳菌袋悬挂在大棚内进行栽培管理,利用冷棚钢筋骨架,采用尼龙线悬吊黑木耳菌袋进行高密度空间栽植的生产方法。棚室"吊袋"木耳生产不受天气影响,保温保湿性好,空间利用率高;省力、省地、省工、省时;免受污染,质量好、效益明显。比地栽春耳能提前 1 个月采收,比地栽秋耳采摘期能延后 1 个月,可延长供应期。

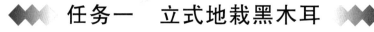

任务一 立式地栽黑木耳

知识目标:了解黑木耳最佳栽培季节的确定方法;能选择优良菌种;掌握黑木耳全程生产管理。

技能目标:能选择优良菌种;会布置黑木耳出耳场地;会打孔、摆放;能应用所学的知识分析与处理立式地栽黑木耳生产容易出现的技术问题。

生产工艺:生产前准备→菌袋制备→发菌管理→出耳前准备→出耳管理→采收。

(一)栽培季节确定

根据黑木耳出耳季节和出耳温度不同将木耳分为"春耳""伏耳"和"秋耳"。"春耳"是在春季(5—6月)出耳,出耳温度适中,耳片较肥厚,质量较好;"伏耳"是在夏季伏天(7—8月)出耳,出耳温度高,生长快,耳片薄,口感差,质量差;"秋耳"是在秋季(8月下旬至10月)出耳,出耳温度低,生长缓慢,耳片肥厚,质量好,但产量低。

二维码28　立式地栽黑木耳

我国北方地区春季栽培黑木耳(春耳)要在第一年的10月上旬开始生产二级原种,11月末或12月初开始生产三级菌,至第二年的3月中旬结束,4月下旬至5月初进行打孔催芽,5月末至6月初进行大田管理工作,6月末采收结束。栽培过晚或遇到气候异常情况,会形成"伏耳","伏耳"质量差。

秋季栽培的黑木耳(秋耳)要在每年3月生产二级原种,4月下旬至5月末生产栽培袋,6月培养菌袋,7月10日前打孔催芽,9月中旬至10月下旬采收结束。

(二)品种选择

主要分成朵状和片状两种,其中又分为早熟、中熟、中晚熟、晚熟等。在产量上朵状品种高于片状品种,从市场销售价格看,颜色黑、根小、单片、耳厚、碗状、筋少、圆边单片木耳品种畅销,常用的品种有黑29、延明1号、黑916、延农11、长白山7号等。最好早、中、晚熟品种搭配。11月至12月中旬生产晚熟品种,12月中旬至2月初生产中熟品种,最后生产早熟品种,这三个品种虽然生产菌袋时间不同,但都可以4月打孔,并能同时出耳。

(三)菌袋制备

代料地栽黑木耳主要使用原材料是阔叶硬杂木屑,有自然带锯末木屑和切粉机粉碎木屑两种。带锯末木屑颗粒小,拌料后含水量大,通风条件差,而切粉木屑颗粒大,不易吸水,拌料后含水量小,但通风好,所以代料栽培黑木耳最好是两种木屑混合使用,最佳比例是粗木屑占30%～40%,细木屑占60%～70%,这样搭配可以解决培养料中水分与通气之间的关系,辅料比地栽多10%～15%,培养料含水量60%～62%,这样通气好,能降低污染率,提高产量。常用的配方有:

阔叶树木屑79.5%,麸皮15%,石膏粉1%,生石灰0.5%,豆饼粉2%,玉米面2%。

硬杂木屑74.5%,稻糠20%,豆粉2%,玉米面2%,石灰0.5%,石膏1%。

可根据当地资源情况灵活掌握。

主料、辅料和水充分混拌均匀,小孔栽培拌料水分应略大一点(63%～65%),以袋底"发黑"、有几毫米的水渍为好。这样灭菌更彻底,可减少菌袋萎缩和烂袋。同时,出耳快且齐,提高小孔栽培的产量。拌料是否均匀可通过袋底积水来判断,袋底水渍一样高,说明拌料均匀;水渍不一样高,说明拌料不均匀。

选用袋料亲和力好的优质薄聚乙烯袋,规格为折径16.5 cm、17 cm,长33 cm、35 cm,每千袋重约2.6 kg,这样的袋子比较薄,收缩性好,能保证料与袋不分离,减轻"脱壁"现象,由料挤袋变成袋贴料,装松长实,料缩袋缩。因袋子薄容易损坏,故装袋机应选用防胀的,尽量将料装紧实。

大规模生产可用窝口机窝口,上部袋料紧贴不易分离,而且能降低杂菌污染,提高成品率。常规方法灭菌,出锅时要趁热将筐搬到接菌室或培养室,刚出锅的菌袋发软,这时从筐中将菌袋拣出,易使菌袋变形,造成袋料分离,要等菌袋稍凉变硬后再从灭菌筐中拣出,最好在筐中接种。

(四)发菌管理

培养菌袋进入培养室前要对培养室进行消毒,先用药剂喷洒,然后将培养室升温到 25℃,密闭门窗 24 h,再用气雾剂熏蒸 24 h。发菌前一天,再消毒一次,确保培养室处于相对无菌状态。当发菌室温度调节到 25℃,空气相对湿度降到 60% 以下时,就可将菌袋搬运至发菌室。

菌袋摆放时每层菌袋的上部与培养架之间要保留 10 cm 以下的通气空间,菌袋中间要留一定空隙,保证空气流通。菌袋码放不能高于 5 层,防止将菌袋压扁变形,造成袋料分离和影响机械刺孔。

(1)发菌前期管理　菌袋进入养菌室第 1～20 天为发菌前期,发菌初始阶段室温不超过 28℃,使菌种迅速定植萌发,7 d 后室温降到 26℃,15 d 后降到 25℃,20 d 温度降到 23℃。发菌 7 d 后开始通风换气,每天早上 7 点,下午 5 点各通风 0.5 h,10 d 后开始用微风吊扇让菌室内上下层空气循环,以保持上下层菌袋温度相对一致。第 15～20 天翻堆一次。此期间避光培养,空气相对湿度保持在 60% 左右,经常检查菌袋发菌情况。

(2)发菌中期管理　菌袋发菌第 21～40 天为发菌中期,菌丝生长快,发热量大,需特别注意散热。需逐渐将室温降到 20℃,每 7 d 翻堆一次,并加大夜间通风时间。

(3)发菌后期管理　菌丝长满袋,发菌第 40～60 天为发菌后期。培养室内温度降到 16～18℃,促使基内菌丝旺盛生长,彻底分解基质。菌丝发满袋后,根据菌种特性和距刺孔时间控制温度。晚熟品种后熟一般需要 600℃ 左右的积温,中熟品种需要 400℃ 左右的积温,早熟品种不需要积温后熟,要低温保藏或长好就刺孔。

(五)出耳前的准备

1.准备用品

木耳需准备场地 667 m²,准备 3 m 长的草苫子 200 片或备有足够的遮阳网,微喷管 200 m,纱窗或晾耳筛子 10 m²,与床等长等宽的塑料膜 210 m。

2.制作耳床

选择环境清新、地势平坦、水源充足、排水良好、用电运输方便的地块。老出耳场地每年要用旋耕机旋耕,将地表杂菌翻入土内失去活力。

南北向或顺坡作畦床,畦床长因地制宜,一般宽 1.6 m,作业道宽 40 cm,高 20 cm。场地四周应挖排水沟,避免积水。

3.铺设雾喷设施

安装时,主管连接水源,与菌袋摆放的横向一致。一般每个摆放单元安装 1～2 条幅宽 5 cm 软质自动喷雾管,催芽期微孔口面朝下,润湿床面,待耳芽出齐、封住割口后,返微孔口面向上,雾化喷水管理。设自动喷水管,催芽期可侧沟内铺膜灌水,以宽膜罩沟保湿;几个单元设置一个分控水阀,或者生长一致的同一管理区域设置一个分控水阀。

(六)出耳管理

1.困菌

春季以当地夜间气温连续 10 d 高于 5℃,秋季以当地白天最高气温连续 10 d 低于 35℃ 时,将菌袋拉到栽培场地,按 2 行 4～5 层摆放在耳床上,盖草帘复壮菌丝,经 3～5 d,待袋内菌丝反白,袋料紧贴,日最高气温稳定在10℃时开口。

2.开口

小孔木耳多采用刺孔器刺孔,可根据种植习惯和管理水平,选择相应的开口形状和相适应的开口刀具。开口形状分为"Y"形、"＊"形、"|"形、"O"形,开孔前需要对刀具进行调整,保证排距相等,孔的深浅相同、大小一致。"|"形刀方向需要调整一致,保证开口方向垂直于菌棒。

"Y"形和"＊"形长出来的木耳根大,容易催芽,产量较高,适宜大筋品种;"|"形长出的木耳根相对小一些,催芽管理相对容易,适合半筋品种;圆钉口长出来的木耳耳片根小,适合微筋或无筋木耳品种。

"Y"形、"＊"形、"O"形直径为4～5 mm为宜,开口深度6～8 mm,"|"形线口长7～8 mm,深6～8 mm为宜。春耳生产孔排距1.8～2.0 cm,孔距2.0 cm,秋耳生产孔排距1.5～1.8 cm,孔距2.0 cm。料高22 cm袋开口数量270～330个。

刺孔前对菌袋消毒,刺孔时每隔半个小时用2％石灰水或0.5％高锰酸钾溶液擦洗开口机的刀轮,以防止杂菌侵染菌棒开口处。

3.摆袋

摆袋分为直接摆袋法和集中摆袋法。

(1)集中摆袋法 先将宽2 m的有孔的黑地膜或黑白膜压好地膜一头铺平,边铺膜边摆袋,"品"形袋口朝下摆放(图16-1),袋距2～3 cm,育耳完成后分床。一般集中育耳每隔1～2床摆一床,这叫母床,育耳后向两侧分床,两侧的叫子床。摆好后盖塑料、草帘,保湿催芽。

(2)直接摆袋法 开口后的菌袋袋口朝下立袋摆放在事先做好的耳床上,1.6 m宽床摆放8行菌袋,菌袋行距、间距5～10 cm,呈"品"形摆放,每床延长米摆40个菌袋,每667 m² 可以摆1万～1.3万棒。摆袋时袋底朝下。要求行距、间距保持一致。

菌袋摆放完成后,在菌袋上再覆盖一层带孔地膜,在地膜上覆盖遮阳网或草帘。

图 16-1 摆袋

4.催耳期管理

催耳期温度控制在15～25℃时,前3 d不需要浇水。催耳期菌袋开口处由黑色转为白色,白色逐渐转为黄色,黄色转为褐色,褐色转为黑色,直至木耳原基形成,此期间可适当小量喷水、保温,保持畦面空气相对湿度65％～75％,温度15～25℃,以18～23℃最佳。隔2～3 d,在无风早晚时将塑料膜掀起通风,只要温度不超过25℃,无须天天通风。10 d左右长出黑耳芽时,催耳完成。

集中催耳时,当黑色原基封口后,最好原基上分化出锯齿状曲线耳芽时,揭开草帘,疏散出耳。此时应把喷水口调至往上喷,把每床的微喷带接头安装并对接封闭好(图16-2)。

图 16-2 微喷带

5.耳芽期管理

从分床后1～20 d为耳芽期。床温低于18℃,加盖薄膜增温;床温超过25℃,加盖一层草帘遮阳降温保湿。每天5—10点,17—20点浇水,1次/h,

9次/d,15～20 min/次,要求水温与环境温度相近。待原基长至1～1.5 cm时,适当加大通风量,可在清晨和傍晚卷起草帘两端,从床侧加强通风,每次1～2 h,间隔2～3 d通风1次。草帘厚或连阴天,早晚可揭开草帘通风透光。

6.子实体生长期的管理

从伸展出小耳片到耳片充分展开这一阶段称为子实体生长期。主要是逐渐加大喷水量,加大空气相对湿度到90%以上,加大通风量,保持床温15～25℃,采用定时器控制喷水,每浇水10 min停40 min,浇水时间上午4—9时,下午17—20时。

在水分管理上,遵循"干长菌丝,湿长耳"的规律,坚持"看天气看温度浇水、看耳看菌定量、细水勤浇、干透湿透"的原则,灵活掌握。看天气浇水:晴天温度高,可适当多浇水,阴雨天可少浇或不浇;二看温度浇水:气温低时,早晚不浇水,白天温度低于26℃时应间歇性连续浇水,中午温度高时更应勤浇水降温,待下午15—16时停止浇水,提高地面温度,使木耳晚上生长。三看耳片浇水:停水后如果耳片很快变干"显白"应继续浇水,反之不用浇水;四看菌袋浇水:当菌袋水分较大,菌袋较重时,应少浇或停止浇水;五要干湿交替:干可干2～3 d,干得比较透,以耳根干为好,湿要把水浇足,细水勤浇,连浇2～4 d,干湿交替,直到木耳生长结束。

7.采收晾晒

当木耳展片直径为3 cm时就要及时采收,此时干耳直径2 cm左右,呈碗状、耳厚、型好、价高、好销;而当木耳长至5 cm以上,干耳多呈"耳"状或片状,售价要低很多,失去小孔单片木耳品质好、价格高的优势。小孔单片木耳不用剪根,一碰就掉,采摘时采大留小,不伤及耳芽。

摊于晾晒席(或沙网)上曝晒,2 d后可晒干,装入塑料袋中防潮避光贮存出售。注意将拳耳、流耳、烂耳、未开片的木耳单独装袋贮存。

8.转潮期管理

小孔栽培可采3～4潮耳,转潮期管理主要注意浇水和采收。

一潮耳采收完,一般在6月中旬,晒袋1～2 d后浇水,浇水方法模拟下雨,要勤浇,加大浇水量,一般15 d左右可采第二潮耳,此时在7月初,气温高,要及时疏耳,加强通风,防止白毛和流耳。二潮耳采收完就进入高温季节,可停止浇水,立秋前在袋顶划口,进行浇水管理,浇水量大一些,到上冻时还可采1～2潮耳,此时木耳少有连片,而且耳厚、色黑、售价更高。

 任务二　黑木耳棚室吊袋栽培

知识目标:了解吊袋黑木耳最佳栽培季节;掌握棚室吊袋黑木耳全程生产管理。
技能目标:能进行棚室吊袋木耳出耳场地准备;能判断吊袋适期,会吊袋;能进行出耳及出耳间歇期管理;能处理生产出现的技术问题。

(一)生产时间确定

东北春季栽培:菌袋接种期一般在1—2月,或前一年11—12月,晚熟品种需要15～25 d的后熟期,生产期需提前。2月下旬至3月上旬扣大棚塑料薄膜增温,3月中下旬菌袋进棚刺孔催芽,4月上旬开始挂袋出耳管理。4月下旬至5月初开始采摘,6月下旬至7月上旬采收结束。

二维码29　黑木耳棚室吊袋栽培

秋季栽培：一般 3—4 月为栽培袋接种期,5—6 月为菌袋培养期及后熟期。7 月下旬至 8 月上旬进棚刺孔催芽和出耳管理,10 月下旬至 11 月上旬采收结束。

(二)菌袋制备

常用配方：

(1)木屑 86.5%,麸皮 8%,豆粉 2%,玉米粉 2%,石膏粉 1%,石灰 0.5%,含水量 60%～65%。

(2)硬杂木屑 84.5%,稻糠 10%,豆粉 2%,玉米面 2%,石灰 0.5%,石膏 1%,含水量 60%～65%。

(3)阔叶树木屑 69.5%,玉米芯 20%,麸皮(米糠)8%,豆粉 1%,玉米面 2%,石膏粉 1%,生石灰 0.5%,含水量 60%～65%。

配料时粗细木屑比为 70∶30,辅料比立式地栽高 10%～15%。

原料准备、拌料、装袋、灭菌、接种、培养可参照黑木耳立式地栽相关内容。

(三)菌种选择

在东北地区,早春利用棚室立体吊袋栽培黑木耳,产品销售价格高的原因有 2 个:一是抢早上市,与地栽相比强调一个"早"字,早增温,早开口、早出耳、早采收、早销售。另外一个就是产品品质优。黑木耳的菌种一般选择选择早生快发,出耳齐,耳片厚,抗逆性强的中早熟品种,如"牡耳 1 号""黑威 15""牡 2008-4""新世纪 4 号"等品种。

(四)耳棚搭建

1.大棚建设

出耳场地要求环境清洁卫生、水源充足、空气湿度大、通风好、避风向阳。

大棚的结构以拱棚为主,钢架结构可用镀锌钢管和钢筋材料。大棚两头开门,门宽 2 m 以上,棚宽 12 m,长 30 m,中间高度 3.4 m,边角高度 2.2 m。大棚南北走向,利于通风和降低棚内的湿度,菌袋受光较好。

大棚中间要有支柱,根据大棚的宽窄确定支柱数量。原则是要牢固,能承载棚膜、遮阴物和菌袋的重量。

根据大棚的宽度,在棚内框架上放置若干横杆,用于栓绑吊绳,每 2 个横杆一组,组内横杆间距 25～30 cm,每组横杆之间留出 60～70 cm 的作业道,横杆的长度依大棚的长度而定(图 16-3)。

2.配套设备安装调试

(1)扣棚膜　两端棚头单独扣棚膜,棚身与两端的棚头棚膜为分体式,棚身两侧安装手动卷膜器,利于卷放棚膜、通风换气。棚四周边膜压严踩实。

图 16-3　棚架分体式

(引自王延锋等,2014)

(2)覆盖遮阳网　棚外覆盖遮阳网工作可在菌袋进棚前 1～2 d 进行,选用透光率 30% 的遮阳网,也要做到两端棚头单独扣遮阳网,棚身与两端的棚头遮阳网为分体式,便于卷放。

(3)微喷系统　在作业道上、下各铺喷水管线一条,上部微喷管每隔 120 cm 处按"品"形扎眼,安上雾化喷头。下部放微喷水带。

(4)拴绑吊绳 菌袋进棚前,在棚架横杆上,每隔 20~25 cm,按品字形系紧 2 根或 3 根细尼龙丝绳,底部的绳头打成活结。

(5)地面覆盖 菌袋进棚前,地面等面积铺置园艺地布、无纺布、草帘或新砖等,保持地面清洁,方便作业。

(五)开口封口期管理

1. 菌丝复壮与开口

吊袋木耳进棚时间要根据当地温度情况合理安排。北方春季一般在 3 月中下旬,将外购菌袋运到棚里,在地面铺设草帘隔寒,与大棚同向码垛放置,每排菌袋码 4~5 层,每两排为 1 垛,垛内置温度计,垛内温度 18~22℃,防止垛温过高烧菌。温度高的年份,将菌袋立放在大棚内,不堆积,以免堆内温度过高,影响菌丝生长。

棚顶覆盖遮阳网,棚内温度白天保持 22~25℃,夜间 15℃左右,湿度 80%。早期外界气温低,可以揭两侧遮阳网透光增温,菌袋垛上盖草帘遮阳,夜间草帘上覆塑料膜防寒。4~5 d 后将菌袋上下对倒一次,同时严格检查菌袋,凡是存在菌种老化、污染、伤热、受冻、机械损伤、菌袋分离的菌袋,都要挑拣出来,移至棚外固定位置码放,避免相互污染。7 d 后菌丝复壮变白,即可开孔。自繁菌袋,不需要长途运输,对菌丝损伤少,培养好的菌袋运进棚后,可直接用开口机开口。

2. 封口期管理

开口后将菌袋码踩放在大棚内,一般 4~5 层菌袋高为好,管理以控温、保湿为主,此期外界气温回升快,变幅大,避免堆温过高,棚内温度白天保持在 22~25℃,夜间 15℃左右,湿度 80%,散射光条件。通过卷放遮阳网、打开或关闭通风口来调控温度,开启雾化喷淋系统,或向地面、草帘喷水来降温保湿。持续 5~6 d,菌丝封住耳口,即耳线(珊瑚状黑线)形成,即可挂袋。

(六)挂袋

菌丝封口后,要及时挂袋,否则菌丝老化,影响出耳。选结实的尼龙绳,2 或 3 根绳一组拴系在横杆上,吊绳下端离地 20 cm,2 组吊绳间距 25~30 cm。

二根绳挂袋 采用"单钩双线"挂袋,即将两根细尼龙绳拴在吊梁上,另一头系死扣,挂袋时先将一个菌袋放在两股绳之间,袋的上面放一个专用的长 4~5 cm 手指锁喉状铁丝钩,将绳向里拉,束紧菌袋,上面再放菌袋,菌袋上再放钩子,依此进行。

三根绳挂袋 吊绳绑好后,把 7~8 个木耳专用三角穿在绳上,菌袋袋口朝下放在三根绳之间,用木耳专用三角进行隔离,以此类推,一直吊完为止。

挂袋密度为 70~75 袋/m²,每串挂 7~8 袋,吊袋时每行之间应按"品"字形进行,袋间 20 cm,行距 25 cm,菌袋离地面 30~35 cm。为了防止通风时菌袋随风摇晃,相互碰撞使耳芽脱落,吊绳底部用绳连接在一起(图 16-4)。

图 16-4 棚室吊袋

(七)出耳期管理

1. 催耳管理

(1)湿度管理 如果湿度小,打孔处会风干,造成出耳困难,挂袋后立即在地面喷水加湿,提高棚内空气相对湿度至85%,才能出耳快、出耳齐。

耳基慢慢长大后,喷水量可稍多,以棚膜上有水珠,但不下滴,菌袋圆整光滑,表明湿度合适。如果湿度过大,要加强通风。如果棚膜上没有水珠,菌袋表面皱缩时,表明培养料缺水,棚内空气相对湿度过小,要减少通风量,开启雾灌设施,喷水补湿;如果菌袋光滑,说明培养料不缺水,应用地面喷水、洒水方式增湿。

(2)温度管理 菌袋挂袋2~3 d内,不可以向菌袋浇水,温度控制在22~24℃,如果白天棚内温度超过25℃,会有利于耳芽形成,应打开棚膜通风降温,夜间温度保持在15℃左右。

(3)通风管理 晴天,白天棚内温度高于25℃时,打开两侧棚膜通风,通风口由小逐渐扩大,缓通风降温,增加氧气量,同时也要考虑喷雾增湿降温,根据棚内温湿度情况控制好通风时间;早晚温度低时,关闭通风口保温。阴雨天棚内温度低,减少通风时间,以保温为主。期间半透明、粒状的原基逐渐分化、伸展、膨大,持续7~10 d,耳芽成绿豆大小。

(4)光照管理 晴天上午9时左右,棚顶覆盖遮阳网,控制光照,同时控制中午前后棚中的温度,下午16时后,揭开遮阳网;阴雨天不加盖遮阳网。

根据棚内温湿度情况控制好通风,期间半透明、粒状的原基逐渐分化、伸展、膨大,持续10 d左右,就可看到菌袋打孔处变黑,现耳芽。

(八)耳片生长期管理

1. 温度管理

这阶段管理的重点是防止高温适当控制耳片生长速度,保证耳片长得黑厚,边圆。棚内温度在15~25℃,在此温度范围内温度越高,耳片长得越快,但产量低质量差。反之,木耳生长慢,但产量高、质量好。

2. 湿度管理

幼耳期耳片边缘分化出耳片,并逐渐向外伸展时,空气相对湿度始终保持在85%左右,使耳片边缘始终呈湿润状态。耳片生长旺盛期需要的氧气较多,呼吸旺盛,喷水量需逐步增加,可采取早、晚喷水,中午断水的措施,使耳片白天干边儿,晚间湿润。原则上棚内温度超过25℃不浇水。早春一般在午后15时至次日9时,5月后一般在午后17时至次日7时,采取间歇式浇水,每次浇水30~40 min,停水15~20 min,重复3~4次,使空气相对湿度始终保持在90%~95%。耳片成熟期,此时耳片收缩,并开始收边儿起皱。应停止喷水,1~2 d后采收。

3. 光线管理

耳片生长期需要足够的散射光和一定的直射光。早晨比催耳期晚1 h上遮阳网,傍晚晚1 h打开遮阳网,增加光照时间和光照强度能促进耳片蒸腾作用,提高新陈代谢活力,使木耳变得肥厚、颜色深,呈深褐色,品质好。

4. 通风管理

耳片生长期呼吸作用旺盛,要保持棚内空气新鲜,应经常通风,满足黑木耳在新陈代谢中对氧气的需求,确保片正常生长。根据气温情况,一般浇水时放下棚膜,不浇水时将棚膜及遮阳网卷到棚顶进行通风和晒袋(图16-5)。喷水后通风,每天通风3~4次,天热时早晚通风,气

图16-5 晒袋

温低时在中午通风。温度高、湿度大时还可通过盖遮阳网、掀开棚两侧塑料膜进行通风调节,严防高温高湿。

(九)采收及转潮管理

一般在4月中下旬,黑木耳耳片长到3～5 cm,边缘内卷、有弹性,耳色由黑变成褐色,耳片舒展变软,肉质肥厚,耳根收缩变细,腹面产生白色孢子粉,说明黑木耳已经成熟,应及时采收。

耳片半干时采收干得快,不出拳耳,碎耳少,产量和品质都要比风干时采收好。如果耳片较干,需在采收前要喷一点儿水,让耳片回潮后再采收,以免易弄碎木耳。采收时,如果多数耳片已经成熟,可一次性采完,如果耳片生长不齐,可采大留小。

木耳采收后,将大棚的塑料薄膜和遮阳网卷至棚顶,晒袋4～5 d后,将膜和遮阳网放下处于通风状态,棚内温度不高于23℃,待菌丝恢复后,再浇水管理,即"干干湿湿"水分管理。按照前面介绍的管理方法大约经15～20 d就能采收第二潮耳了。待采完2～3潮耳后,可以将吊绳上的菌袋落地,在顶端用刀片开"＋"或"♯"形口,然后在棚内密集摆放,早晚浇水4～5次,每次浇水1 h,停30 min。这样可以采干耳10～15 g/袋。

"晒袋"管理是避免耳片发黄的关键措施。不见光、温度高、耳片生长速度过快是耳片黄、薄的主要原因。

 知识拓展

一、畸形耳发生的原因及防止措施

(1)拳状耳 表现为原基不分化、耳片不生长、球状原基逐渐增大,也称拳耳、球形耳,栽培上称不开片。主要原因是出耳时通风不良,光线不足,温差小,划口过深、过大或分化期温度过低。

预防措施:划口规范标准;耳床不要过深,草帘不要过厚;分化期加强早晚通风,让太阳斜射刺激促进分化;合理安排生产季节,早春不过早划口,秋季不过晚栽培,防止分化期温度过低。

(2)瘤状耳 表现为耳片着生瘤、疣状物,常伴虫害和流耳现象。发生的原因一是高温、高湿、不通风综合作用的结果,虫害和病菌相伴滋生并加重瘤状耳的病情;二是高温高湿季节喷施微肥和激素类药物也会诱发瘤状耳。

预防措施:选择适宜出耳时期,避开高温高湿季节,子实体生长期要注意通风;为抑制病菌与虫害滋生,应多让太阳斜射耳床,高温时节慎用化学药物喷施。

(3)黄白耳 表现为耳片色淡,发黄甚至趋于白色,片薄。发生原因是光线不足,通风不良;采收过晚,耳片成熟过分;种性不良。

预防措施:采用林地或全光育耳法;草帘不宜过厚,早晚多通风见光;及时采收,保证质量;生产时选择优质菌种,禁用伪劣菌种或转袋(管)次数过多的菌种用于生产。

(4)单片耳 表现为木耳不成朵,三两单片丛生,往往耳片形状不正。发生的原因:菌种种性不良;栽培袋菌丝体超龄或老化;培养基配方不当,营养不良或氮源(麦麸子、豆粉等)过剩;

原料过细,装袋过紧,培养基透气性差。

预防措施:严把菌种关,不购伪劣菌种,不用谷粒菌种。发菌期防止低温,防止菌丝吃料慢而延长发菌期,严格配料配方,不用过细原料,装袋要标准。

二、品种

(一)品种分类

(1)黑木耳的品种根据栽培方式可划分为段木种和代料种两大类型。一般段木种只适于段木栽培;而代料种都是从段木种中筛选和驯化而来的,因此,代料种可代料栽培,也可段木栽培。目前,常见的段木种有黑4号、延边7号、吉黑181、吉黑182等。代料栽培黑木耳菌种常见的有黑29、981、延边7号、宏大2009、8808、黑威15号、黑威16号、长白7号、长白10号、牡2008-4、新世纪4号、黑丰1号、黑958、黑931、新科等。各地应根据当地气候特点及市场需求选用适合的菌种。

(2)黑木耳品种按照色泽可分为黑色品种和褐色品种。

(3)黑木耳品种按其形状可分为菊花形和多片形,袋栽木耳一般选择多片形。

(4)黑木耳品种按其后熟所需的温度不同,可分为早熟种、中熟种和晚熟种。早熟种一般菌丝快长满袋时划口,即可出耳,此时产量也最高,如果不及时划口就会影响产量;晚熟种菌丝长满袋后需要后熟过程,如果提前划口,容易染菌。在北方春季生产,发菌期在冬季,为充分利用培养室、降低生产成本,最好进行早、中、晚品种搭配。

(二)常用品种的特征特性

(1)黑29 晚熟,子实体簇生,根细片大,黑褐色,呈碗状,背部有筋,弹性好,商品价值高,耐高温,抗杂性强,高产。

(2)黑威981号 中晚熟,出耳适温15～27℃,子实体聚生,牡丹花状;子实体大片型,耳片呈碗状,正反面差异大,肉质厚,耐高温,抗杂能力强,生物转化率高。

(3)林科3号 中晚熟,出耳适温15～27℃,色黑肉厚,圆边,腹面灰色,筋脉多,抗杂,耐水性较好。

(4)长白山7号 中温晚熟品种,出耳温度8～26℃,有效积温2 200～2 300℃,后熟30 d,单片肉厚,颜色稍黄,15℃后熟40～50 d,10℃后熟60～70 d。

(5)延明1号 中晚熟品种,后熟30 d,半菊花状,耳根细,朵大肉厚,抗烂耳、抗杂、高产。

(6)大院18号 属中晚熟品种,出耳温度15～25℃,有效积温1 800～2 100℃,菌丝长满袋后20℃需后熟20～30 d,抗逆性强,半菊花状,耳根细,朵大肉厚色黑,抗烂耳、抗杂、高产。

(7)延农11 中晚熟品种,出耳温度15～25℃,后熟20 d,半菊花状,朵大肉厚。

(8)丰收2号 属中温中早熟品种,出耳温度在15～25℃,菌丝长满袋后,在20℃需后熟20 d,从接种到采收115～120 d,耳片厚,有耳筋,单片鲜重150～180 g,色黑,口感好,抗杂菌、抗病虫害,抗烂耳能力较强。

(9)黑威15号 属于中熟品种,子实体为单片单生,耳片大小适中,无根,碗状或贝壳状,干耳背面黑灰色,腹面黑色;耳片边缘圆整,基部筋脉明显。适合小孔出耳,出芽快,出耳整齐,主要适于东北及山东、陕西、河北等地区春、秋季栽培。

(10)丰收2号 中熟,出耳适温15～27℃,出耳快、开片好,子实体多片丛生,耳状圆边,色黑,肉厚,背部细筋较多,抗杂力强,抗烂,商品性好。

(11)牡耳 2 号　中熟品种,菌丝体在培养基上生长整齐、粗壮。子实体单片、根小、色黑、碗状、圆边、褶皱少,耳片腹面呈黑色,光滑,发亮,背部淡黑色有毛。出耳温度 13～30℃,最适宜温度 25℃,适应黑龙江省各县市以及山区半山区栽培。

(12)牡耳 1 号　早熟品种,耳根小,朵型好,有明显轮状脉纹,耳片边缘整齐,弹性好,腹背两面色差明显,耳片颜色为黑色,成单片,肉厚。

(13)新世纪 4 号　早生快发、出耳齐,品质优,黑、厚、单片、耐水抗逆性强。

(14)黑威 16 号　色黑肉厚,出耳快,筋脉适中,圆边,产量高,抗杂性强,适应性广。

(16)宏大 2009　出耳适温 13～25℃,子实体单片聚生成朵,根细,耳片色黑,形状耳形、碗形,圆形,易分割成单片,耳片腹面呈黑色,光滑,发亮。背部暗褐色密被暗灰色毛,筋脉较多,抗病性较强。

(16)黑木耳 1 号(8808)　菌块周围产黑色或黑褐色色素斑,不易扩散,子实体簇生、菊花形,背部黑褐或浅褐色,耐低温,出耳适温 20～25℃。

(17)黑 916　中熟品种,出耳温度 15～25℃,菊花状,后熟 30 d,朵大、肉厚、高产、抗杂。

思考与练习

1.栽培黑木耳为什么要考虑栽培季节?

2.栽培木耳用粗木屑好还是细木屑好?

3.为什么菌袋打孔后要养菌 5～7 d?

4.出耳期间空气相对湿度为什么要求"干干湿湿"?

项目十七

滑 菇 栽 培

知识目标：了解滑菇生产国内外市场行情和发展前景；熟悉滑菇的生产场所、生产品种及模式。

技能目标：能完成滑菇熟料栽培的全部生产操作；能够处理滑菇生产管理中出现的技术问题；能全程进行生产管理。

滑菇外观艳丽，味道鲜美，营养丰富，因它的表面附有一层黏液食用时滑润可口而得名。滑菇中含有的滑菇多糖和核酸具有抑制肿瘤、提高人体免疫力的作用。滑菇含有粗蛋白、脂肪、碳水化合物、粗纤维、灰分、钙、磷、铁、维生素 B、维生素 C、烟酸和人体所必需的各种氨基酸。滑菇是一种低热量、低脂肪的保健食品，颇受国内外消费者青睐。

一、生物学特征

(一)形态特征

菌丝体呈绒毛状，初期白色，逐渐变为奶油黄色或淡黄色。子实体中小型，丛生，菌盖半球形，表面有黏液，菌盖中间略鼓或平形，色泽淡黄或黄褐，中央色红褐或暗褐色，老熟后盖面往往出现放射状条纹。菌

二维码 30　滑菇栽培

褶延生或弯生，初期为白色或近黄色，成熟后呈锈棕色，菌褶边缘多见波浪形，近菌盖边缘处波纹较密。菌柄中生，圆柱形。菌柄的上部有易消失的膜质菌环，以菌环为界，其上部菌柄呈淡黄色，下部菌柄为淡黄褐色，菌柄被有黏液。

(二)滑菇的生活条件

(1)营养　滑菇属木腐菌，所需的碳素营养主要有木质素、纤维素、有机酸、油脂、醇类、麦芽糖、蔗糖等有机物和碳酸盐等无机碳源，其中以麦芽糖为最好，蔗糖次之。所需的氮素营养有蛋白质、氨基酸等有机氮和硝酸盐，铵盐等无机态氮。菌丝能直接吸收铵盐、硝酸盐、氨基酸等低分子可溶性化合物，而对蛋白质等大分子化合物要靠相应酶类的水解，以转化为胨、肽、氨基酸后再吸收利用。碳素与氮素的比例在滑菇生产中很重要，并且在营养生长阶段与生殖生长阶段所要求的比例不同，营养生长阶段的碳氮比为 20：1；生殖生长阶段(35～40)：1。滑菇所需的矿物质有磷、镁、钙等常量元素和硼、钼、锌、铁等微量元素。滑菇对生长素的需求

在以米糠、麦麸为培养基的配方中不需另加。

(2)温度　滑菇属低温、变温结实性菇类。菌丝在4~32℃均能生长，最适温度在20~25℃，超过32℃菌丝停止生长，40℃以上菌丝很快死亡。子实体生长在5~15℃为宜，高温早生型则以8~20℃为宜。高于20℃子实体菌盖薄、菌柄细、易开伞，低于5℃子实体生长得非常缓慢，基本上不生长。如在出菇阶段给予7~15℃的变温环境，可促进子实体的大量发生和生长。

(3)水分和湿度　滑菇在营养生长阶段要求培养基含水量在60%，空气相对湿度以60%~70%为宜。培养料中的含水率低于50%时，菌丝长势明显减慢，且菌丝纤细，代谢逐渐受阻，最后停止生长或死亡，但如果过高超过80%会使培养料过湿，菌丝生长也受抑制，不往培养料深部生长。滑菇菌丝生长期的培养料含水率以65%为适宜，而子实体生长期以65%~70%为好。空气相对湿度菌丝生长期65%左右，出菇期间空气相对湿度保持在85%~95%。

(4)光照　滑菇菌丝生长期间不需要光，光线对已生理成熟的滑子菇菌丝有诱导出菇的作用，子实体生长期间必须有足够的散射光，光线过暗，菌盖色淡，菌柄细长，品质差，还会影响产量。子实体有向光性，尤其在子实体幼期阶段反应灵敏。

(5)空气　滑菇是好气性真菌。对氧的需求量与呼吸强度有关，气温低，菌丝生长缓慢，少量的氧即能满足需要；随着气温升高，菌丝新陈代谢加快，呼吸量增加，就要注意菇房通风和料包内外换气。如果菇棚通风不良，二氧化碳浓度达到0.1%以上时，对子实体就有抑制作用，不易形成菌盖，品质差。

(6)酸碱度　滑菇喜欢在弱酸性基质中生长，适宜生长的pH在5~6。配制培养基时应把pH调至稍高一些，因为培养基在高压灭菌过程中pH有所降低。另外菌丝在生长发育过程中，能够产生一些有机酸，增加培养料的酸度，降低pH。

二、生产概况

滑菇原产于日本，在20世纪20年代初期，日本利用木段人工栽培滑菇，由于受到林木资源的限制，总产量一直较低。到60年代初，日本人改变了滑菇的栽培方式，开始利用木屑箱式栽培，随后出现袋式栽培和塑料瓶栽培。栽培也从自然季节栽培向利用制冷设备进行周年规模化栽培转变，滑菇在国际市场上基本上呈畅销趋势。

滑菇自然分布于日本以及我国台湾、福建、黑龙江、吉林、辽宁等地。我国1976年从日本引进滑菇熟料箱栽技术，后来演变成半熟料盘栽。1979年传到吉林省和黑龙江省，成为东北地区人工栽培食用菌最早实现产业化的食用菌。目前以辽宁省和河北省栽培面积最大，河北省平泉市和辽宁省岫岩县栽培面积最大，吉林省磐石市曲柴河镇、黑龙江省林口县也是滑菇主产区。现在黑龙江、吉林、辽宁及河北(平泉市)等省已大规模生产，产量已跃居世界首位。辽宁省是我国滑菇的主要产区，岫岩滑子蘑产量占全国总产量的55%，占全国市场的半壁江山，年出口量在8 500 t左右，出口量已占全国的70%，主要以滑菇罐头和盐渍品对日本出口，近几年已打入东南亚和欧洲市场。

根据灭菌方式分为半熟料栽培法和熟料袋栽法。根据出菇方式分层架式出菇、吊袋出菇、网格式出菇、"井"形垛出菇、墙形垛、"之"形垛等。

滑菇半熟料块栽是指拌好的培养料用常压蒸锅蒸料2~3 h，然后压块播种、发菌出菇的一种栽培方法。这种方法通常在早春低温条件下接种，室外码垛发菌，适期上架摆放，度过夏季高温后,在秋季开袋出菇。这种方式虽然操作简便且产量较高,但近年随着气候条件和环境条件的变化以及其他因素的改变,明显表现出越夏期间烂帘率较高,这种方式已不适宜大面积栽培应用,滑菇主产区用半熟料栽培的人越来越少。滑菇的熟料袋栽可周年生产。袋栽容量小,便于集约栽培,流水作业,生产周期短,生物效率高,是一种很有发展前途的栽培方法。反季节栽培滑菇近几年在西北、华北、东北发展较快,河北、辽宁、吉林、黑龙江等省为主产区,安徽、江苏也有少量栽培。可根据市场需求,在淡季出菇,市场价格高,均衡周年生产。

 # 任务　滑菇工厂化生产技术

(一)栽培季节的确定

北方正季滑菇接种期为 2—3 月生产菌棒,9—11 月为出菇期。太早接种温度低,发菌慢,接种太晚,难以越夏。

反季节栽培时间的选择上以避开高温高湿季节生产为原则。东北一般秋冬季 10—12 月制袋接种,次年 3—5 月下旬出菇。

(二)生产前的准备

1.场所的准备

除日光温室外,还可利用冷棚。棚上面要遮阳、不漏雨,地面最好垫 3 cm 左右河沙。采用层架栽培时室内培养架高 1.7 m,摆放 6 层,层距 0.3 m,底层和地面间距 0.2 m。

2.菌种的准备

根据当地的气候特点、栽培目的来选用品种。如栽培目的是供应市场所需的鲜菇,以选择早熟品种和中熟品种为好;如供应加工出口,宜选择中熟品种,并搭配少量的晚熟品种。目前,北方正季生产常选用早生 2 号、C3-3 等。

滑菇分早生、中生、晚生的品种,要根据当地气候条件和品种特性来选择,在温度较高的地区因高温期长,应选择晚生种,在低温寒冷的地区应选择中生、早生或极早型品种。

选用菌种时从外观看菌丝洁白、浓密,生长致密、均匀,手掰成块,不退化、不混杂,菌龄在 40~45 d。自繁菌种,要计算好时间,以保证栽培时使用优质的适龄菌种。

3.栽培原料准备

滑菇生产主要原料是阔叶树木屑,在木屑资源贫乏地区,可用粉碎后的玉米芯、豆秸与木屑混合使用。常用的配方有:

(1)木屑 89%,麦麸(或米糠)10%,石膏 1%。

(2)木屑 49%,秸秆粉 40%,麦麸或米糠 10%,石膏 1%。

(3)木屑 54%,玉米芯 36%,麸皮 5%,玉米粉 5%。

(4)木屑 69%,麸皮 7%,米糠 5%,玉米粉 15%,石膏 1.5%,黄豆粉、糖各 1%,过磷酸钙 0.5%。

(5)玉米芯 69%,豆秸粉 20%,麸皮(米糠)10%,石膏 1%。

(三)料袋制备

袋的规格为 17 cm×33 cm×(0.04~0.05) mm、20 cm×40 cm×0.4 mm、15.2 cm×

55 cm×0.55 mm 或 16 cm×55 cm×0.55 mm 的聚丙烯或聚乙烯塑料袋。根据灭菌锅的大小,估计好当天的灭菌量。按配方量取一天生产所需要相应辅料,混合均匀,再分锅次均分。按照培养料配方称取不同原材料,用搅拌拌料时,先倒入主料,再倒入混合后的辅料拌匀。用装袋机装袋,低温时常采用常压灭菌,高温季节最好采用高压灭菌。拌料、装袋、灭菌方法参照香菇相关内容。

(四)接种

一般在塑料接菌帐内打孔接种,接种帐按料棒放置数量 100 袋/m² 设计,接种前 2 d 用 6~8 g/m³ 气雾消毒剂对接种场所密闭熏蒸消毒,灭菌后的料袋按每堆 2 500 袋,均匀合理分配堆数,料袋温度降到 25℃时接种。接种前将菌种、工具、工作服、消毒药品等放入接种帐后,提前 8 h 用气雾消毒剂密闭熏蒸消毒,菌种用广谱杀菌剂清洗消毒。

接种时 5 人 1 组,用已消毒的木锥或专用电钻在料袋侧面钻接种穴,小袋单面打 4 穴,孔深 3~4 cm。把菌种掰成稍大于接种孔的菌块,随打随接种,要求菌穴与菌种密切吻合,不要过分按压菌种,不留间隙,菌种穴面微凸起。每接一层菌袋滚一层专用接菌膜,防止菌种死亡、风干。一次接菌 2 500 袋,在 4 h 内完成,接种量要足,接种室尽量避免人员走动。

(五)发菌管理

如果将接种室与发菌室合为一体,接完种的菌袋就在旁边排放好,可减少因搬动造成的杂菌感染。进袋发菌前要消毒、杀菌和灭虫,地面撒石灰。

1. 菌丝萌发定植期

空气相对湿度控制在 60%~65%,室温保持在 18~20℃,接种后 10 d 内菌袋一般不要搬动,以免影响菌丝萌发和造成杂菌感染。发菌 10 d 后,如果发现菌袋内有杂菌感染或遇高温时要进行翻堆,垛温 25℃以下、菌丝圈直径 6~8 cm 时进行倒垛散堆,每层 3 袋,依次堆叠 10~11 层,双排并列相靠,2 个垛之间留 20 cm 通道,利于通风散热。如果垛温超过 25℃时,只要菌丝圈封住菌穴,可以提前倒垛,防止烧菌,及时挑出被污染的菌棒,单独管理。若没发现杂菌感染、没遇到高温,就不要翻堆,越翻堆污染的菌袋就越多。

2. 菌丝蔓延生长期

菌丝萌发定植后,进入旺盛生长期,调节室内温度 15~20℃,加强室内通风管理,并根据菌丝生长情况刺孔增氧。第一次刺孔:菌圈直径 5~8 cm,在菌丝外边缘向里 2 cm 处刺 6~12 个孔,孔深 1~1.5 cm;第二次在菌丝长满全袋或基本长满时,每袋均匀刺孔,数量为 30~40 个。如果菌棒含水量偏低或质量偏轻,可适当少刺或不刺孔。增氧后菌丝生长速度加快,料内温度上升,此时应注意通风,防止温度过高,让菌丝充分蔓延生长。

3. 菌丝成熟期管理

经过 50~60 d 的发菌,菌丝长满菌棒,进入养菌、转色管理。菌棒转色好坏直接影响到是否顺利出菇、产量高低、质量好坏。转色期间发菌棚内温度控制在 20~25℃,空气湿度自然状态,同时要有散射光和充足氧气。上部菌棒转色需要 25 d,70% 菌棒转色后再倒一次垛,调整菌棒摆放位置使菌棒转色均匀一致。待整个菌棒表面形成浅黄色或粉红色菌膜,手摸菌棒松软有弹性,表明菌棒已达到生理成熟。

4. 越夏管理

七八月份高温季节来临,滑菇一般已形成一层蜡膜,菌棒富有弹性,对不良环境抵抗能力增强,但如温度超过30℃以上,菌棒内菌丝会由于受高温及氧气供应不足而生长受抑或死亡。因此,此阶段应加强遮光,昼夜通风。

(六)出菇管理

出菇棚温度稳定在23～24℃时,菌棒就可运至出菇棚上架出菇。出菇棚在开袋前用石灰对棚内地面和棚架进行消毒,棚外安装防虫网,棚内安装杀虫灯、黄板等,并经常通风,防止病虫害的发生。

出菇棚与架式香菇的出菇棚相同,将菌袋上面割掉2/3的塑料,上架单层摆放。要用旋转喷头上水,使菌袋含水量达到70%～75%,棚内空气湿度达85%～90%,15～20 d可出现菇蕾。

滑菇子实体发生的最适温度,因品种而异,一般10～18℃为宜。出菇期棚内最高气温不能高于20℃,较长时间超过20℃,会引起菇蕾大批死亡。出菇期菌丝体呼吸能力增强,需氧量明显增加,需保持室内空气清新。在通风的同时,应注意温、湿度变化。气温低,通风量可少些,每天一次,每次0.5～1 h;气温18℃以上时,通风要加强,为了防止湿度下降,要相应增加喷水次数。高温高湿、通风不良会引起死菇、畸形菇。

(七)采收及转潮期管理

按照滑菇收购标准适时采收,一般在菌膜即将开裂之前,菌盖半球形,菌柄粗实,表面油润光滑,质地鲜嫩,是采摘的最佳时期。

一潮菇采收后,停水2～3 d,进入转潮期管理,转潮期间每天喷水4～5次,保持菌棒适宜含水量和菌丝细胞旺盛生命力。经过10～15 d休菌期,菌丝已经完全恢复出菇活力,出菇面上出现零星菇蕾后,进入下潮菇管理。根据滑子菇出菇时所需的环境条件来调控温度、湿度、氧气、光线,进行出菇管理。

思考与练习

1. 怎样促进滑菇蜡膜形成?
2. 滑菇发菌管理分为哪几个阶段?工作重点有哪些?
3. 滑菇出菇阶段应如何进行水分管理?
4. 熟料栽培滑菇不出菇是什么原因?

 知识拓展

(一)菌种类型

滑菇生产用品种相对较少,且多数由日本引进筛选驯化而成。但是,不同品种间种性差异明显,依子实体发生温度和生长周期可划分为极早生种(极早熟种)、早生种(早熟种)、中生种(中熟种)和晚生种(晚熟种)四大类型。

(1)极早生种(极早熟种) 属广温型,发菌期60 d左右,产菇期50～60 d,出菇早,密度大,转潮快,菇潮集中,菌丝体较耐高温,发菌适温23～28℃,出菇温度为5～20℃,是夏季接种、秋季出菇的首选品种类型。如CTE、C3-1、森15、西羽等。

(2)早生种(早熟种) 属高温型,发菌期60 d左右,菌丝生长适温20～26℃,出菇温度

6~18℃,其他特性与极早生种相似,适于初夏接种秋季出菇。如奥羽3号、奥羽3-2号等。

(3)中生种(中熟种) 属中温型,发菌期80~90 d,转潮较慢,菌丝生长适温为15~24℃,出菇温度8~16℃,菇体肥厚,菇质紧密细腻,出菇均衡,不易开伞,是春季接种秋冬季出菇的品种。如奥羽2号、河村67等。

(4)晚生种(晚熟种) 属低温型,发菌期100 d以上,产菇期也长,转潮慢。菌丝生长温度5~15℃,需要25~28℃高温越夏,越夏温度最好不要超过28℃,出菇温度5~12℃,菌肉厚,品质好,不易开伞,黏液多。适于早春半开放式栽培,秋冬季出菇。

一般情况下,菌盖颜色因品种而异,早生种菌盖呈橘红色,中、晚熟品种呈红褐色。早熟种菌柄比晚熟品种细而长,后者菌盖上的黏液比前者多;在15℃左右早熟品种生长正常,10℃左右中晚熟品种生长良好。滑菇出菇周期的长短又与出菇温度密切相关,出菇越早的,出菇温度越高,出菇越晚的,出菇温度越低。

生产者应根据当地气候和栽培季节选择适宜的品种,并要充分考虑产品市场需求。滑菇主产区主栽品种主要使用极早生种。半熟料块栽一般使用极早生种和早生种,原因是适应的温度范围广、出菇早、出菇时间长,且菇体丰满、整齐、子实体多、不易开伞、产量较高;中生种使用也较多,晚生种使用很少。

(二)主要栽培品种

(1)奥羽2号 属早生种,菇形好,单生或丛生,深红色,出菇温度7~18℃。前期产量高,晚采则易黑根,适合辽宁省北部及吉林、黑龙江省栽培。

(2)奥羽3号 属早生种,与奥羽2号基本相同,单生或丛生,红褐色,易黑根。

(3)奥羽3-2号 属早生种,是从日本引进品种,属奥羽2号和奥羽3号的杂交种,种性介于两者之间,但产量较高。菇形好,丛生,幼时深红色,逐渐变成浅黄色,出菇温度7~18℃,高产优质,不易黑根。适合东北三省地区栽培。

(4)明治1号 属中生品种,是从日本引进品种,子实体丛生,浅黄色,柄粗,品质好,出菇湿度低,出菇温度范围5~15℃,适合与中、晚生品种搭配种植。

(5)K44 属晚生种,出菇温度低,红褐色,单生或丛生,出菇温度5~12℃,出菇时间长,菇形大,品质好,出菇均匀,适合黑龙江省及吉林省的东北部地区栽培。

项目十八

双孢菇栽培

> **知识目标:** 了解双孢菇菇房架式栽培和双孢菇工厂化生产的技术工艺流程,了解草腐生食用菌工厂化生产的基本思路与方法。
>
> **技能目标:** 会双孢菇菇房架式栽培和双孢菇三区制工厂化生产管理,能够处理双孢菇生产管理中出现的技术问题。

双孢菇[*Agaricus bisporus*(Lange)Sing.],又称蘑菇、纽扣菇、网球菇、白蘑菇、洋蘑菇(图 18-1)。中文学名双孢蘑菇,英文名 button mushroom,white mushroom。属于伞菌目蘑菇科、蘑菇属。

双孢菇是世界栽培规模最大、栽培范围最广的食用菌,也是食用菌物种科学研究及栽培技术都达到世界最高水平、最现代化的食用菌种类。

双孢菇是一种高蛋白、低脂肪的健康食品。味道浓郁,营养丰富,肉质鲜嫩,每 100 g 干品菇含蛋白质 3.7 g、脂肪 0.2 g、糖 30 g、纤维素 0.8 g、磷 10 mg、锌 9 mg、铁 0.6 mg、灰分 0.8 mg。维生素 B_1 0.1 mg、维生素 B_2 0.35 mg、烟酸 149 mg、维生素 C 3 mg,共含有 18 种氨基酸,其中包括 8 种人体必需的氨基酸,

图 18-1 双孢菇形态

双孢菇还具有多种保健和治疗的作用。所含的大量酪氨酸具有降低血压、降低胆固醇,防治动脉硬化和心脏病等效果;双孢菇多糖具有一定的防癌、抗癌作用。

全世界有 100 多个国家和地区栽培双孢菇。双孢菇的人工栽培起源于法国巴黎市郊,早在 1707 年,法国植物学家 Tournefort 就首次记载和描述了双孢菇的栽培方法,到 18 世纪初期已有一定的栽培规模,但直到 19 世纪末,人们才采用留种法进行栽培,即将当年的部分栽培料放入地窖中保存到下一年作为栽培菌种。1893 年 Costentin 和 Matrvchot 首次发明了双孢菇孢子培养法,制成双孢菇"纯菌种"。1902 年 Dugger 用组织分离法培育纯菌种获得成功,极大地促进了双孢菇栽培技术和规模的发展,并开始从法国向世界各地传播。目前英国、荷兰、法国、美国、意大利是世界栽培技术最先进的国家,而中国双孢菇的年产量已突破 150 万 t,为世界第一,占世界总产量的 70%～75%,其中 80% 用于出口,是我国食用菌栽培中出口创汇最

多的品种。与其他食用菌国际贸易以干鲜品有所不同,双孢菇的以罐头为主,产量占世界蘑菇罐头总产量的 65% 左右,居世界之首。

任务一 双孢菇菇房架式增温剂发酵栽培

双孢菇栽培菇房架式栽培是最常见的栽培方式,各地多年来的实践积累了丰富的经验,南方采用竹木稻草简易菇房、保温板式菇房;北方采用日光温室、塑料大棚式菇房。同时根据实际保暖和潮湿条件,可采用地上式、半地下式、地下式菇房。

双孢菇的栽培流程:栽培季节和菌种选择→菇房和菇床准备→配料→前发酵→后发酵→铺料→播种→发菌→覆土→出菇→采收。

双孢菇菇房架式栽培主要由中小规模农户组织生产,是双孢菇常采用的一种生产方式,工作岗位定位为掌握双孢菇架式栽培栽培全过程知识的技术员,熟练掌握后可独立创业开展生产。

(一)栽培季节安排和菌种选择

双孢菇菇房架式栽培为降低能耗成本,常采用顺季利用自然条件栽培。一般是以当地昼夜均温稳定在 20~24℃,约 35 d 后下降到 15~20℃ 为宜。播种期从北向南多安排在 8 月中旬至 11 月上旬。

选择适宜菌龄菌种,播种前 2 个月开始制备栽培种,播种期前推 4 个月制备原种,前推 5 个月制备母种。

(二)菇房和菇床准备

床架式菇房一般选择地势高、近水源、利排水、周围无污染源、场地开阔的地方。菇房以栽培面积在 150~200 m² 为宜。双孢菇生产过程中易有氨气产生,要求菇房在具有保温、保湿的同时,还要通风性能好。在菇房上中下都要设有通风口。目前北方采用日光温室,塑料大棚比较普遍,实际栽培过程中采用塑料薄膜分区管理。

菇床采用南北方向排列,摆放时要避开气窗风口,行间留出 50~70 cm 的走道。多采用竹木结构或钢架结构,要坚固平稳,还要考虑方便拆卸冲洗消毒。床宽如两侧操作的一般在 1.5 m 左右,单侧操作的床宽约 0.8 m,以能采到菇床中间的蘑菇为宜,菇床层数一般不超过 5 层,层距 60~70 cm,底层距地面 20 cm 以上。使用前菇房要严格消毒,方法同前。

(三)配料

草料与粪肥是栽培双孢菇的主要原料,培养料的配方各地有所不同,要充分利用当地的稻草、麦草、芦苇、禽畜粪肥、饼肥、氮素化肥等资源,适宜培养料 C/N 为 30:1,堆积发酵后为 (15~17):1。通常用粪草比为 1:1 的配方,如干猪牛混粪 46%,稻麦草 46%,饼肥 3%,氮肥 1%(尿素 0.8%,硫酸铵 0.2%),石膏粉 1%,过磷酸钙 1%,石灰 2%。干料质量为 35~45 kg/m²,床架铺料厚度为 18~20 cm。禽畜粪肥中,马厩肥是栽培双孢菇的传统粪肥,牛粪中以奶牛粪最好,黄牛粪次之,水牛粪最差,猪粪出菇早,但后劲不足。粪肥含氮不足部分可用饼肥和含氮化肥补足,甚至完全替代成为无粪培养料。

(四)发酵

双孢菇培养料发酵技术是双孢菇栽培过程中核心技术环节。双孢菇是典型的草腐菌,其直接分解培养料的纤维素、木质素的能力较差,培养料中的营养物质不易被双孢菇吸收利用,所以培养料必须提前堆制发酵,经过物理和化学方法处理后,在各种有益微生物的参与下发酵,将复杂的大分子物质分解转化为简单的易被蘑菇吸收的可溶性物质,同时堆制发酵的高温也杀灭了培养料中的有害微生物及虫卵。

双孢菇的堆制发酵方法可分为一次发酵、二次发酵和增温剂发酵。一次发酵法通常在室外进行,一次性完成培养料的发酵。该法简单,成本低,发酵技术易掌握,但在室外进行,受自然条件影响大,发酵质量差,时间长(26～30 d),全程需要翻堆 4～5 次,劳动强度大。二次发酵法通常分两个阶段完成。第一阶段与一次发酵法相同,翻堆 2～3 次,发酵 14 d 左右,移入菇房内建堆或直接上床架发酵 6 d 左右,依靠自然升温或蒸汽炉升温,通过巴氏灭菌进一步杀灭料中杂菌和害虫,与一次发酵技术相比缩短 7～10 d 的发酵期,减少了翻堆次数,降低了劳动强度;在达到杀灭培养料及菇房中的病虫害的效果同时,还减少了培养料因长时间堆制耗损。

增温剂发酵法具有发酵时间短、省工、节能、高产的特点,是目前广泛应用的方法。增温发酵剂是由高活性、快升温的高温型放线菌制成,具有分解培养料和固氨作用。发酵周期降为12～16 d,在密闭性良好,具有较好通风设施的菇房内可直接床架上发酵,节省了人力和空间。增温剂的用量为每 100 m² 栽培面积的培养料加入 1 kg。

增温剂床式发酵法具体步骤:

(1)培养料软化 将草料铡切成长 10～20 cm,预湿 2～3 d,使其含水量达 70% 左右,每铺一层 20 cm 厚的培养料,撒一层化学氮肥,再铺一层培养料,撒一层石灰,将草料建成宽约2 m,高 1.3～1.5 m,长度不限的料堆。用薄膜把料堆全部覆盖,堆两端可留 1 m² 的通风口,7 d 左右软化结束。

(2)培养料与增温发酵剂混合 待草料软化后,将压碎的粪肥、饼肥、石膏、磷肥等辅料与增温剂充分拌匀,喷水使其含水量达到 60%,即手握成团,松手可散为度,堆成小堆后覆盖薄膜 8～12 h,然后均匀拌入大堆料中,混合好的培养料标准为含水量约 65%,pH 8.0～8.5。

(3)床架铺料 将培养料铺入床架上,料厚 50～60 cm,底层床架不要铺料,封闭门及通风口。培养料进房后在增温剂作用下,很快进入增温发酵期,第 2～3 天进入巴氏消毒阶段,料温可达 70℃ 左右,室温 60℃ 以上。高温持续 2～3 d 后自然回落,此时应做好保温措施,使料温在 50～55℃ 维持 4～5 d,以促进有益菌大量生长,便于双孢菇菌丝后期生长。此时培养料颜色较深,表面长有稀疏白色絮状物。料温降至约 45℃ 时,可及时通风降温,使料温在 1～2 d 内降至室温,即可铺料播种。床架发酵时间 9～10 d。

生产中由于场地、菇房生产周期安排也有采用增温剂建堆发酵的,该法不在菇房内铺料发酵,而是建成截面积约 2 m×1.9 m 的料堆。堆宜疏松,内置打孔的竹子或 PVC 管通气。用薄膜覆盖料堆,堆顶、堆下脚及通风口处要留有缝隙,外覆草苫。堆式发酵需 8～10 d,中间可不翻堆,结束时即进房铺料。

(五)播种发菌

发酵好的培养料无粪臭和余氨味道,观察外观疏松柔软,透气性、吸水性、保温性好,就进入播种阶段,播种量以每 100 m² 床架栽培面积需 750 mL 瓶装粪草菌种 320 瓶左右,菌种瓶或菌种袋在开启前,先在 0.2% 高锰酸钾或其他消毒液中略浸,擦干瓶壁后将菌种成块取出,将其掰成蚕豆大小的颗粒。铺料厚度以 15~20 cm 为宜。采用撒播方式,在料温约 28 ℃ 时,先将一半的菌种撒入料面,再用草叉、木棒掀起或拍打料面表层,使菌种下落至料深 4~5 cm处,平整料面,均匀撒入剩余菌种,用木板或辊子轻轻压实料面,使菌种与料紧密贴合,然后覆盖一层消过毒的报纸和薄膜。

(六)覆土及管理

覆土是栽培双孢菇的重要措施之一。覆土能降低料面水分蒸发,使之保持一定的湿度,并供给子实体生长所需水分;覆土可使食用菌对外界温度变化起缓冲作用;覆土层减缓了外界气体交换,使料内氧气减少,二氧化碳浓度增高,抑制菌丝生长,促进菌丝扭结,覆土中的微生物,如恶臭假单胞菌的代谢产物,可诱导双孢菇子实体原基的形成,而双孢菇菌丝的某些代谢产物,如乙烯、丙酮之类挥发性物质,不但能刺激原基的发生,又能激发覆土层中微生物的活动,在覆土层内形成一个相对稳定、有利出菇的小气候环境。覆土层的营养比较贫乏,进入其中菌丝生长受到抑制,以及覆土对菌丝的机械刺激,使双孢菇由营养生长转入生殖生长。出菇后,覆土层还具有支撑子实体生长的作用。

(1)覆土材料的准备 覆盖材料要求疏松柔软,持水力强,一般以壤土为好。目前栽培双孢菇生产采用的覆土分为粗细土分次覆土和混合土一次性覆土法。近年来也有采用草炭土、砻糠土(细土 2 700 kg,砻糠 125 kg,混合均匀,调水适度)做覆土材料的。取土时须弃去表层土,取地表 10 cm 以下土壤,以免带进虫卵和杂菌。覆土材料应在播种后即着手准备。粗土宜选毛细孔多,团粒结构好的沙壤土,土质疏松,通气性好,吸水性和持水性良好,有利于贮藏水分和双孢菇着丝穿土。细土宜选土质偏黏的黏壤土,土粒结构较紧密,喷水后不松散,土层不板结,水分易渗到粗土层,能保持粗土中的水分。一般菇床用粗土 22~25 kg/m²,细土 10~12 kg/m²。覆土使用前,先置阳光下晒 1 d,然后用 0.5% 敌敌畏液或 4%~5% 的甲醛溶液喷洒,每 1 000 kg 干土用药液 5~6 kg,喷药液后将土粒堆成堆,加盖薄膜 15~20 h,以消灭土粒中的害虫。

(2)覆土的时间与方法 当菌丝已布满料面,吃料到 1/3 深度时就可以覆土,一般在播种后 15 d 左右。覆土时,先将料面整平,并稍加覆盖粗土,厚度为 2~3 cm,将粗土均匀撒于料面,隔 5 d 后再覆细土,厚度为 0.5~1.0 cm 为宜,或用粗、细土混合一次性地覆盖其上,等大部分菌丝扭结,20%~30% 原基形成,再薄薄撒 1 层消毒细土,直到看不见原基为止,以免喷水时水珠直接伤害双孢菇菌丝。覆土完毕,立即用稀泥浆将床架每层培养料四边封闭,2 d 后用细竹竿或其他工具将床四边扎一些小孔,让孔内能长出子实体。用泥浆封闭四边的优点:一是保温,保湿,防止培养料水分散失;二是增加出菇面积,提高单产。

(3)覆土后管理 覆粗土后 2 d 左右,按先湿后干原则进行调水。若粗土含水量在 18%~20%,可以不调水;如水分不足,应在 3 d 内分多次喷水。调水时要求轻喷、勤喷,用打循环水方式进行,直至最后一次喷水结束,用手指捏土粒,扁而不散并稍有裂口,不黏手,土粒内无白心为宜,以控制菌丝往粗土表面生长。覆细土后的水分调节,应坚持先干后湿,并要求慢调水,防止因急于早出菇而调水太快。一般覆细土后停水 1 d,第 2 天开始喷水,每天 1 次,每次用水量 0.9 kg/m² 左右。这样前期细土比粗土稍干,促使菌丝继续在粗土层生长,充分长入粗土内部,以后逐渐调水,增加细土湿度,使菌丝在粗细土之间生长。

（4）出菇水的调节与通风管理　双孢菇水分管理的关键是用好结菇水和出菇水。一般情况下，出菇前要喷2次结菇重水。覆细土3 d后，当气生菌丝普遍长到细土缝，有的已长上细土时，打开全部门窗进行大通风2～3次，以抑制菌丝生长，并促进绒毛菌丝扭结为线状菌丝，进而形成原基。这时要补盖1层细土，将看到的菌丝及原基覆盖保护好。每天喷水2～3次，每次喷水量0.9 kg/m²，喷结菇重水后要进行大通风，气温适宜时昼夜长期打开门窗；气温高时白天关闭门窗，晚上打开门窗。结菇重水调足后3 d左右，当大批子实体长至黄豆粒大小时，及时喷出菇重水，用水量1.8 kg/m²，要求2 d内调足，方法同结菇重水。这次喷重水主要是供给土层中已形成的子实体，使之迅速长大出土。但调水时也要注意以下两点：一是高温情况下（室温在23℃以上）不可喷重水；二是喷水时菇房一定要大通风，否则很容易引起死菇和滋生杂菌。

（七）出菇期管理

双孢菇的出菇管理主要包括水分管理、通风换气、挑根、补土、增施追肥等措施，以提高秋季的出菇量。

（1）水分管理　双孢菇子实体生长所需的水分，主要是从粗土中吸收，其次是从细土、空气中吸收。出菇后土层喷水原则，主要掌握看菇喷水，即菇多时多喷，菇少时少喷；前期多喷，后期少喷。具体做法是：在出菇前期，即第一、第二、第三潮菇大批出土，并长到黄豆大小时，都要喷1次重水；每次喷水量为1.3 kg/m²，每天1～2次，连喷2 d，使细土能搓得圆、不黏手，含水量在20%左右；粗土捏得扁，有裂口，含水量在18%左右。采菇前土层不要喷水，以防采摘时菇盖变红。喷水时间最好在早、晚温度较低时进行。秋菇后期（即第四潮菇后），随着气温下降，出菇密度减少，菇潮不明显，喷水要轻喷、勤喷并逐渐减少喷水量，每天喷水0.5 kg/m²左右，使粗土、细土较前期略干些，保持细土松软潮湿。总之，在水分管理上，除看菇喷水外，还必须结合气候、菇房保湿性能、菌丝生长情况、土层厚薄等进行灵活管理。双孢菇出土后，菇房内的空气相对湿度要保持在90%～95%，尤其是出菇前期气温较高、水分蒸发快的情况下更为重要，这样既可以满足子实体表面直接从空气中吸收水分，又能防止土面水分的大量蒸发。为此，可用工业加湿器或电动喷雾器在菇房空间内每天喷水2～3次。

（2）通风换气　一般气温在18℃以上时，菇房通风以不提高室内温度为原则，同时又不降低菇房湿度，所以通风多安排在夜间或雨天进行，到出菇中期后，气温降至14℃以下时，通风应放在白天，开少量南向下帘以提高菇房温度。

（3）挑根与补土　每潮菇采收后，要及时挑除残留在床面上的发黄老根或死菇，否则会影响新生菌丝生长和阻碍子实体形成，还会腐烂发霉。每次挑除老根和死菇后，应立即补盖新鲜湿细土，然后喷水保湿。

（4）增施追肥　出菇后期，即第三潮菇采收后，因培养料养分大量消耗，为了提高双孢菇产量和品质，并促使菌丝生长健壮，需要进行追肥。常用的追肥有：0.1%～0.2%尿素可结合喷水进行；也可在菇蕾黄豆大小时喷施1%葡萄糖；或用培养料浸出液或菇脚水喷施料面，培养料浸出液、菇脚水都是碳氮含量丰富的完全肥料，能满足双孢菇对各种营养元素的需要，成本低，效果好，一般用晒干的剩余培养料或剪切下来的菇脚，用开水按料水比1∶5浸泡于容器中，密闭3～5 h，冷却后过滤喷施。

（八）采收

双孢菇长至标准大小时应及时采收。如留得过大，影响质量，过小采收则产量不高。鲜菇的收购一般分3个等级,但鲜销对规格要求不严,只要不是开伞菇,大小均可。凡是开伞菇、畸形菇、泥根菇、空心菇、薄皮菇以及有病虫杂斑菇都属于等外菇。因此,必须适时采收。

双孢菇的采收方法有两种,即旋菇法和拔菇法。菇密时,将菇轻轻旋转采下,以免带动周围小菇;丛生在一起的球菇,采收时要用小刀小心切下,并采大留小;出菇稀的地方,可直接将菇拔起。采下的双孢菇要及时修整,即用小刀把菇柄下部带有泥土的根部削去。刀口与菇柄垂直、平整,柄的长短应符合商品要求。同时不要在通风处切削,以防止吹风后引起菇色变红,影响加工色泽,降低商品价值。削菇时,要将不同等级的双孢菇分别盛放。另外,在存放及运输过程中,要轻拿、轻放,防止碰伤、挤压或变色。

任务二 双孢菇工厂化生产技术

双孢菇三区制工厂化栽培是在单区制、双区制工厂化栽培基础上,采用培养料二次发酵、发菌培养、出菇管理分别在不同场区内完成的工厂化栽培模式,缩短了栽培周期,增加了栽培次数,提高了产能。同时,由于二次发酵单独在发酵室内完成,有利于控制室内温、湿度,提高培养料二次发酵的质量,为双孢菇工厂化栽培高产、优质、高效打下良好基础。

双孢菇三区制工厂化生产主要由大中规模食用菌企业组织生产,企业往往负责菌种生产、培养料发酵、接菌、回收、包装、冷藏等环节(甚至外购菌种,仅负责发酵、接菌两个环节),发菌出菇采收由合作农户负责,整个生产过程高度专业化、机械化,分工协作,最大限度地发挥生产环节各方的优势。

工作岗位初期定位为掌握双孢菇菌种生产、培养料发酵场区环境控制员,中长期定位为场区调度、技术主管。

双孢菇工厂化栽培是根据双孢菇生物学特性,利用现代工程技术和先进设备,人为控制双孢菇生长发育的环境条件,使生产工艺流程化、技术规范化、质量均衡化、供应周年化。它是目前国际上主流的食用菌栽培方式。发达国家,特别是美国、荷兰、日本等双孢菇生产均采用工厂化栽培,菌种制作、培养料发酵、覆土材料制备等过程分别由不同的专业化公司完成,而且机械化程度高达80%。

我国近几年双孢菇工厂化栽培发展很快,而且是双孢菇未来的发展方向。其中双孢菇三区制工厂化栽培技术模式正被越来越多规模化企业采用。

(一)菇场选址

双孢菇生产场所选在交通便利,地势平坦,水源充足,水质清洁卫生,排水方便的地方,周边2km以内没有"工业三废"等污染源,远离学校、医院、居民区、公路干线500m以上。

(二)基本设施、设备

主要设施:预湿池、堆料场、二次发酵室、养菌室、出菇室等生产设备和机具,室内控温、加湿、换气、控光设施及栽培床架。建堆、翻堆、运输等通用机械。

特种专用设备:

(1)草、粪肥、水混合机 这是一台大功率机械,功率25kW。它具有切草功能,同时还具有将草、粪肥、水充分混合的功能。

(2)疏松机 将培养料装入后可自动疏松培养料。

(3)轮式装载机 在发酵场内用来运输草、粪肥。培养料换房。

(4)输送带 用于草、粪、培养料的输送。

(5)离心风机 用于发酵隧道空气的内外循环。前发酵隧道每个隧道需 3～5 kW 功率的离心风机,二次发酵隧道每个隧道需 12.5 kW 功率的离心风机。

(6)空气过滤器 二次发酵隧道所需的新风必须经过 1 m 的过滤器导入。

(7)摆动式装料机 培养料一次发酵结束后,在进入二次发酵隧道时,培养料用轮式装载机倒在疏松机内。先将培养料疏松,然后疏松机将培养料传送到输送带上,输送带将培养料输送到摆动式装料机上,摆动式装料机将培养料左右上下、均匀地抛在二次发酵隧道内。摆动式装料机必须连续操作,不能停顿。否则会造成培养料隔层,影响发酵效果。

(三)菇场布局和厂房建设

(1)菇场布局 主要考虑菇场所在地形、地势、主要风向等因素,尽量减少培养料生产和菇房管理相互污染,尽量避免菇房和堆料场靠在一起;发酵室和菇房之间要有一定距离;在满足工艺要求情况下,尽量减少运料距离和方便机械装载。具体布局如下:堆料场—预湿池—发酵场——次隧道—二次隧道—准备室—菌种室—接种室—养菌室—出菇房—储藏室。

(2)菇房及主要设备 菇房分养菌室和出菇室两部分,每标准室长、宽、高分别为 14 m、10 m、4 m,墙体由钢筋、彩钢板及保温材料建成。每室设置长 2 m、宽 1.2 m 的可移动栽培床架 40 个,每架 5 层,层间距 0.6 m,每室栽培面积 480 m²。每室内上部安装空调设备,在一侧墙下端安装排气扇。房顶坡度 15°,以便排泄雨水,其上均匀留数个通气口。见图 18-2。

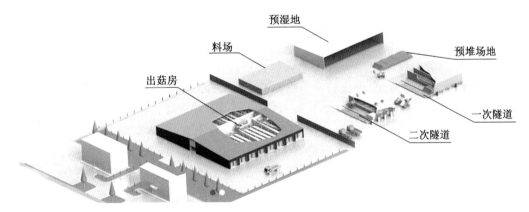

图 18-2 双孢菇工厂化生产厂区布局示意图

发酵室(发酵隧道)发酵室(发酵隧道)的大小与出菇室的栽培面积配套,一个发酵室的一批培养料通常可供 1～2 个菇房所用。栽培用料,发酵隧道的个数要与出菇房的个数相匹配,充分利用隧道和菇房,如果隧道个数或一次发酵量不足会影响菇房利用率,会降低产能。为更好地保温、保湿,同时满足方便进出料设备操作方便,发酵室高度在 3.5～5 m。隧道的高度不仅考虑料堆大小或高度,还应考虑进出料设备操作方便,一般不应低于 3.5 m。发酵室内墙下端安装排气扇,房顶有通风口,发酵室外设置火炉及送热通风管道,通过管道向室内供热,发酵隧道的自动化通风系统是隧道建设的关键部分,是保证一年四季对隧道内培养料进行均衡通风和控温的核心设备,所用离心风机的性能要与通风管道风嘴密度和大小及隧道底面的通风结构相匹配,才能保持适宜的风速在料中均匀通过,使发酵均匀完全。通风能力过大造成能源浪费,并影响培养料发酵质量,通风能力过小,料堆内氧气不足,同样影响发酵质量。

(四)双孢菇工厂化生产工艺流程

培养料准备(4 d)→一次发酵(14 d)→二次发酵(7 d)→播种及发菌培养(14 d)→覆土(7 d)→耙土整平(4 d)→降温催蕾(8 d)→出菇(41 d)→清理菌床(2 d)。

(五)双孢菇工厂化生产关键环节

培养料配方

A. 干稻草 65%、干牛粪 30%、石灰 2%、过磷酸钙 2%、石膏 1%。

B. 麦草 35 t、鸡粪 45 t、石膏 3 t、豆粕 2 t。麦草和鸡粪的含水量分别为 17%、70%。

(1)培养料一次发酵 发酵前先用机械松散粉碎原料,然后预湿池用水浸泡 2～3 d,浸泡过程中翻动 2～3 次,使其充分吸水。浸泡好的原料捞出淋水后进入一次发酵隧道进行一次发酵,即经过建堆、翻堆等高温堆制过程,发酵时间 11～12 d。方法是:

将麦草和粪肥加水搅拌均匀;捞料进一次发酵隧道并均匀加入石膏;翻料转隧道调节培养料含水量;翻料转隧道加豆粕调节培养料含水量;翻料转隧道调节培养料含水量。充分改变培养料的理化性状,使培养料软化、腐熟。一次发酵合格培养料的特征:培养料咖啡色,有一定光泽;料草比较柔软,但有较强的拉力,富有弹性;有糖香味,含少量氨味;含水量 65%～70%;pH 7.8～8.0,含氮量 1.8%～1.9%;氨气 0.3%～0.5%。之后才能进入二次发酵隧道。

(2)培养料二次发酵 二次发酵在二次发酵场(隧道)进行,时间 7 d。即把一次发酵的培养料铺到发酵场(隧道)内,通过外设火炉及管道向室内送热,经过巴氏消毒和嗜热培养过程,使培养料进一步腐熟,同时进一步消灭培养料内的病菌和害虫,使培养料更适合双孢菇菌丝生长。方法是:

提温到 55～58℃保持 8 h,杀死病原菌和害虫,即巴氏灭菌。降温到 48～50℃,保持 5～6 d,控温培养有益微生物,即嗜热培养。提温到 52℃,保持 8 h 后检测 NH_3。用 8 h 降温到 30℃以下准备播种。二次发酵合格培养料的特征:培养料深咖啡色或棕褐色;无酸、臭和霉味,而有面包香味;质地疏松柔软,而有弹性,手捏成团,落地即散;禾草原形尚在,轻轻一拉即断,水分 66%～68%;pH 7.5～7.8;含氮量 2.1%～2.2%;氨气≤0.08%。

上料播种 上料前,菇房内的地面喷洒 800 倍多菌灵和 800 倍菊酯混合液,菇房外的场地及机械、工具、鞋、菌种外袋等用 5% 克霉灵消毒。按 110 kg/m² 培养料 0.5～0.6 kg/m² 的菌种量进行上料播种。播种前检查菌种质量,清除螨虫和霉菌,优用合格菌种。播种时通过传输带将培养料均匀地铺设在栽培床面上,同时有专人在床面前端,按 0.5 kg/m² 播种量把菌种均匀地混入培养料内,随着培养料的均匀铺设而播种。上料播种后把料面整平,拣出结块,清除杂菌等,再用 0.07 kg/m² 菌种均匀封面后,将料面覆盖一层塑料薄膜,接着用水撒湿地面并冲洗干净,关闭所有门窗,严堵缝隙,开始菌丝培养。

发菌培养 发菌培养在养菌室内进行,人为调节菌丝生长发育的温度、湿度、光照、二氧化碳浓度等环境条件,时间 14 d。播种后 1～3 d,菇房紧闭门窗,少通风,以保湿为主,使菌种迅速萌发定植。播种 3 d 后,菌丝萌发并吃料,适当增加菇房通风换气,保证菌丝生长所需的新鲜空气。播种 7 d 后,菌丝已长满培养料表面,并伸入培养料内 3 cm 左右,此时增大通风量,保证培养料内菌丝生长所需的充足的氧气,为菌丝向下生长创造条件。发菌培养期间保持室内温度 22～24℃,空气相对湿度 70％～75％,避光培养。

覆土催菇 覆土催菇在出菇室内进行,拌土前把混凝土场地清洗干净,然后用 2％福尔马林消毒。100 m² 床面,准备草炭土 2.5 m³,1 m³ 草炭土加石灰 20 kg,碳酸氢钙 50 kg。先把草炭土与辅料混拌均匀再加水搅拌,并把覆土的含水量调至 70％～75％,pH 调至 8～9,拌土结束后,用塑料膜密封 2 d 待用。覆土前房间内的地面喷洒 800 倍多菌灵与 800 倍菊酯混合液,房间外的场地及机械、工具、工作衣、帽、鞋等都要用 5％克霉灵消毒。采用机械覆土,覆土层厚度 3.5～4 cm。覆土结束在覆土层浇 800 倍的多菌灵,预防病菌滋生,同时保持覆土层含水量 90％左右,覆土 10 d 左右进行降温催蕾。

出菇管理 出菇管理在出菇室内进行,时间为 40 d 左右。工作重点是正确处理喷水、通风、保湿三者关系,既要多出菇,出好菇,又要保护好菌丝,促进菌丝前期旺盛,中期有劲,后期不早衰。待菌丝达到土层 2/3 时进行搔菌,搔菌 48 h 后开始降温催蕾,每天降低 1℃,连续降温 7 d,使室内温度达到并保持 15℃,料内温度保持 17～18℃。设定通风与内循环风的比例,控制室内二氧化碳浓度 2 000 mg/L 以下,否则易出现薄皮菇。保持培养料含水量 60％～70％,空气相对湿度 90％左右,10d 左右出现小菇蕾。同时避免直射光线进入室内。

采收 同前菇房架式栽培法。

(六)双孢菇工厂化单区制、二区制、三区制三者栽培周期及产能分析

栽培周期 传统的单区制栽培,从二次发酵到清理菌床,整个栽培过程均在出菇室内完成,栽培周期需要 83 d,一年栽培 4.3 次;双区制栽培,二次发酵、播种与发菌培养均在养菌室内进行,覆土及出菇管理在出菇室内进行,一个栽培周期为 62 d,每年栽培 5.8 次;三区制栽培,在双区制栽培基础上,二次发酵单独在发酵室内进行,播种与发酵培养在养菌室内进行,只有覆土及出菇管理在出菇室内进行,栽培周期和年栽培次数同双区制栽培。

产能分析 三区制栽培与单区制栽培相比较,栽培周期缩短 21 d,每年多栽培 1.5 次,即每生产一批双孢菇,与二区制比节约出菇室利用时间 21 d,出菇室每年多栽培 1.5 次,提高了菇房利用率和产能。同时二次发酵在发酵室内进行,有利于室内温、湿度的调节及控制,促进优质培养料的形成,有利于菌丝生长发育及提高成品菇的产量和品质。但需要建设二次发酵场所(隧道),初期建设投资成本提高。

知识拓展

一、国内外食用菌工厂化生产的优势与困境

双孢菇是目前国内外工厂化生产产量高、效益好的食用菌品种,国际市场需求稳定。我国工厂化生产水平在稳步提升,但同时也应该看到机械化生产也带来了投资高、运营过程中能源消耗大、环保要求越来越严格的困境,在这方面国外的发展历程带给我们很多启示。以荷兰为例,其是世界上栽培双孢蘑菇最先进的国家,并且在不断向国外输送先进的技术和设备。

(1)品种少、价格高 目前荷兰生产食用菌 95％的品种是双孢菇,其余品种棕色蘑菇占3％,平菇、香菇占 2％等。其双孢菇单产高达 33～35 kg/m²(二潮菇),棕色蘑菇单产 30 kg/m²(二潮菇)。近 10 年来,荷兰双孢菇栽培面积变化不大,基本稳定在 75 万 m² 左右,总产量23 万 t 左右,产值 23 亿元。双孢菇鲜菇平均单价在 1 欧元/kg,其中整菇(超市销售)价格在

1.2～1.3 欧元/kg,加工菇价格在 0.8 欧元/kg。荷兰超市大都采用塑料盒包装,其单价为4.0 欧元/kg。

(2)生产高度专业化、集约化　目前荷兰有三大双孢菇培养料公司:CNC、WALUKO、HC。双孢菇菌种主要是 Sylvanmc 公司的 A15,占 90%。荷兰三大双孢菇培养料公司每周发酵成料的产量分别为 9 000 t、6 000 t、2 000 t。其中三大公司培养料出口占 25%～30%。培养料近距离采用散装运输,远距离采用打包冷藏方式进行运输。荷兰的双孢菇生产方式除大公司全程生产外,主要是大公司(培养料发酵)＋双孢菇农场((出菇)形式。

(3)成本高、利润低　目前荷兰双孢蘑菇农场工人的工资在 16～17 欧元/h。每千克采菇工成本在 0.5～0.55 欧元(工人每小时可以采收 30 kg)三次发酵料售价在 130 欧元/t,每平方米用料 80～90 kg,按每平方米出菇 35 kg 计算,每千克蘑菇原料成本在 0.3～0.33 欧元。鲜菇销售价格在 1.2～1.3 欧元/kg。覆土、管理成本、用电成本、以及固定资产折旧等控制在0.4～0.5 欧元/kg,较高成本致使荷兰双孢菇农场经营十分困难。

(4)环保要求严格　荷兰政府对环境保护非常重视。于 1985 年就出台法规,严格控制双孢菇培养料发酵过程中的氨气等排放。由于氨气回收需要大量的经费,致使许多培养料生产公司倒闭。形成了目前以三家公司为主的局面。

荷兰国内栽培双孢菇历史较长而且生产集中地区的土壤中 P、N 元素含量已偏高,双孢菇栽培废料中 P 元素不易被农作物吸收,进入土壤中后,容易渗入地下水或进入河流,引起河水富营养化。荷兰政府出台禁令,严格控制双孢菇废料直接投入土壤中,并且不定期进行检查,若发现 P 元素超标,从严处罚。

双孢菇农场只能将其废料运往较远的地方,运费在 10～14 欧元/t,生产成本加大,导致菇厂寻求废料燃烧发电系统的研发,促进了技术改进,同时也改善了培养料工厂周边的环境。

荷兰双孢菇工厂化生产发展过程对我国双孢菇,乃至其他品种食用菌规模化生产有着巨大的启示意义。

课外学习指导

浏览双孢菇行业相关网站,了解行业国内外企业最近发展情况。

相关网址:www. yuguanchina.com/

说明:江苏裕灌现代农业科技有限公司,其位于连云港市灌南现代农业示范园区,成立于 2010 年,总投资 15 亿人民币,占地面积 87 hm²,是一家主要从事双孢菇育种、发酵、养殖、加工与销售为一体的现代工厂化企业,是目前我国双孢菇驯化栽培、养殖采收全链条一体化的现代科技农场。

相关网址:www. sylvaninc.com/

说明:施尔丰(Sylvaninc)公司是真菌技术的全球领先者之一,也是世界上最大的蘑菇菌种生产商和经销商,总部位于美国,拥有 16 处科研生产设施,服务于全球 65 个国家。施尔丰公司在 20 世纪 20 年代开始种植蘑菇和生产菌种。2018 年被中国江苏裕灌收购。

相关网址:www. christiaensgroup.com/

说明:克里斯蒂安集团(Christiaens Group)是全球蘑菇农场和堆肥场一揽子解决方案的领导者。总部位于荷兰霍斯特——国际蘑菇栽培和研究中心。该公司从 1971 年开始为蘑菇产业制造机械,多年来在蘑菇种植拥有该领域全方位知识。包括:蘑菇和食用菌生产废弃物处理、蘑菇农场和堆肥厂建设、空气处理系统和安装、蘑菇生长和堆肥过程控制、设计和建造耐用的堆肥和蘑菇栽培机械。

相关网址:www.fancom.com/

说明:Fancom 公司是一家荷兰农业设施设备供应商,其在帮助蘑菇种植者、家禽生产商、猪生产商和改进种植室的和牲畜饲养场工艺方面处于领先地位。依靠智能气候、饲养和生物测定系统、传感器和控制计算机,降低生产者的劳动强度、改善动植的生长条件。其 iFarming™ 的品牌向全世界 50 多个国家的农民和合作社出口全自动温室技术。

思考与练习

一、填空题

1. _____ 是世界栽培规模最大、栽培范围最广的食用菌,也是食用菌物种科学研究及栽培技术都达到世界最高水平、最现代化的食用菌种类。

2. 双孢菇双孢菇的人工栽培起源于 _____(国家名),_____(国家名)国家双孢菇的年产量为世界第一。

3. _____ 是栽培双孢菇的主要原料。

二、判断题

1. 蘑菇往往是食用菌的代称,但如特指一种食用菌时,指的是双孢菇。( )

2. 双孢菇生产时,麦草等草料可不经过预湿,直接混合制成培养料。( )

3. 双孢菇工厂化生产时,播种期从北向南多安排在 8 月中旬至 11 月上旬。( )

4. 双孢菇采收时不要在通风处切削,以防止吹风后引起菇色变褐,影响加工色泽,降低商品价值。( )

三、简答题

1. 简述双孢菇采收的方法。

2. 简述双孢菇增温剂床式发酵法。

3. 简述双孢菇一次、二次发酵料合格标准。

项目十九

羊肚菌栽培

羊肚菌,俗称羊肚蘑、羊肚菜(图 19-1),因菇盖表面凹凸不平,形态酷似羊肚(胃)而得名,是一种珍贵的食(药)用菌。

羊肚菌营养丰富,含有丰富的蛋白质,多种维生素及 20 多种氨基酸,味道鲜美,甘寒无毒,具有益肠胃,化痰理气等功效。野生羊肚菌大多生长于阔叶林地上及路旁,主要分布于云南、四川、甘肃、新疆、陕西、辽宁等地,安徽、河南境内也发现有羊肚菌。羊肚菌按照其子实体颜色可以分成 3 个支系,即黑羊肚菌、黄羊肚菌和变红羊肚菌。按照真菌分类学研究,羊肚菌属有 30 个种,其中包括 Emile Jacquetant 教授在 *Les Morilles*(1984 年)一书中记载的羊肚菌属的 28 个种(亚种或变型)、臧穆(1987 年)在喜马拉雅山发现的新种 *M. tibetica* 和变红羊肚菌种 *M. rufobrunnea*。根据统计,我国现有羊肚菌 15 种,其中有 8 个种比较常见,即小

图 19-1　羊肚菌形态

顶羊肚菌 *Morchella angusticeps*、尖顶羊肚菌 *M. conica*、粗柄羊肚菌 *M. crassipes*、小羊肚菌 *M. deliciosa*、开裂羊肚菌 *M. distans*、高羊肚菌 *M. elata*、羊肚菌 *M. esculenta* 和硬羊肚菌 *M. rigida*。羊肚菌原本主要依靠采集野生羊肚菌供应市场,国内外市场价格较高,随着市场需求的增加,羊肚菌逐渐被研究驯化,我国从 20 世纪 80 年代开始人工栽培研究。经历栽培不出菇、出菇不稳定、能出菇无产量等阶段,虽然目前亩产鲜菇达到 300～500 kg 的高产案例报道越来越多,但跟平菇、香菇、金针菇等品种相比,其菌种选育、栽培技术距离形成真正意义上的商业化栽培还有一步之遥,主要问题是菌种变异大,抗性差,造成产量不稳定,生产风险较高,这也是目前羊肚菌价格仍然高企的原因。

羊肚菌适宜生长在土壤湿润或降水量较多且容易保湿的环境中。在菌丝生长阶段,土壤

或栽培基质含水量以 45%～65%为宜;子实体生长发育阶段,空气相对湿度以 80%～95%为宜。在菌丝生长和菌核生长阶段羊肚菌不需要强光照,有部分散射光的条件最适宜菌丝的生长发育光照强度以 600～1 000 lx 为宜;要避免菌丝生长过程中有强光,否则会抑制菌丝的生长,羊肚菌是低温高湿性食用真菌,在不同生长阶段需要的温度不同,菌丝适宜生长温度为15～22℃,进行有氧呼吸;子实体适宜生长温度为 8～22℃,通常温度不超过 15℃时,品质较好。土壤的 pH 7～7.9。在北方寒区以棚室栽培为主,一般是早春及 9 月至翌年 6 月可完成2～3 个生产周期。

任务一　羊肚菌棚室营养袋栽培

了解羊肚菌驯化栽培研究过程,学习了解羊肚菌外营养袋栽培技术,掌握北方棚室内营养袋栽培技术要点。为今后探索驯化野生食用菌新品种打好基础。

(一)栽培季节和菌种选择

羊肚菌顺季栽培可分春秋两茬:①一年内第一个生产周期:春茬羊肚菌栽培,是在 3 月初播种,5 月下旬结束采收;②第二个生产周期:秋茬羊肚菌栽培,一般是 8 月上旬开始生产二级种,9 月中旬播种,12 月采收完毕,两个生产周期间高温季节可生产一茬高温菇,如可在 7 月上旬栽培草菇等,提高棚室利用率,增加收益。

菌种选择　羊肚菌的生产栽培菌株主要来源于野生菌株的分离培养与人工驯化栽培,极少菌株来源于野生羊肚菌的孢子自交或杂交培养。

羊肚菌人工栽培种　在羊肚菌 3 个支系中,有多个种实现了人工栽培,其中包括黑羊肚菌支系中的梯棱羊肚菌 Morchella importuna、六妹羊肚菌 M. sextelata 和七妹羊肚菌 M. septimelata,黄羊肚菌支系中羊肚菌和变红羊肚菌支系中变红羊肚菌。在我国,可以实现人工栽培的羊肚菌有 4 个种,即梯棱羊肚菌、六妹羊肚菌、七妹羊肚菌和羊肚菌。目前梯棱羊肚菌因高产、稳产特性,占我国栽培菌种的 95%以上,其次为六妹羊肚菌,虽然其子实体较小,但较梯棱羊肚菌更适合北方地区。

(二)母种分离、培养

由于羊肚菌生产中菌种特性仍不稳定,可在生产中优选个体进一步进行母种分离纯化,常用方法为孢子法,选择长势优良的羊肚菌个体,在子囊果表面先用 75%的酒精棉球擦一遍,然后用无菌水冲洗,无菌滤纸吸水,盖朝下,在无菌操作条件下悬挂于广口瓶中,经适温培养,收集孢子后,取出子囊果。接种后的广口瓶和培养皿均置 18～20℃室内避光培养。每隔 5 h 观察 1 次孢子和组织块中菌丝萌发情况、污染情况和菌落大小等。待孢子萌发并形成絮状菌丝体后,无菌操作用接种锄挑取广口瓶内无污染的菌丝体与少量培养基一起接种于培养皿内进行纯化培养。也可采用菌丝分离法,取在羊肚菌生长的周围充满白色菌丝的土壤。从土壤中挑选这种菌丝进行分离。一种是土壤直接分离,另一种是浸提分离,相较孢子法操作过程中剔除杂菌难度大。

(三)配制栽培料

栽培料配方:

①农作物秸秆粉 74.5%、麸皮 20%、过磷酸钙 1%、石膏 1%、石灰 0.5%、腐殖土 3%。

②木屑 75%、麸皮 20%、过磷酸钙 1%、石膏 1%、腐殖土 3%。

③棉壳 75%、麸皮 20%、石膏 1%、石灰 1%、腐殖土 3%。

料水比为 1∶1.3,拌好料后堆积发酵 20 d,含水量调至 60%。采用 17 cm×33 cm 聚丙烯或聚乙烯塑料袋装料,每袋装料 500～600 g,然后在 100℃条件下灭菌 8 h,灭菌后即可接入菌种。采用两头接种法,封好袋口,置于 22～25℃下培养 30 d 左右,菌丝可长满袋。菌丝满袋后 5～6 d,即可进行栽培。

(四)畦床处理及播种

与春茬羊肚菌栽培相比,秋茬羊肚菌生产期长,品质好,产量高,故着重介绍秋茬羊肚菌栽培。在高温菇(如草菇等)生产结束后,将畦床清理干净,将前茬菌糠混入土壤,增加含氮量,采用强光暴晒,杀虫卵及杂菌,9 月待气温降至 10～15℃即可播种羊肚菌(提前 1 个月生产羊肚菌栽培种)。播种前一天棚内土面雾状喷水,使土壤湿度 30% 左右。播种前将菌种打散备用。播种时顺着大棚长的方向每隔 30 cm 留有畦面 1.0～1.2 m,立桩拉绳作标尺,将打散的栽培种均匀散播于畦面内,播种后立即取未播种的 30 cm 内土覆于畦面上,覆土厚度 2～3 cm,可整理出畦高 20 cm 左右,土粒粒径小于 2.5 cm,畦床间距 30 cm。播种后雾化浇透水,直至畦沟内有水溢出为止。

(五)菌丝培养

播种后,调控棚内空间温度 10～18℃,畦床内温度 8～13℃,空气相对湿度 60%～70%,每天通风 10～20 min。播种后 3～5 d,当畦面土壤 60%～80% 产生白色霜状物(俗称菌霜)的分生孢子后,开始摆放营养袋(图 19-2),营养袋摆放间隔 20～40 cm,呈"品"字形排列,将有开口的一面紧贴畦面摆放。仍保持棚内温度 10～18℃,畦床内温度 8～13℃,每天通风 10～20 min。菌丝培养 45～50 d 即可进行出菇管理。营养袋成分与摆放方法是羊肚菌生产的技术核心之一。营养袋规格一般为 12 cm×24 cm,每袋的基质含 80～120 g 小麦的基础上,可额外添加 40 g 谷壳;或 40 g 木屑和 20 g 谷壳;或 40 g 玉米芯和 20 g 谷壳,腐殖质土 20～40 g,最终添加 1%～1.5% 生石灰,2% 石膏和 1.5‰磷酸二氢钾,每 667 m² 需 1 600～1 800 袋。

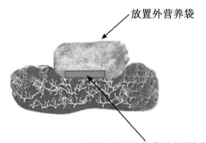

放置外营养袋

土壤表面羊肚菌菌霜(无性孢子)

图 19-2 羊肚菌外营养袋示意图
(与菌霜接触处开长条口)

(六)出菇管理

当第 2 次返起的分生孢子开始消退,并且大量菌丝有吐水现象时,雾化喷水 20～40 min,将畦床温度控制在 6～10℃催菇,空间温度控制在 10～15℃,空气相对湿度保持在 80%～90%,同时加大通风确保棚内二氧化碳浓度在 800 mg/L 以下,白天散射光照,7～10 d 后将有羊肚菌原基出现。待羊肚菌原基形成,棚内温度控制在 13～20℃,二氧化碳浓度在 700 mg/L 以下,光照 300～500 lx。

(七)采收及菌床处理

羊肚菌一般现蕾后 15～20 d,就可采收。

采收标准为子囊果不再增大,子实体由浅黄色变为黑褐色、菌柄白色,菌盖脊与凹坑棱廓分明,有弹性,有浓郁的香味时,可采收第一潮菇。

采收时戴手套,3个指头轻轻握住菌柄,用锋利的小刀在菌柄近地面,沿水平方向切割,并削掉黏附在菇柄上的泥土杂物,按照不同等级分别存放。采菇用的篮子内部放柔软物,以免擦伤菇体表面,每篮放菇数量不宜太多,以防压伤菇体。第一潮菇采收后,将畦面上的菇脚清理干净,控制空间温度在15~20℃,空气相对湿度在70%~75%,保持畦面湿润,每天通风2次,每次15~20 min,20 d左右,可再次形成羊肚菌原基,羊肚菌一般可采收2~3潮,至12月底采收基本结束。次年3月初清理菌床、翻地、晒棚,进行羊肚菌春茬播种生产,生产方法同秋茬羊肚菌,5月末采收完毕,6月气温升高,羊肚菌不再出菇。此时可以整理畦床,轮作草菇等高温菇。

(八)病虫害防治

菌丝生长与子实体生长期都会发生食用菌常见病虫害,应以预防为主,注意保持场地环境的清洁卫生。播种前进行场地杀菌、杀虫处理。后期若发生虫害,在出子实体之前可喷除虫菊酯或10%石灰水进行防治。

(九)干鲜品分级及包装

产品分级 商品菇菌柄与菌帽总长度达8~13 cm、菌柄偏白、菌帽长于菌柄、无霉变、无畸形、菌帽长圆锥状;次品菇子实体有日灼、畸形,菌帽短圆状、菌柄发黄、霉变。

鲜品包装 冰袋必须完全冻硬,包装前用吸水纸包裹冰袋,以免其表面水分直接接触羊肚菌。10 kg泡沫箱一般装9~12个冰袋,1层冰袋1层羊肚菌交叉放,泡沫箱内尽量装严实不留空隙,以免在运输过程中因抖动而损坏产品。

(十)干鲜品保鲜及加工

冷藏保鲜 羊肚菌鲜品的冷藏设备有冰箱、冰柜、冷库、冷藏车等。冷藏温度控制在2~4℃,可贮藏7~10 d。

干制加工 羊肚菌加工方法主要是晒干或烘干。在进行干燥时注意不要弄破菌帽,保持其完整。可烘干或在阳光下晒干,不能用柴火烟熏,以免影响质量。干制后分等级在塑料密封袋内防潮保存。

 # 任务二 羊肚菌大田营养袋栽培

(一)土壤选择

羊肚菌种植适合选择有机质含量高、含沙量高的土壤,同时要求保证水质无污染、农药残留低。一般选择在种植前半年内和栽培过程中未使用过除草剂和杀虫剂的地块,以保证土壤的安全性。

(二)菌种选择

应保证菌种来源安全可靠,一般不需要进行任何处理即可直接播种,但需注意剔除感染菌种,若局部病菌未扩散可以去除后再使用。

(三)整地做畦

耕地前撒施生石灰 750 kg/hm²,在杀菌的同时提高土壤 pH,然后用深耕机将大田翻 1～2 次,深度达到 20 cm 以上,并利用旋耕机将田间表土打碎,保证耕地内基本没有超过拳头大小的土块,再经太阳曝晒杀菌 3 d,即可开始做畦。做畦时,先用石灰粉按作业面宽 1.4 m 标示位置,然后用起垄机开沟起垄,人工调整做平畦面,同时人工剔除大块石头等杂物。

(四)开沟

播种在距畦面边缘 20 cm 处用锄头开出 3 条宽 10 cm,深 10 cm 的播种沟,将菌种开袋揉碎后均匀撒到播种沟内,覆土时,用钉耙直接来回勾动畦面的土壤即可,要求覆土厚度不超过 3 cm。播种后浇 1 次透水,即畦面可以明显看到水溢出到沟内,但不能长期积水,促使初生菌丝迅速生长发育,然后用黑色地膜覆盖,黑色薄膜与畦面同宽,覆膜可有效保持土壤湿度和防止杂草生长。

(五)搭建遮阳网

羊肚菌生产对光照强度的要求较为严格,光照强度不仅影响前期菌丝的发育生长,也影响后期出菇后的菌菇品质。因此,生产过程中选择遮阳率较高的遮阳网,规格为 6 针,8 m 宽或 12 m 宽,搭建的遮阳网棚高度为 2 m,四周用铁丝拉线绷直,立柱需要高 2.5 m,用打孔机打孔,深 0.4～0.5 m,每 4 m 立一根立柱,要求搭建好的遮阳棚坚固且内部方便人员操作。

(六)搭建小拱棚

羊肚菌在 10 月中下旬种植,温度在 20℃左右,当温度在 5℃以下时,可采用搭建小拱棚来保温。实践栽培中,采用 1.8 m 长的竹坯子,按照间距 80 cm 插入土中,拱棚距畦面的高度为 42 cm,在拱面上覆盖宽度为 2 m 的保温膜(6 丝),用土压实,但不要过于严实,注意通风透气,保证棚内氧气量充足。

(七)营养及水分管理

一是放置营养袋。当羊肚菌的菌丝发育到一定阶段,需额外添加营养保证菌丝的营养需求,通常通过在畦面上添加营养袋的方式来实现。生产中,待到畦面形成乳白色盐霜状孢子层时,表示羊肚菌菌丝已进入栽培的富集状态,可以摆放营养袋。营养袋摆放的标准是 22 500 袋/hm²,每畦面摆 3 排营养袋,间隔 0.5 m,若畦面较宽,可增加营养袋的排数,摆放原则为分散错落,用小刀在营养袋的一面划出切口,使其充分与土壤接触,保证营养成分正常供应运送。

二是水分适宜,在雨雪天气较多的地区,需要搭小拱棚,铺黑地膜保温保湿,土壤正常湿度在 70% 以上,一般情况下不需要浇水,若畦面土干燥,要及时浇水,保证羊肚菌对水分的需求。进入出菇期后,切勿往畦面上直接浇水,可采用沟内灌水的方式增湿。

其他管理措施同任务一。

 知识拓展

羊肚菌为珍稀食用菌,食之味美,由于其经济价值较高,国际上研究的较早,且较早取得相关栽培专利;我国从 20 世纪 80 年代开始人工栽培研究。先后有多家科研院所、企业、个人投入大量人力、物力,推动了羊肚菌人工栽培技术发展。

近年来随着对羊肚菌栽培生理研究的深入及技术的进步,商品化栽培技术逐步成熟,较为有代表性的是外营养袋技术的研发(四川省林业科学研究院,2003年);对梯棱羊肚菌、六妹羊肚菌、七妹羊肚菌等栽培种的选育;栽培管理技术的改进。以上三方面进步,其中最关键的是外营养袋技术,其解决了人工栽培条件下营养的有效供给问题。

一、国外羊肚菌商业化栽培技术发展

野生羊肚菌的人工驯化栽培研究,一直以来都是全球食用菌栽培者、科技工作者热衷探索的领域。早在1883年,法国人Roze就在室外成功培育出羊肚菌子实体,这是文献记载的最早案例。其后的100年里,报道实例渐多,但人工栽培出菇的可重复性问题一直没有解决,成为名副其实的世纪难题。

直至1980年,美国旧金山大学一位在职博士研究生D. Ower先生在人工气候室内培育出羊肚菌子实体,经过后继者的努力,最终基本实现了室内周年化栽培。在人工栽培技术原理上,此方案尚有两个重大技术难题没有得到解决:一是栽培品种的选择,二是营养补给。

美国羊肚菌室内工厂化栽培技术发展较早,但并未完全成熟。羊肚菌这种特殊子囊菌,在工厂化栽培过程中远不如其他食用菌类(主要是担子菌)稳定,运行成本高且产量不确定。因此,全世界尚未形成在商业上立得住脚的羊肚菌工厂化栽培技术。

在营养生长向繁殖生长转化这个环节上,有3种"理论":一是子囊菌不同型的菌体配合说,二是伴生菌假说,三是"雌雄孢子"推论。事实证明,伴生菌及"雌雄孢子",以及羊肚菌菌核发育说,都是错误的。

研究表明,有的羊肚菌属于菌根菌,具有共生特征,栽培难度很大。事实上,羊肚菌有共生型、兼性寄生型以及纯腐生型3种不同营养类型。除了纯腐生型,其他类型难以进行人工驯化栽培。而腐生型的菌株,很多情况下也难以驯化栽培,即便出菇也不具有商业价值。如黄色羊肚菌类群,其在世界上广泛分布,菌株易获得,但是栽培驯化却十分困难;黑色羊肚菌类群中的很多菌株也很难栽培。早期许多羊肚菌栽培探索者,多用本身就没有商业栽培价值的菌株进行驯化栽培测试,这是长期以来无法突破羊肚菌商业化栽培技术的一个重要原因。

同时即使选对了菌株,仍存在一个营养补给的问题。常规培养腐生食用菌的营养供给方式不足以满足羊肚菌的营养需要。100多年来,时有报道羊肚菌栽培长出子实体,但不能解决重复性问题。人工栽培能够长出子实体,说明栽培者使用的菌株是可以驯化的好菌株,而不能重复、产量不高,主要是因为没有解决关键的营养供给问题。

二、我国羊肚菌外营养袋栽培技术的产生与发展历程

(一)外营养袋技术的产生

1994年,四川省绵阳食用菌研究所首先申请获得我国第一个羊肚菌大田栽培技术专利。实践证实,该栽培专利存在重复性差和产量不高的问题,跟商业化生产仍有距离,但经过广泛宣传,让很多单位或个人看到了工厂化生产的希望,加入到了羊肚菌的早期人工栽培探索之中,推动了我国羊肚菌产业发展。

四川省林业科学研究院在20世纪90年代借助世界自然基金会(WWF)的相关项目,开始涉足野生羊肚菌的人工栽培驯化研究工作。1994年,采用我国专利申请单位的菌株及多年来收集的羊肚菌菌株进行栽培试验,均未能获得子实体,之后采用在四川特定区域收集分离的几十个野生羊肚菌菌株,在成都下沙河铺进行栽培试验,其中来源于青川县乔楼镇的几枚子实体(后来测定属于六妹羊肚菌)的孢子分离菌株和组织分离菌株,播种到土壤之后在土壤表面

出现白色,看起来像一层霜(菌霜),后查阅国外羊肚菌栽培文献,包括美国专利、法国最早报道的室外栽培出菇案例等,确认其为羊肚菌分生孢子。在显微镜下观察发现,羊肚菌分生孢子不容易萌发,很难培育出菌丝。曾设想这种分生孢子是否与羊肚菌栽培成功有关联。基于这种认识,其后只用能产分生孢子的菌株继续进行栽培探索,极大地减少了工作量。随后按照一般食用菌的栽培思路,先后采用多种植物秸秆(如麦草秸、玉米秸、谷草秸、大豆秸、油菜秸、红薯藤、花生秸等凡能找到的农作物秸秆)进行全发酵、半发酵、生料或熟料等多种原材料处理方式,结合不同播种方式,进行播种试验,参照传统土生食用菌如鸡腿菇、双孢菇等的栽培方式,从营养方面进行研究,但仍然没能培育出羊肚菌子实体。然而,正是由于一直用能产生分生孢子的菌株做试验,选择了具有潜在商业栽培价值的菌株进行驯化栽培,而菌种的选择方向正确为后来的外营养袋技术奠定了成功的基础。

鉴于多种营养配方都栽培不出羊肚菌子实体,研究人员猜想需要从遗传角度努力。后经查阅经典真菌学文献,发现子囊菌里有的种类形成子实体需要两种极性不同的菌丝配合,形成双核菌丝体,才可能获得子实体。按此思路,用采集到的成熟野生羊肚菌子实体(栽培时能产生分生孢子的),分离出子囊单孢子菌株,将不同的单孢子菌株在平板上进行对峙培养,观察到栅栏现象及不同种单孢子菌丝接触后的不同反应,其中试验编号为1-1和2-8的单孢子对峙培养后,总是发生菌丝爆发性生长现象,表明这两个子囊单孢子菌株很可能属于不同的配对型,猜想羊肚菌子实体的产生可能是不同类型单孢子菌株配对的结果。于是栽培驯化重点从营养材料转为菌株配对测试。这一研究过程采用倒扣瓶方式:将两个单孢子分别培育为菌种,其中一个菌株按照常规方法播种于花钵内与土混合后盖上土壤,另一个菌株培养于玻璃罐头瓶内,菌种不取出,直接将瓶口倒扣于花钵表面,让两个菌株密切接触。结果出现了“奇迹”,花钵内居然长出了1枚羊肚菌子实体。这一结果让羊肚菌栽培试验继续向前引导出外营养方向。

1999年的重复试验,在同样大小的花钵内长出了4枚子实体,这一结果让实验设计者坚定地认为羊肚菌人工栽培出菇必须要两种极性不同的菌株配对融合形成双核体。从1998年到2003年这6年间,扩大了测试,用两种单孢菌株,以倒扣瓶的接触方式进行栽培都可以形成子实体,在出菇方面具有可重复性。既然两个菌株以倒扣瓶的接触方式可以出菇,猜想认为是不同极性菌株之间的融合发生了作用,考虑将两个菌株分别大量培养成菌丝体,再将两种代表不同极性的菌株混合播种,菌丝之间可谓立体接触,这样融合的概率更大,推测发生原基及出菇的概率也会更大。于是将两个单孢子菌株分别培养为大量菌种,并将其充分混合,再播种于试验地块,结果却事与愿违,根本没有长出子实体。研究工作又陷入了困局中。随后,研究人员又多次反复研读了美国1986年发布的专利,猜测出菇与否可能与营养添加方式有某种联系。为了验证这个新想法,在随后的栽培试验中,采用一个单孢子菌株进行播种,待菌丝穿出土面产生大量菌霜后,倒扣上装有小麦等营养物质并经过灭菌处理的营养瓶,结果令人惊喜:倒扣纯营养瓶的形成原基的数量更多,不论是用哪种极性的单孢子菌株,都能通过这种方式获得羊肚菌子实体。至此,研究人员才从菌丝配合产生子实体的误区中走出来,发现并证明外营养补给方法对羊肚菌原基形成及子实体生长有重大的促进作用。

为了操作方便,后来将玻璃瓶换为软体塑料袋,也就是现在大量应用的塑料营养包。在营养包放置方式上,立袋倒扣方式一直持续到2012年,2013年变为横袋。横袋补给方式养分利用更加高效,操作也更方便。营养袋放置时间,从2003年的播种后15~20 d形成分生孢子后才放置外营养袋,到 2018 年的播种后 1 周内放置营养袋,其间用了 15 年的时间。播种一周内放置营养袋,菌体更具活力,利用养分效果更好,抗杂性更强。

从 1998 年花钵中长出的第一枚子实体被误认为是因两种单孢子菌株配合形成开始,至 2003 年最终发现羊肚菌外营养袋的独特作用,经历了 6 年时间。这种奇特的营养补给方式极大地提高了羊肚菌人工栽培的可重复性及产量。后经过七八年的生产实践和总结,到 2010 年左右,逐步完善了羊肚菌外营养袋栽培体系。

在该技术体系形成的早期,不少单位及个人都做出了重要贡献。以羊肚菌外营养袋栽培技术形成和发展的早期起到了决定性作用的四川林科院为例,20 多年来,其累计通过七次立项,获得经费支持,投入 108 万元;而羊肚菌外营养袋栽培技术在形成及完善过程中,耗费民营经济实体企业的资本远超千万元,有的企业社会资本(企业资本)做出了很大的贡献。

2010 年之前,在野生羊肚菌驯化过程中,一直采用野生羊肚菌目标菌株结合外营养袋栽培测试确立栽培新菌株。多年实践选育出编号为 101,201,301,401,501,904,2021,2022 等可供栽培的新菌株。这些菌株随着羊肚菌外营养袋栽培技术的推广而逐渐被采用,客观上成为栽培菌株自然的选育环节。后来的科研单位将这些菌株进行遗传分析确定为梯棱、六妹、七妹羊肚菌等,从科学的角度规范了名称,对技术的推广应用起到积极促进作用。

(二)外营养袋技术的传播与推广

羊肚菌外营养袋栽培技术在形成和完善的过程中逐渐远离了科研院所,2005 年企业参与羊肚菌的商业化生产,在 2007 年、2008 年及 2009 年,用梯棱羊肚菌菌株栽培,局部获得 400 kg/亩的产量,是验证营养袋技术获得高产的最早例证。2008 年年末,我国科研人员参观访问美国羊肚菌专利发源地——旧金山,带回一批可供栽培的外来菌株,其中菌株 2022 被国内有关单位测定定名为七妹羊肚菌。羊肚菌外营养袋技术及有效菌株逐渐传播到了四川金堂、什邡、绵阳等地,后来的羊肚菌栽培基本上都采用了外营养袋技术,其他羊肚菌栽培企业也都纷纷采用该技术。到 2018 年,全国羊肚菌栽培总面积达到 8 000 hm² 左右,干品总产量 1 000 t 左右。

就世界范围而言,目前仅有两条可供羊肚菌商业化栽培的技术路线:其一是美国羊肚菌室内周年化栽培技术,其二就是我国流行的羊肚菌外营养袋栽培技术。实践表明,美国室内周年化栽培技术并不是一项成熟的商业化技术,该技术在美国运行多年,实施成效并不理想。羊肚菌大田外营养袋栽培技术侧重在大田栽培,已经形成较为完整的技术体系,有很大的商业应用价值,生产应用已初具成效,显现出强劲的应用潜力,但仍处于初级发展阶段,其产量还不稳、不高,尚需进一步深化完善。

三、我国羊肚菌外营养袋栽培技术的主要特点和应用现状

(一)主要特点

羊肚菌外营养袋栽培技术包括 3 个技术要点:①品种技术;②营养袋技术;③栽培管理技术。其中,品种是基础,外营养袋是关键。好的品种、高质量的外营养袋还必须要建立在正常管理基础之上才能发挥作用。

(1)品种技术　应采用专业机构选育,由有资质的生产单位按标准生产的菌种,并在主要栽培区域对土壤、主要栽培模式进行生产验证。优良的栽培品种及高质量菌种是基础,其重要性犹如大厦的地基。

（2）营养袋技术　外营养袋技术较好解决了人工栽培羊肚菌的营养有效供给问题。只有高质量的营养袋及对其合理地使用,才可能发挥羊肚菌外营养袋栽培技术的潜力。包括了配方的成分、比例、水分含量,营养袋制作技术,单位面积施放数量,扣袋方式及取袋的条件等。

（3）栽培管理技术　气候、土壤等播种条件,羊肚菌生活史,栽培模式,大田温湿度动态调节,土体营养菌丝培养,原基诱导,原基及幼菇保育,子实体培养等。羊肚菌大田栽培管理技术是羊肚菌正常生长发育所需的系统性、综合性知识及技巧的动态应用,在大田羊肚菌外营养袋栽培技术体系中起着桥梁的作用。

(二)应用现状

羊肚菌外营养袋栽培技术在我国经过10余年的生产实践,日臻完善,已成为中国羊肚菌人工栽培技术之鼎,助推我国羊肚菌商业化栽培技术的发展。羊肚菌外营养袋栽培技术,相比其他食用菌的农法栽培技术,操作方便,节省劳力,易于推广。

尽管我国羊肚菌大田栽培因采用了外营养袋技术而有了长足的进步,但大田栽培高风险依然存在,外营养袋技术尚待完善。对羊肚菌栽培从营养生长向繁殖生长转化的核心机理尚不明确,这给菌种保藏与菌种生产带来了很大的不确定性;在大田栽培实践中还常发现不明原因的不出菇的情况。羊肚菌菌株很容易退化,未退化的菌种,其出菇性能也易因环境的变化而表现不稳定,给栽培者带来风险。

四、发展前景

外营养袋技术较好地解决了人工栽培条件下羊肚菌形成子实体的营养供给问题,到目前为止还没有出现比使用外营养袋更为高效的营养解决方案。而在羊肚菌的大田栽培实践中,单产较高的案例很多,虽然目前还未能实现稳定高产,但也证明了外营养袋技术的重要作用。随着对羊肚菌生活史的深入研究,

不同的栽培模式、多样化的栽培设施及羊肚菌栽培知识与技能将不断丰富。羊肚菌栽培设施化和智能化、管理精细化、精准化是必然趋势,产量必将进一步提高。

羊肚菌外营养袋栽培技术的进一步完善,需要筛选更多新品种用于生产,优化外营养袋配方,使营养袋的生产更高效,应用更加科学合理。菌种生产、营养袋制作、大田播种等关键环节将会实现更高水平的自动化操作。

羊肚菌外营养袋栽培技术在栽培模式选择上,正进入区域化发展阶段。比如南方云贵川,四川盆地尤其是成都平原,比较适宜平棚套小塑料拱棚、塑料膜加遮阳网的拱棚等栽培模式,这些模式投资较少,具备一定的抵抗气候风险能力,将成为这一区域的主要栽培模式。北方地区则适合暖棚模式,该模式投资相对较高,易获得高产稳产。那些对品种、气候有全面认识,并具备一定栽培管理经验的种植者,也可选择冷棚模式,但必须采取措施避免过度的温差和湿度变化。

羊肚菌室外栽培技术受外在气候变化的影响很大,美国羊肚菌室内周年栽培技术于2008年停产,迄今全球仍然没有羊肚菌室内商品化栽培产品面世。室内周年规模化栽培技术仍是羊肚菌人工栽培中需要攻克的技术重点与难点,只有解决了羊肚菌室内周年化栽培技术,才可能为市场供给品质和数量都有保证的羊肚菌产品。因此,未来羊肚菌室内栽培技术必定成为研究热点,并有望在我国得到突破。

通过本章羊肚菌学习,总结羊肚菌人工驯化栽培过程中的主要技术难点? 并试研究东北红蘑(血红铆钉菇)如何开展人工驯化栽培?

课外学习指导

通过中国国家知识产权局专利局(www. cnipa. gov. cn)、美国专利商标局(www. uspto. gov)检索羊肚菌相关专利,查询相关专利全文,了解专利申请相关情况,掌握专利查询的方法。

项目二十

鸡腿菇栽培

> **知识目标**：了解鸡腿菇最佳栽培季节；了解发酵原理；熟悉鸡腿菇发酵料栽培的工艺流程、注意事项及后期管理措施。
>
> **技能目标**：会做畦床、会播种；会处理发酵料及覆土；能够进行出菇期管理。

鸡腿菇色、香、味、形俱佳。菇体洁白，炒、炖、煲汤久煮不烂，口感滑嫩，清香味美，产品在国内外市场十分畅销。鸡腿菇已被定为符合联合国粮农组织（FAO）和世界卫生组织（WHO）要求的集"天然、营养、保健"三种功能为一体的 16 种珍稀食用菌之一，是一种具有较高商业潜能和开发前景的优质珍稀食用菌。鸡腿菇具有高蛋白、低脂肪的优良特性，干品中蛋白质含量达 25.4%，氨基酸总量为 18.8%，含有 20 余种氨基酸，包含人体必需的 8 种氨基酸，其氨基酸比例合理，特别是赖氨酸和亮氨酸的含量十分丰富，而这两种氨基酸在谷物及蔬菜中是很缺乏的。此外还含有钙、磷、铁、钾等元素及维生素 B_1 等多种维生素。同时，鸡腿菇性平、味甘滑，有益脾健胃、助消化、治疗痔疮、降血压、抗肿瘤等作用。经常食用还具有降血糖、治疗糖尿病、抑癌抗癌的功效。此外，鸡腿菇是一种条件中毒菌类，与酒类和含酒精饮料同食易中毒。

一、形态特征

鸡腿菇菌丝体贴生于培养基上，其颜色因品种和培养基质性质而不同，呈白色或灰白色，气生菌丝一般不发达，前期为绒毛状，细密而整齐，长势迅速。后期菌丝致密，匍匐状，表面有索状菌丝。在母种培养基上，当鸡腿菇菌丝将要长满试管斜面时，常会在培养基内产生黑色素沉积。

显微镜下观察，鸡腿菇菌丝细长，管状，分枝少，粗细不匀，细胞壁薄，透明，中间具横隔，内具二核，菌丝直径一般为 $3\sim5\ cm$。大多菌丝无锁状联合现象。

子实体为中大型，群生（图 20-1），菌盖幼时白色乳头状，菌盖与菌柄紧密结合。随着子实体生长，菌盖与菌柄结合松动并逐渐脱离，子实体形状由圆柱形、钟形，最后展开呈伞形。颜色也由最初的白色变为淡红褐色或土黄色，鳞片逐渐裂开并反卷。菌褶较密，离生，早期白色，渐成浅红褐色，当开伞后

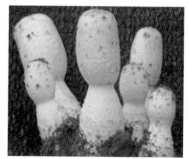

图 20-1　鸡腿菇

很快边缘菌褶深化成墨汁状液体。菌柄圆柱状,白色纤维质。有丝状光泽,长 12~35 cm,直径 1~4 cm,中空或中松。菌环白色,膜质,可上下活动,易脱落。孢子呈黑色。

二、生活条件

(一)营养

鸡腿菇是一种草腐生菌类。需要的营养主要有碳源、氮源、无机盐类和维生素类物质。能利用的碳源很多,如葡萄糖、果糖、蔗糖、纤维素、半纤维素和木质素等。最好利用的是葡萄糖。在人工制备培养基时,多用葡萄糖作碳源。主要的氮源有蛋白胨、酵母膏,也可利用硫酸铵、硝酸铵、尿素等。它还可分解吸收复杂的有机态氮,如麸皮、米糠、豆饼粉等。鸡腿菇所需的无机盐种类很多,主要有磷、钾、钙、镁、铁等。鸡腿菇所需的维生素营养中主要是维生素 B_1,维生素 B_1 能促进菌丝生长和发育。若维生素 B_1 缺乏,菌丝生长受阻,子实体不能正常形成。

在制备培养基时,常以葡萄糖和果糖为碳源,蛋白胨和酵母膏为氮源。而在栽培鸡腿菇时,多以秸秆、棉壳、玉米芯等富含纤维素的物质为碳源,以加入麸皮、玉米粉、豆饼粉、尿素等为氮源。另外,常添加石膏、碳酸钙、磷酸二氢钾、硫酸镁等补充无机盐。其他的微量元素和维生素类物质,因需要量很小,在各种农副产品中以及水中的含量就能满足,不必另外添加。

(二)温度

鸡腿菇属中温型菌类,菌丝生长的温度范围 3~35℃,最适生长温度 22~27℃。菌丝抗低温能力较强,在 -30℃菌丝能安全越冬,但耐高温能力较弱,32~35℃菌丝停止生长,并迅速老化,但当超过 37℃时,菌丝将发生自溶,导致生产失败。子实体分化温度 8~28℃,以 10~20℃最适宜。子实体生长温度范围 10~30℃,以 16~24℃最适宜,16~18℃为最佳。在适温范围内,温度偏低,子实体生长慢,但菌盖肥厚,饱满,质量好,耐储藏;若温度偏高,子实体生长快,但柄长,盖小而薄,易开伞。

(三)水分和湿度

鸡腿菇培养料的适宜含水量为 60%~70%,最适为 65%左右。床栽时含水量可以略高,袋栽时含水量不宜过高。经过发酵的培养料含水量为 70%左右,进行床栽时菌丝生长旺盛。发菌期空气相对湿度在 70%左右,子实体阶段 85%~90%。空气湿度适宜则菇蕾形成早,成菇率高,菌盖肥厚,洁白鲜嫩。如湿度不足,子实体瘦小,生长缓慢,易变黄变硬,鳞片翻卷早,易老化,品质下降。若空气湿度长期在 95%以上,容易发生病虫害,尤其易患斑点病。覆盖土壤的含水量以 20%~30%为宜。

(四)光线

菌丝生长不需要光线,在黑暗或微弱光下,菌丝生长健壮。强光对菌丝有抑制作用,并加速菌丝老化。子实体形成及生长阶段需适量散射光,较弱散射光线可使子实体生长嫩白、肥胖,强光能抑制子实体生长,而且质地变差。

(五)空气

鸡腿菇属好气性菌类,菌丝生长和子实体生长都需良好的通气,要保持环境空气流通而清新。但菌丝生长需要的通气量较小,而子实体生长需要大量氧气,此时要加大通风。二氧化碳浓度过高时,菌柄伸长,发育迟缓,菌盖变小、变薄,形成品质极差的畸形菇。

(六)酸碱度

鸡腿菇菌丝在 pH 2～10 的培养基中均能生长,但最适 pH 为 6.5～7.5。在菌丝生长阶段,由于呼吸作用及代谢产物积累使培养基 pH 下降,故在拌制培养基时,一般加入 2%～3%的石灰粉,将 pH 调至 7.5～8。

(七)覆土

鸡腿菇子实体的发生及生长均离不开土壤。若无覆土刺激,子实体不能形成。因此,覆土是鸡腿菇生活的必需条件之一,也是鸡腿菇栽培和管理的重要环节。覆土材料要求土质疏松,腐殖质含量丰富,土壤 pH 中性或微碱性,含水量适中,即手握成团,触之即散的程度。土粒大小为 0.5～2 cm。

三、生产概况

人工栽培鸡腿菇的历史并不是很长。从 20 世纪 60 年代开始,德国、英国、捷克等国家的食用菌研究人员,进行鸡腿菇的驯化栽培等方面的研究工作,采用发酵堆肥法进行栽培,并获得了成功。目前,美国、荷兰、德国、法国、意大利、中国、日本等国已开始进行大规模商业化栽培。

我国鸡腿菇早在元末明初之际,山东、淮北就沿用埋木法栽培鸡腿菇。据李时珍《本草纲目》(1578 年)所记载:"蘑菇出山东、淮北诸处,埋桑、楮诸木于土中,浇以米泔,待菇出采之,长二三寸本小末大,白色柔软,其中空虚,状如未开玉簪花,俗名鸡腿菇。谓其味如鸡也。"我国人工栽培始于 20 世纪 80 年代,先后经多家科研院所对我国北方产的鸡腿菇进行调查、采集、分离菌种和栽培等科研试验工作,总结出了一套完整的菌种生产和栽培技术措施,到 20 世纪 90 年代开始在全国范围内推广,并作为珍稀食用菌类进行栽培,很快形成商业化生产。由于鸡腿菇生长周期短,生物转化率较高,易于栽培,售价高,近几年在山东、江苏、浙江、上海等地已形成了一定的生产规模。鸡腿菇以年产 28 万 t 居平菇、香菇、双孢菇、毛木耳、黑木耳、金针菇、姬菇之后,列第 8 位。鸡腿菇在我国已经成为人工栽培食用菌中具有商业潜力的珍稀新菌品。

鸡腿菇是典型的粪草腐生型,而且具有不覆土不出菇的特点。鸡腿菇适应性强,栽培方法简单,栽培原料广泛且价格低廉,熟料、发酵料都可以栽培。栽培场地可选择在室内或室外,室内栽培可以利用菇房床架;室外栽培可以在空闲地、果园和大田。种植季节一年四季均可,夏季在室内或遮阳棚种植,秋、冬、春三季均以室外为主,进行露地栽培。可以采用袋栽、箱栽、畦栽等方法。

畦式栽培的优点是省工、省辅料、省菌种,生物转化率较稳定,出菇整齐,如能掌握好覆土环节,头潮菇多为单生,死菇少,菇脚短,商品价值高;鸡腿菇阳畦栽培原材料来源广,可利用各种农作物秸秆,方法简单,易于操作,适合规模栽培,便于向农户推广。但栽培场地利用率低,出菇场地安排不灵活;发菌阶段温度不易控制,特别是春播,气温较低发菌较慢;原料经发酵,营养损耗较大,故总体转化率不高。

室内栽培应有升温设施。温室栽培应采用双层塑料薄膜,内层应为黑色以便遮光。发酵时间不宜过长,若采用一次发酵,夏季不超过 7 d;若采用二次发酵,室外一次发酵 4～5 d,室内二次发酵 2 d,冬季发酵时间可适当延长。

鸡腿菇适应性强,栽培方法简单,栽培原料广泛且价格低廉,熟料、发酵料都可以栽培。栽培场地可选择在室内或室外,室内栽培可以利用菇房床架;室外栽培可以在空闲地、果园和大田。种植季节一年四季均可,夏季在室内或遮阳棚种植,秋、冬、春三季均以室外为主,进行露地栽培。

 # 任务　鸡腿菇畦栽技术

(一)生产安排

自然环境条件下,北方鸡腿菇春栽安排在 1—3 月,秋栽 8—10 月。冬季和夏季不出菇或出菇少,并且长出的菇质量差。南方地区一般春栽安排在 2—3 月,秋栽 8—9 月。鸡腿菇栽培季节的确定,关键应考虑子实体的生长温度应处于 10～24℃。若在温室内,除 7—9 月不能生产外,其他月份均可安排生产。如果栽培场所有温湿度控制设备,可以一年四季出菇。

鲜鸡腿菇的保鲜期极短,常温下只有 1～2 d,但鲜鸡腿菇的口感好,鲜销的效益较高,应先对本地及邻近地区的市场进行详细调查,根据市场需求量确定栽培规模,千万不要盲目求大。鸡腿菇菌丝抗衰老,宜采用"集中装袋,分批覆土"的办法,延长出菇期,使其均衡上市,一般在适温季节 2 次覆土时间要间隔 15 d,低温季节,间隔 7 d,此外,还要考虑到当地的节日市场,要灵活掌握每次覆土的袋数。防止出现鸡腿菇产量过于集中的问题。

(二)培养料的选择与处理

鸡腿菇产量的高低与培养料的种类和质量密切相关,栽培鸡腿菇的原料很广,应用较多的有酒糟、稻草、棉籽壳、废棉、玉米芯、豆秸、麦秸等秸秆类及畜禽粪等。可采用熟料、发酵料或生料栽培,当培养料中含有废料时,必须采用熟料,以杀死原有菌丝。

玉米芯要加工成玉米粒或花生米大小,麦秸要用粉碎机打成短片状,或用压场压出的短碎麦秸,豆秸粉碎成 1～3 cm 长,稻草截成 5～10 cm 长,并轧碾处理至松软。鸡腿菇在平菇、金针菇、木耳等食用菌栽培的废料上生长良好,只需去袋晒干打碎,有杂菌的袋不要混入。

酒糟是一种良好的栽培原料。它的营养成分适合鸡腿菇菌丝生长。酒糟含有少量对菌丝生长有害的乙醇、活性酵母菌,酸度大,pH 在 3～5。选用新鲜的酒糟,配以其他物品如石灰、石膏、碳酸氢铵,直接拌入酒糟中,调节 pH 至 9～11,然后均匀地将配方中其他原料拌入酒糟中发酵 5～8 h,摊开晾凉后即可装袋。

可以根据当地的资源优势,因地制宜选用合适的配方。

配方一:棉籽壳 95%,专用肥 1%,石灰 2%,石膏 2%,多菌灵 0.2%。

配方二:玉米芯 80%,干畜粪 10%,麸皮 6%,草木灰 2%,石膏 2%,多菌灵 0.2%。

配方三:菌糠 80%,碎麦秸 15%,专用肥 1%,石灰 2%,石膏 2%,多菌灵 0.2%。

配方四:酒糟 50%,棉皮 30%,麸皮 8%,石灰 8%,石膏 2%,过磷酸钙 1%,碳酸氢铵 1%。

配方五:玉米芯 40%,豆秸 40%,麸皮 10%,玉米粉 5%,过磷酸钙 1%,石膏粉 2%,石灰 2%。

配方六:酒糟 90%,石灰 8%,石膏 1%,碳酸氢铵 1%。

配方七:酒糟 39%,玉米芯 39%,米糠 10%,石灰 8%,石膏 2%,过磷酸钙 1%,碳酸氢铵 1%。

(三)制作菌袋

鸡腿菇菌丝抗衰老能力特强,栽培袋可提前发菌,菌袋制成后可在自然温度下(低于 30℃)存放 3～4 个月不影响产量。然后根据计划出菇的时间,提前 20 d 进行覆土处理即可。此外,在玉米芯、豆秸等农副产品集中收获的季节,考虑利用合适的温度条件集中生产大批菌袋,以备日后慢慢安排出菇。制栽培袋时要注意慎用菌丝粗壮有明显菌索、菌丝颜色变黄的菌种,这种菌种疑为总状炭角菌(*Xylaria pedunculata* Fr.)感染,必要时可以进行镜检。

菌袋的具体制作方法是:将筒袋裁成 40 cm 的料袋。将培养料按配比拌好后,装入塑料袋内,料袋装好后,用绳扎紧袋口,常压灭菌 100℃,保持 10～12 h,自然冷却后,两端接种。

(四)发菌管理

接种后的菌袋置 20～25℃的棚内培养发菌。根据气温决定所码袋子的层数,"井"字形摆放,气温高时单个排放。以料温不过 28℃为宜,注意通风。20～30 d 长满袋,这时菌丝稍稀疏、灰白,继续培养再经 15 d 左右,菌袋菌丝显浓密、色白,此时达生理成熟,可以进行覆土栽培。另外,在发菌期间,要认真检查菌种生长情况,及时检出感染杂菌的栽培料袋,采取销毁或单独培养的措施,以保证菌袋的质量。需要强调的是,在检查发菌情况时,也要像检查栽培种一样,高度重视总状炭角菌感染的菌袋,对疑似感染此菌的部分菌袋采取前期单独培养,后期单独出菇的隔离管理措施。

(五)脱袋排畦

在日光温室内顺棚宽边做畦,畦床南北走向,畦宽 1.2 m,深 20～30 cm,畦长依棚的跨度酌情确定。畦与畦间隔 30～40 cm,畦面呈龟背形,畦面消毒、杀虫、起拱。覆土材料选用含一定腐殖质的稻田或菜园表层以下 10 cm 的沙壤土,土粒直径 0.5～2 cm 为宜。含水量适中,即手握成团,触之即散的程度,加入 2%的石灰调 pH 至 8 左右,再加入 0.1%多菌灵,经堆闷消毒、杀虫,用塑料薄膜覆盖 8 h,待药味散尽后备用。

菌袋菌丝长满 10 d 后,剥去菌袋的薄膜,将菌棒从中部断开,断端朝下竖直排放在畦内,菌棒和菌棒之间有 3～4 cm 的空隙,每平方米放置菌棒 25～30 个。用处理好的覆土填满。当所有菌袋排放完后,上面覆土 2～3 cm,覆土后浇一次重水,水渗透后,将菌床表面缝隙或露菌料处再用土覆盖好。2～3 d 后待覆土中的水分稍蒸发,土壤比较透气时,盖上黑色塑料薄膜保温保湿,促使菌棒内的菌丝快速向覆土层中生长。一般 10～15 d 后,菌丝可长至土层表面,露出白色绒毛状菌丝,大部分土壤出现裂纹,局部有菇蕾出现,此时要进行二次覆土。二次覆土是保证鸡腿菇高产的重要环节,覆土层以 2 cm 厚为宜,并喷水至土壤湿透。

床面二次覆土后的 2～3 d 内分多次将土层逐步调湿,含水量达到 18%左右。标准是土粒无白芯,手握成团,触地能散,不粘手为宜,使菌丝能迅速伸入土层,并在土层中生长。采用轻喷勤喷的方法补充水分,保持土层呈湿润状态,温度保持 22～26℃,避免阳光直射。10 d 后菌丝布满畦面。此时,提高空气相对湿度到 85%～90%,温度调节到 16～22℃,每天揭膜通风增加氧气,给予一定的温差刺激,增加散射光照。

(六)出菇管理

出菇阶段温度保持在 20℃左右,经常通风换气,保持空气新鲜。保持床面的泥土湿润,经常向过道、空间喷水,使空气相对湿度保持在 85%～95%。子实体长出地面后,喷大水一次。湿度的控制主要靠喷水和通风来调节,喷水时要注意,菇蕾禁喷,幼菇酌喷,空间勤喷,保持湿润;要结合湿度管理加大通风换气。若通气不良,则生长迟缓,容易形成盖小柄长的畸形菇。

鸡腿菇子实体形成和生长发育对光线不敏感,在微弱的光照下,生长正常,菇体洁白,表面光滑,不易起鳞片。相反,光线过强,子实体菌盖上起鳞片,鳞片变为褐色,质量下降。因此,在出菇期间,要减少光照,使其处于黑暗或弱光下生长。

(七)采收及后期管理

鸡腿菇露出土层后,环境条件适宜,生长速度极快,一般 3～5 d 子实体长到七分熟采收,即手捏菌盖不软,菌盖光滑洁白、无鳞片反卷即可采收。切不可采收过晚,以免菌盖老化变黑自溶,失去商品价值。

采收后的鸡腿菇要及时削去泥土,刮净鳞片,可以采取保鲜措施分级包装上市鲜销。也可以采取干制、盐渍、速冻、制罐等技术进行加工处理。采菇后及时整理畦面,清理畦内菇脚、死菇和杂物,凹处补土,喷洒 2% 的石灰水。当二潮菇采收后,由于营养消耗较多,应及时补充营养液。

每潮菇出完后要及时把剩余的菇脚及残体清除掉,铺平床面,需要补水时喷施 pH 为 8.0～8.5 的石灰水,为了预防杂菌的危害还可在床面喷施 50% 多菌灵 700～800 倍液。再覆盖一层 1cm 厚的土,如前管理,如有虫害可在喷重水时加高效氯氰菊酯杀虫。10 d 后可出第二潮菇。如能在第一潮菇采收后,将覆土全部铲除,重新覆土,可有效地防止总状炭角菌感染,也可提高产量、保证质量。这样操作虽然劳动量大,但是效果好。15 d 左右可采收第二潮菇。但第三潮以后鸡腿菇的产量、菇质均明显下降,因此,鸡腿菇栽培一般只采收三潮。

(八)鸡腿菇栽培中易出现的问题

1. 菌丝"冒土"

菌丝冒出床面,甚至形成菌被。原因是菌丝徒长。当菌丝快长到床面时,加强通风,使床土表面干燥,促使菌丝向生殖生长转化,如果不严重,可加强通风,床面撒草木灰即可。如果菌丝形成菌被,可用刀划掉菌块,喷重水,增加通风,床面补换细土。

2. 出菇过密

头潮菇太密,甚至成丛的菇蕾将覆土掀起,造成大批小菇死亡,难出第二潮菇。主要原因是菌棒过密、过长。摆袋时应拉大菌棒间距至 2～3 cm,并用土将菌棒间隙填实,或把菌棒切成 2 段、卧放出菇。

3. 床面出菇少,而畦埂出菇多

原因是覆土厚度不当,床面干而散,而四周土层较湿。在覆土时土层厚度不超过 3 cm,全床覆土含水量要均匀,并控制在 20%～30%。

4. 大量发生"红头菇"

原因是床面和空气湿度大,光线不适宜。出菇期间,喷水必须通风,不喷关门水;禁止向子实体直接喷水,只能向空中喷雾。如果子实体上积水,菇体变黄,且易染病。

5. 鸡爪菇的防治

总状炭角菌病,又名鸡爪菇(图 20-2),是鸡腿菇栽培中危害最严重,甚至会造成绝收的一种杂菌。其菌丝初期灰白色,形成索状向料层伸展。子实体主要出现在鸡腿菇脱袋覆土后的

图20-2　鸡爪菇

地畦或菌床上,初期为浅褐色或棕红色,内部白色木质化,呈鸡爪或珊瑚状分枝,有异味。成熟后为棕褐色或灰黑色,表面有许多黑色突起似桑葚状的子囊壳,可形成大量子囊孢子粉,通过空气、土壤、水以及昆虫等传播。传播很快。总状炭角菌前期菌丝生长阶段,由于争夺养分,影响鸡腿菇菌丝正常生长;后期随着总状炭角菌的菌丝蔓延,侵袭鸡腿菇菌丝,使菌丝逐步萎缩,无法转入生殖生长,致使鸡腿菇不能长出子实体。

防治方法:

(1)发菌和出菇场地消毒　菇房使用前要严格熏蒸消毒,鸡腿菇菌棒入床之前,栽培床面要认真进行清理,用石灰水喷洒床面。

(2)覆土材料的选择和处理　覆土要选择远离栽培场地,从未种过鸡腿菇地块,没有发生过鸡爪菌的土壤,最好是20 cm以下的深层土。覆土材料曝晒2～3 d后,再用2%石灰粉拌匀消毒,每百公斤土喷施1 000倍甲醛溶液5～10 kg起堆,用塑料薄膜盖严后堆闷24～36 h,摊开晾至无药味后使用。

(九)鸡腿菇的品种

我国鸡腿菇栽培的品种较多,大多是自然发生的鸡腿菇子实体经过组织分离和进一步选育而获得的,也有从国外引进的优良品种,分为单生种和丛生种两类。单生种个体肥大,但总产量略低,单株菇重一般在30～150 g,大的可达200 g。如Cc123、Cc125、Cc168等。丛生种个体较小,但总产量较高,一般丛重500～1 500 g。市场鲜销一般采用丛生品种。

现将生产上应用较多的优良品种介绍如下:

(1)Cc100　丛生,单丛50～100个菇,出菇整齐,菌柄粗短,菇体白,子实体肥大,不易开伞,优质高产。

(2)Cc173　丛生,适温广,抗性强,肉厚朵大,开伞迟,十几个到几十个一丛,菌柄脆嫩可口,高产优质,适于鲜销。子实体生长温度范围为8～30℃,但以12～22℃生长良好。

(3)低温H38　丛生,菇体肥大,色泽艳丽。耐低温,不易死菇。

(4)特白33　单生或丛生,较大,表面光滑,鳞片少,不易开伞,抗病力强。

(5)特大型EC05　从丛重1 200 g的野生鸡腿菇选育驯化而来的优良菌株。菇体洁白硕大像手榴弹,味道鲜美。适温范围广,菌丝3～35℃均可生长,8～32℃自然出菇。突出特点是抗杂、抗衰老。

(6)Cc168　单生,个大,一般单个重量在20～50 g。个体圆整,菇形好,菇体乳白色,菌柄白色,鳞片少且平,不易开伞。

除此之外,各地科研和生产单位都选育出一些优良菌株。其他的还有单生品种Cc123、Cc155,丛生品种Cc-1、Cc-3、Cc-8、Cc91-1、Cc9601、Cf-10、唐研1号、C-89、C-901、DC87、CDC959等。

(十)其他栽培法

(1)菌袋直接埋土法　将发好菌的菌袋脱袋后横排摆放畦内,菌棒间距2～5 cm,在菌棒间填发酵料,菌棒底面铺少量发酵料。菌棒上覆土厚2～5 cm,让菌丝向上长入泥土出菇,向底面或侧面长入培养料,这样可避免出菇后劲不足,减轻了劳动强度,且可使栽培场地得到充分利用。

(2)袋料压块覆土栽培法　将发好菌的料袋去膜压成块,块的大小可根据场地灵活掌握,压块后覆地膜使菌丝愈合,一般 3～5 d 后覆土。压块厚度控制在 10～15 cm,太厚出菇过密,但也不宜太薄,料薄后劲不足,死菇多。并在覆粗土前,每隔 10 cm 压一立砖(宽 6 cm)或覆一宽 8～10 cm 的塑料薄膜,防止过度现蕾,现蕾后将砖去掉,薄膜可在头潮菇采后整理床面时去掉,覆上土。

此法可使头潮菇出菇数减少,菇的个体大,商品价值高。

(3)袋料直接覆土栽培　将发好的菌袋一端开口处覆粗土 2.5 cm,调水后,上床架或放在地面上,袋口盖薄膜。此法空间利用率高,出完菇清理场容易、省工。

将发好的菌袋一端离料面向上 3 cm 处剪去,用钉子在高出料面塑料膜上扎几个孔,以防料面积水。然后覆粗土 2.5 cm,调水后,上床架或放在地面上,袋口盖薄膜,室温保持在 20～25℃,7～8 d 菌丝布满料面达 60% 以上时揭去薄膜,覆细土 5 mm 厚,并增加通风量和空气湿度,将室温降至 20℃ 以下,约 1 周后现蕾。

出完第一潮菇后,去掉覆土和袋膜进行压块、埋土,压块的厚度为 15～20 cm。总之,袋式栽培场地利用率高,灵活,可防止大面积污染。生料、熟料、发酵料都可采用此方式,其中熟料栽培成功率和生物转化率最高,是工厂化大规模生产首选的栽培方法。但袋式栽培费工,又需大量菌袋,特别是熟料还需有完善的灭菌和接种设施。对转化率较低的作物秸秆不宜采用此栽培方式。

思考与练习

1.栽培鸡腿菇的覆土材料有哪些要求?

2.鸡腿菇各生长期的管理要点有哪些?

3.鸡腿菇生产常出现哪些问题,如何避免?

4.间歇期是怎样管理的?

病虫害
防治篇

项目二十一　食用菌常见病害的识别与防治
项目二十二　食用菌虫害的识别与防治

项目二十一

食用菌常见病害的识别与防治

知识目标：了解食用菌主要病害的危害症状，认识生理性病害的危害症状；熟悉病害发生的规律；掌握病害的防治方法。

技能目标：能诊断食用菌病害；能采取正确防治措施；能够制定病害综合防治措施。

一、食用菌病害种类

食用菌在生产过程上，由于受外部不适条件或其他有害生物侵染、侵蚀的影响，而引发其自身外形变化或内部构造以及生理机能等的障碍，严重时可导致子实体或菌丝体萎缩死亡，甚至消失，使食用菌产量和质量降低，甚至导致整个生产失败。

食用菌病害按照发病的原因可以分为侵染性病害（病原性病害）和非侵染性病害（生理性病害）两大类。

侵染性病害根据病原物对食用菌的危害方式可分为寄生性病害和竞争性病害。寄生性病害是指由真菌、细菌、病毒、黏菌等病原生物直接侵染食用菌的菌丝体或子实体引起的病害。竞争性病害是指有害杂菌侵染培养料，有的还能分泌有毒物质，给食用菌生产造成威胁的病害。竞争性杂菌虽不直接侵染食用菌菌丝体和子实体，但发生在制种阶段，会造成菌种报废；发生在栽培阶段，会造成减产，甚至绝产。

生理性病害是指由于食用菌某些生活条件不适宜所引起的病害。当生态环境条件不能满足食用菌发育所需的最低要求时，就会发生生理代谢性障碍而使菇类畸变。这类病不会传染，会造成不同程度的减产和产品质量的下降，甚至绝收。

二、食用菌病虫害的防治原则

食用菌生长发育所需要的环境条件，也非常适宜于食用菌病虫害的发生与发展，病虫害一旦发生，其发展蔓延的速度往往是很快的，并难以控制。尤其是侵染性病害，其病原生物与食用菌一样，同样是微生物，防治工作就更困难。发生病虫害后即使能及时采取措施加以控制，也已不同程度地影响了产量和品质，还多费工时，增加成本。所以发病前采取各种措施，预防病虫害的发生，可以收到事半功倍的效果。另一方面，食用菌病虫害的防治措施，都有其局限性，单独采取任何一种方法，均难以有效地解决病虫害危害问题，需要根据具体情况采取各种措施相互补充和协调,以期收到最好的防治效果。因此,食用菌病虫害的防治应遵循"预防为主,综合防治"的方针,综合防治就是要把农业防治、物理防治、化学防治、生物防治等多种有效可行的防治措施配合应用,组成一个有计划的、全面的、有效的防治体系,将病害控制在最小的范围内和最低的水平下。选择综合防治措施要遵循以下五个原则:

一是预防病害的发生和蔓延;二是通过改变生态环境条件,控制病害的危害;三是能够及时有效地消灭有害生物;四是使用药剂时要保护好食用菌的菌丝体和子实体不受药害,不污染产品,不危害人体的健康;五是要保护好天敌。始终坚持保护环境与可持续发展相结合,坚持"绿色生产"、标准化生产的原则。

任务一　菌丝体阶段常见病害的识别与防治

一、菌丝体阶段常见真菌病害的识别与防治

(一)真菌病害的识别

1. 青霉病害

青霉也称蓝绿霉,是食用菌制种和栽培过程中常见杂菌。培养基感染青霉后,在感染部位首先形成白色菌落,类似白色的食用菌菌丝,2～3 d后,扩展为白色绒毛状平贴的圆形菌落,接着菌落的中间变成深绿色或蓝绿色的粉状菌斑(图 21-1),菌落边缘常有 1～2 mm 白色菌丝边。其菌落一般扩展较慢,而且有局限性,即当菌落扩大到一定程度时,边缘会成收缩状而基本不扩展。但其菌落上的绿色分生孢子在空气和人为的作用下,会飘落

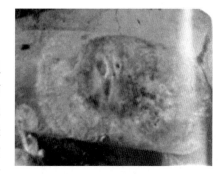

图 21-1　青霉感染

在培养基的其他部位或紧邻其原菌落,继续萌发成大小不等的菌落,在这些菌落密集产生时就自然连接成片,菌落的表面再交织在一起,形成一种膜状物,这种膜状物不仅使培养基的通气性变差,严重阻碍食用菌菌丝生长,同时还分泌毒素使菌丝死亡。

青霉菌主要通过气流、昆虫及人工喷水等途径感染传播。在 28～32℃高温、高湿条件下,青霉分生孢子在 1～2 d 就萌发成菌丝,并迅速产生分生孢子。多数青霉菌喜酸性环境,培养料及覆土呈酸性较易发病。食用菌生长衰弱利于发病,幼菇生长瘦弱或菇床上残留菌柄基部没及时清除均有利于病菌侵染。

二维码 32　菌丝体阶段常见病害的识别与防治

2. 木霉病害

木霉是食用菌生产中发生最普遍、危害性最严重的杂菌之一。在母种培养基上,先长出纤细略透明的菌丝,然后菌丝变为白色絮状,充满试管,接着很快产生绿色的分生孢子,同时在培养基内分泌出淡绿色的色素。木霉在温度高、湿度大时容易发生,能在 3～5 d 内由点、片发展

到整个料面,木霉常与青霉混生,二者菌丝颜色相似,不同处是青霉由白向绿黄色转变,而木霉菌丝开始为白色,产生绿色孢子后变成绿色或钢绿色,并逐渐加深(图21-2)。

木霉菌的纤维素酶活性强,能分解纤维素,主要发生于锯木屑等木质素丰富的培养基中,因其生长迅速,除与食用菌争夺营养外,还分泌毒素,常与食用菌丝体间形成对峙的"岛屿状"拮抗线抑制食用菌菌丝的生长。许多老菇房,带菌的用具和场所是主要的初侵染源,已发病所产生的分生孢子,可多次重复侵染;培养基、接种工具灭菌不彻底;菌袋微孔;在高温、高湿、通气不良和培养料呈偏酸性时容易滋生木霉。

图21-2 木霉感染

3. 曲霉病害

曲毒是食用菌的第二大杂菌品种。危害食用菌的曲霉主要有黄曲霉、黑曲霉、白曲霉、烟曲霉、灰绿曲霉等,与食用菌争夺营养、水分,并分泌毒素,从而抑制食用菌生长。可危害多种食用菌。

曲霉菌丝感染初期为白色棉絮状,后转为黄色,温度达27℃以上时产生大量孢子,因菌种不同,而有黑、黄绿、橘黄和橘红等颜色(图21-3和图21-4),扩散极快。

图21-3 黄曲霉

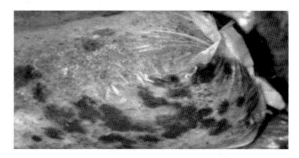

图21-4 黑曲霉

曲霉主要利用淀粉,培养料中碳水化合物过多时容易发生;食用菌栽培中空气相对湿度过大,以及通风不良,接种时无菌操作不严格时容易发生;曲霉在培养料含水量偏低,温度又高时容易发生。黄曲霉耐高温能力很强,是培养料灭菌不彻底时出现的主要杂菌。

4. 毛霉病害

毛霉分解淀粉能力强,生长快,条件适宜时,不到1周在培养料内外就会布满毛霉菌丝,使料袋变黑,导致料面不能出菇。栽培袋被毛霉污染后,菌丝初期呈白色或灰白色,后转为淡黄色,菌丝稀疏,粗壮,一根根看得清楚(图21-5)。

初次侵染由空气传播,接种器具及接种环境等消毒灭菌不彻底,无菌操作不严格,培养料含水量大,棉塞受潮,培养环境湿度大易发生此菌污染。

5. 根霉病害

根霉是食用菌生产中常见污染杂菌,分布范围广,适应性强。为害严重。栽培袋被根霉污染后,菌丝在料面上交错生长,形成疏松的针状长毛,约经3 d,可覆盖整个料面,隔绝氧气,争夺养料、水分,并分泌毒素,影响食用菌菌丝的生长,40 h后能产生大量黑色孢子。根霉与毛霉相似,唯在培养料中无明显菌丝,仅平贴基物表面匍匐生长,无气生菌丝(图21-6)。

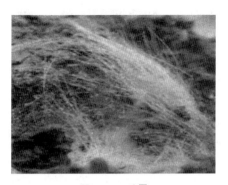

图 21-5　毛霉

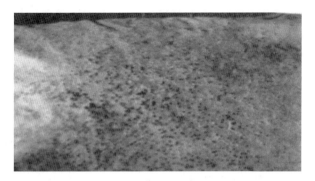

图 21-6　根霉

根霉菌主要生活在有机物上,其适应性强,成熟孢子通过空气和培养料等进行传播,因其没有气生菌丝,所以扩展速度慢。根霉在 20～25℃下生长速度快,培养物中碳水化合物过多易生长此菌。

6.链孢霉病害

链孢霉又称脉孢霉,食用菌生产中最常见的链孢霉有 2 种,一种分生孢子为粉红色或橘黄色称之为红色链孢霉,另一种分生孢子为乳白色至淡黄色,是脉孢霉属的好食链孢霉白色变种。

(1)红色链孢霉病害　孢子随风传播,蔓延扩散极快,有当日萌发、隔日产孢,高速繁殖之特性。不及时清理污染链孢霉的菌袋或清理方法不对,2～3 d 内可传遍整个培养室,常引起整批菌种和培养料污染报废。当无氧或缺氧时,其菌丝不能生长。

感染初期,长出灰白色或黄白色纤细菌丝,菌丝呈棉絮状,1 d 后迅速变成橘红色或粉红色的粉状霉层,呈现出橘红色,能穿出菌袋的封口材料,挤破菌袋,形同棉絮状蓬松霉层(图 21-7)。

链孢霉在玉米芯、棉籽壳上极易发生,其厚壁孢子能够在培养室、出菇房、菇场的地面、墙壁、屋顶及菇架上存活多年,传播力极强。主要以分生孢子随气流飘浮在空气中四处扩散;也可随人体、衣物、工具等带入接种箱(室)或培养场所。

(2)白色链孢霉病害　被污染的菌袋初期长出灰白色稀疏菌丝,生长迅速,几天后在袋外形成白色粉状孢子团,堆积大量分生孢子(图 21-8)。轻微的空气震动都会使分生孢子随气流扩散,致使该批菌种或栽培袋报废。

白色链孢霉是土壤习居菌,广泛分布于自然界,分生孢子在干热条件下可耐 130℃高温。在高温、高湿的季节极易发生,在高湿环境孢子最易萌发,菌丝疯长,2～3 d 可完成一代;而在高温干燥的季节最易形成分生孢子,靠气流传播,传播力极强。

7.酵母菌病害

在食用菌菌种制作与栽培过程中,酵母的污染大多是从培养料中间开始,导致菌种袋内的培养料或菇床培养料发酵变质,而抑制食用菌菌丝的生长,且有酒酸气味散出。

酵母菌菌落形态与细菌相似,但较大较厚,表面光滑、湿润,有黏稠性,不透明,大多呈乳白色,少数呈粉红色(图 21-9)。在 PSA 培养基上生长的菌落为浆糊状或胶质状,有的带有黏性,有的边缘整齐,有的表面光滑,有的表面皱褶。

酵母菌孢子随气流进行传播,含糖量高且带酸性的环境适合酵母菌的生长。培养料含水量偏高、装料时压得太实、气温较高(25℃以上)、通气不良、空气湿度过大等条件都易导致该

图 21-7　红色链孢霉

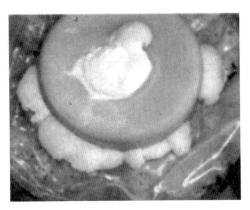

图 21-8　白色链孢霉

菌的发生。

8.胡桃肉状菌病害

一般发生在出菇的中后期,菇房温度高、湿度大、培养基 pH 低于 6.5、菇房长期通风不良是感染胡桃肉状菌的条件和诱因,菇房一旦出现胡桃肉状菌,很难根除,而且逐年加重。

草腐生菌多发生在秋菇覆土前后和春菇后期,在料内、料面和土层中都会发生,形成近球形、不规则状至盘状(图 21-10),其表面有不规则的皱纹,似核桃仁。

一般感染菌袋的两端,在料面可见浓密的菌丝,很快在袋口产生菜花状或者胡桃仁形状的子实体。子实体早期是奶油色或浅黄色,逐渐成熟后变为褐色,组织致密,用刀划开会闻到一股腥臭味。

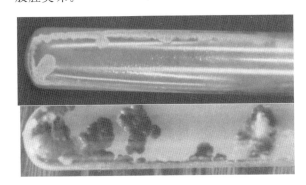

图 21-9　酵母菌

图 21-10　胡桃肉状菌

9.褐色石膏霉病害

褐色石膏霉主要发生在双孢蘑菇、姬松茸、草菇等的菇床上。

发病初期,在培养料或覆土层表面出现灰白色绒毛状菌斑,扩展迅速,不久,菌斑呈粉状肉桂褐色或褐色,在菌斑外围可新长出白色菌丝(图 21-11)。发病初期与白色石膏霉相似,亦可引起菇床严重减产。

10.白色石膏霉病害

常在双孢蘑菇、草菇、姬松茸等的菇床上发生。

感染初期在菇床表面形成圆形的病菌覆盖区,为白色粉末状,如同撒的石灰粉(图 21-12),随着时间的推移,圆斑逐渐外扩,而原发病区白色则随之逐渐变淡直到消失,形成空心的白色圆圈,发病区域内很少出菇,偶有幼菇亦很快萎缩、死亡。

图 21-11　褐色石膏霉

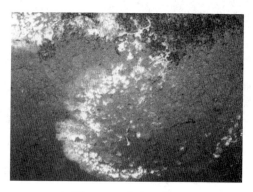

图 21-12　白色石膏霉

(二)菌丝体阶段真菌病害发生的原因

1.灭菌不彻底

(1)常压灭菌时,灭菌锅内菌瓶(袋)排放过密,升温过快,冷空气未排净,造成假压。锅炉供气量和常压灭菌锅、灭菌物容量不匹配;锅炉点火后 4 h 内使菌袋内温度未达到 100℃。灭菌过程中,使用锅炉上蒸汽灭菌方式,温度没有连续保持 100℃以上。

(2)高压灭菌时,灭菌锅内菌袋(瓶)排放过密,灭菌锅炉管道过长,管道保温不足;没有先排除管道内的冷空气,直接进锅,进入的蒸汽不是饱和蒸汽;冷空气没排除干净。

(3)玉米芯、大颗粒木屑等不容易吃透水分的原材料,未提前进行预湿处理,或延长拌料时间,因大颗粒内部吃不透水分而出现灭菌不彻底的情况。

(4)麦粒浸泡过湿、填料过松都能造成灭菌不彻底而引起内源性污染。

2.接种污染

在流水线净化间内 FFU 层流流罩下接种,没有经常检测净化间的沉降菌菌落数,区域没有达到千级标准;无菌操作不严格,接种环境不清洁。

3.接种量不足

有的菌类菌丝生长速度比较慢,接种量不足,菌丝没能尽快占领绝对优势。

4.发菌期感染

(1)使用液体菌种接种,接种枪在喷液体菌种时,菌液飞溅导致污染时有发生;接种后没有在净化空气下培养,容易产生污染。

(2)接种后置于培养库内,库内净化度过低,导致霉菌随着内外气体的交换而污染。

(3)使用劣质菌袋,或在装袋、搬运过程中引起的菌袋破损,培养 5～15 d,就会在料面或者菌袋四周表面有星点状散布的菌斑。

(三)菌丝体阶段真菌病害的防治方法

(1)培养料要求新鲜、干燥,配方合理,含水量适中;填料严实,封口严密;玉米芯、大颗粒木屑等不容易吃透水分的原材料需提前进行预湿处理,或延长拌料时间,防止因大颗粒内部吃不透水分而出现灭菌不彻底的情况;灭菌过程进行实时监控,保证灭菌彻底。

(2)严格检查菌种质量,适当加大菌种用量。

(3)接种应全过程无菌操作,接种后的菌袋进出轻拿轻放菌,防止菌袋破损。

（4）培养室及出菇场所内外的环境卫生，废料及时处理。培养室所用的消毒药剂要经常轮换使用，以防病菌产生抗药性。

（5）培养过程中发现杂菌及时处理。培养过程中每隔5～7 d检查一次，将杂菌消灭在点片发生阶段；对污染的菌种通常要立即销毁，对污染轻的栽培袋可用5％～10％石灰水冲洗杂菌，也可用75％酒精、3％～5％石炭酸等注射杂菌污染处，放于低温处隔离培养。

（6）链孢霉防治方法

①安全防控制度化。每天巡查制度，对所有发菌的袋料，码垛时都要留开空隙，方便每天巡查，定期对培养环境采取适宜的环境空气消毒措施，只要是发现问题的地方，都要立即采取现场消毒措施，并对附近环境空气和地面予以消毒处理。

②加强预防措施，从源头上杜绝其发生。除了应搞好环境卫生、培养料彻底灭菌和严格按无菌操作规程外，出菇场所用0.3％克霉灵或者84消毒液溶液，采用高压喷雾机进行严密雾化降尘处理，每天早晚各一次，如果发现污染现象，连续处理3～6 d，以后每6～10 d处理一次。

③早发现早处理，防止扩散。菌袋在接种3 d后即可例行检查，一旦发现链孢霉菌袋，用废布浸透废柴油或机油涂抹或用浸湿的卫生纸覆盖后，移出培养室，最好经灭菌处理后再焚烧或深埋。

不可随便移动，千万不要对其直接喷药，防止其孢子借助喷雾气流四处散发，而形成扩散性污染，一旦扩散、蔓延，后果不堪设想。

④发生链孢霉污染的菇房用0.1％～0.2％多菌灵药液消毒；床面出现链孢霉时，可用石灰粉撒在被感染部位，并用0.1％高锰酸钾溶液浸纱布或报纸覆盖，防止孢子扩散。菇房内不能用扫帚扫地，清理卫生时宜用带水拖布进行擦洗，最好能单独兑配药物擦洗，以强化杀菌效果。

二、细菌性病害的识别与防治

危害食用菌的细菌种类很多，较常见的有芽孢杆菌、假单胞杆菌、黄单胞杆菌、欧氏杆菌等。细菌可危害多种食用菌，数量增长很快，危害较大。

（一）为害特征

受细菌侵染的母种，菌落形态各式各样，有的呈圆形突起小菌落，不扩展；有的迅速扩展，很快长满整个斜面；有的先沿着斜面边沿生长，然后再扩展。有的菌落表面光滑，有的粗糙，有的皱褶。有的乳白色、淡黄色、粉红色、暗灰色，有的产生色素，使培养基变色（图21-13）。细菌菌落可先从食用菌接种块处生长，也可在斜面上各处生长。细菌菌落不产生绒毛状菌丝体。

原种和栽培种表现症状多样，以麦粒及粪草为基质的菌种瓶（袋）外壁出现"湿斑"，大部分出现在瓶（袋）的上半部或侧面，被污染的麦粒周围出现淡黄色黏液。

被细菌污染的栽培包，菌丝生长模模糊糊、稀稀拉拉、菌丝密度不足，栽培料的色泽过浅；有时栽培包从表面看似乎菌丝密度足够，但往往培养后期出现黄褐色水珠（图21-14），可以断定灭菌不彻底，栽培包出现轻度隐性细菌污染；工厂化生产时，有的菌包在培养阶段表现很正常，出库后才爆发出来，显现出病征。

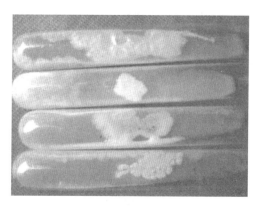

图 21-13　细菌感染

图 21-14　细菌感染

(二)发病原因

(1)培养料灭菌不彻底。

(2)灭菌结束开门时,气流倒吸引起细菌污染;"倒吸"还贯穿整个冷却的过程,通常是净化间净化度不足引起的。料瓶(包)出锅后,内部的热气外溢为主,向瓶内倒吸的气流量比较少,当料瓶(包)中心温度低于冷却间的环境温度,气流从外向料瓶(包)内流动加快,发生倒吸现象。

(3)出发菌株隐性细菌性污染。使用生产菌种,事先未进行细菌检测判断。

(三)防治方法

最根本是灭菌彻底,生产所需的培养料、器具严格按照灭菌程序灭菌,灭菌过程进行实时监控,保证灭菌彻底;严格执行进入净化间的流程,经常进行冷却间、净化间微生物菌落测试;抽检部分菌种采用细菌液体培养基培养 48 h,根据是否出现浑浊判断是否隐藏隐性污染,防止菌种带菌;严格按无菌操作要求进行接种。

三、菌丝体阶段常见生理性病害的识别与预防

食用菌栽培过程中,因栽培环境的温、光、水、气失衡,出现生理性障碍,称为生理性病害。

(一)菌丝徒长

1.为害特征

食用菌发菌后至出菇前表现为气生菌丝繁茂、浓密,冒出土层和菌袋外面,密集成片或成厚厚的菌丝层,俗称"冒菌丝""菌被"或"菌皮"。

2.发生病因

(1)移接母种时,气生菌丝挑得过多,并接种在含水量过高的原种或栽培种瓶内,菌丝生长过浓密。

(2)管理不当。菇房高温,通风不良,培养料表面湿度大,CO_2 浓度过高。

(3)培养料中含氮量偏高,菌丝进行大量营养生长。

(4)出菇期温湿度十分适宜菌丝生长,菌丝开始二次生长,从生殖生长又转入营养生长,造成代谢紊乱不能出菇。

3.预防措施

移接母种时,挑选半基内半气生菌丝混合接种,防止气生菌丝挑得过多;

加强菇房通风换气,降低 CO_2 浓度及空气湿度;

培养基配比要合理,掌握适宜的碳氮比,防止氮营养过剩;

加大通风,促进菌丝倒伏,促进营养生长向生殖生长转化;

在栽培过程中,一旦出现菌丝徒长的现象,就应立即加强菇房通风,降低二氧化碳浓度,降低培养湿度及料面湿度,以抑制菌丝生长,若菇床已形成菌被,应及时用刀破坏徒长菌丝以促进原基形成。

(二)菌丝萎缩退化

1.为害特征

在食用菌栽培中,常有菌丝萌发后不吃料、发黄而萎缩,出菇阶段出现菌丝、菇蕾,甚至子实体停止生长,逐渐萎缩、变干,甚至死亡的现象。

2.发生原因

(1)菌种质量　质量差,菌种衰退,生活力弱。如转管次数过多,或农药中毒等。

图 21-15　烧菌

(2)高温烧菌　在发菌后期,由于菌丝代谢旺盛,能量的释放会更多,料内温度一般比室温高 $2\sim5℃$,如果菌袋内温度过高,较长时间超过 $35℃$ 以上,会造成菌丝死亡现象(图 21-15)。发生"烧菌"的菌袋表现出流黑色水、腐烂散袋、绝收等特征,严重危害食用菌生产。

(3)营养缺乏或不合理　多出现在播种之后 $3\sim5$ d。培养料配制或堆积发酵不当,培养料含氨量过高导致"氨中毒"而死亡。堆料配制时 C/N 不合适,发酵时间过长,培养料过于腐熟,产生酸化,都会造成培养料内菌丝萎缩成细线状。

(4)培养料　湿度过大或料压得过实,造成通气不良,菌丝长速慢;或培养料湿度过小,水分不足,菌丝细弱。

(5)虫害　覆土和培养料都能带入螨类害虫,当虫口密度大时,使菌丝断裂而萎缩。

3.预防措施

选用长势旺盛的优质菌种;合理配制培养料;装料时,松紧要适度,灭菌要及时;培养过程中,要给予最适宜的环境条件。

(三)退菌

1.为害特征

菌种接入后,初期萌发生长等均正常,此后的菌丝发展也能按预计进行,但按时间推算,菌丝达生理成熟期即将进行转化生长时,或者在出完一潮菇后,甚至有的在菌丝成熟前,菌丝逐渐失白,继而消失(图 21-16),有的出菇也是"大脚形、鸡爪状"的畸形菇。

2.发生原因

种源种性退化,导致抗性下降,无法适应较高的培养温度,加之基料水分偏高,在基料内部产生大量生物热的情况下,菌丝自溶。

3.预防措施

(1)严把菌种关,母种转管时,应对菌种进行脱毒处理,或引进脱毒菌种,并根据生产计划控制菌龄,杜绝老化、退化现象发生。

(2)控制基料含水率在适宜水平,培养料的含水量在一定程度上决定了生产的生物学效率,但是随着基料含水量的提高,发菌的技术难度也相应提高。初次栽培者最好"宁干勿湿",以确保生产的成功,随着技术水平的提高,逐渐加大水量,但最高不宜超过70%。

(3)高温季节发菌时,尽量避免菌袋间过分拥挤,培养温度不超过25℃。栽培时要协调好温、湿、气等因素,给菌丝生长创造良好的条件,使其健壮生长。

(四)拮抗现象

1.为害特征

其表现为菌丝的尖端不再继续发展,菌丝逐渐积聚,由白渐变为黄,有一道明显的菌丝线,即拮抗线,或者在菌丝的接壤处有一道明显突起的菌丝线条形成(图21-17)。

图21-16 退菌   图21-17 拮抗现象

2.发生原因

培养料含水量过高或过低或被杂菌感染。水分过高则菌丝前端与培养料有明显的分隔线,培养料颜色较深;水分过低则生长菌丝与培养料的界限不明显,培养料颜色较浅,菌丝生长前端不均匀、扩散也不整齐而且较为稀少;酸碱度不适合;用种量太少。

3.预防措施

配制培养料时严格按照各种食用菌生长要求的条件调节好培养料的含水量和pH,适量使用菌种。

任务二 子实体阶段常见病害的识别及其防治

子实体病害一般发生在出菇期,主要指出菇阶段,对子实体产生直接或间接危害,导致菇体发育不良、萎缩、死亡,以及褐变、腐烂等病症的病原性病害;此外,还有由于管理不到位或出菇条件不适,导致子实体出现畸形、变色等生理性病害。

二维码33 子实体阶段常见病害的识别与防治

一、子实体阶常见真菌病害的识别及其防治

(一)子实体阶常见真菌病害的识别

1.木霉病

在食用菌出菇后期,木霉菌污染料面后,会侵害子实体,先是在菇柄基部产生绿色的霉状物,接着发生腐烂,致使菇体萎缩死亡。严重时,霉菌菌丝会缠绕在整个菇体上,先是白色,然后变绿腐烂。会造成食用菌大幅度减产,甚至绝收。

2.青霉病

子实体发病时初期出现白色菌丝,后变成绿色、青绿色、黄绿色、灰绿色的粉状霉层,幼菇发病一般从顶向下枯萎,生长停止,表面长出绿色粉状霉层,霉层下面的组织腐烂。病菌一般先侵染瘦弱的幼菇及采收时遗留的菇根、菇桩,而后侵染邻近的正常菇。

3.链孢霉

若菇蕾形成期侵染,则看不到正常菇蕾,而是有大量畸形病菇提前3～4 d出现,且不能进一步分化成为菌盖和菌柄,呈硬马勃团块。

幼菇生长期被侵染,病菇菌盖发育不正常或停止,菌柄膨大变形、变质,呈各种扭歪、畸形,病菇后期内部中空,菌盖菌柄处长有白色绒毛菌丝,进而变成暗褐色腐烂,发出臭味。

子实体生长中后期被侵染,轻则菌盖表面产生许多瘤状突起,重则在菌褶和菌柄下部出现白色毛状菌丝,渐成水泡状,渗出水滴,褐腐死亡。

4.褐斑病

褐斑病又称干泡病、黑斑病、轮枝霉病。主要危害双孢蘑菇和平菇。

褐斑病蔓延很快,对子实体具有很强的侵染力,菇蕾受害后,形成质地较干的灰白色组织块,不能分化形成菌柄和菌盖。子实体感病后,病菌菌丝能侵入子实体的髓部,使菌柄异常膨大并变褐,菌盖发育迟缓,子实体呈畸形而僵化,菌盖上还产生许多不规则的针头大小的褐色斑点,以后斑点逐渐扩大并凹陷,凹陷部分呈灰色,充满轮枝霉的分生孢子,但菇体不腐烂、无臭味,最后干裂枯死(图21-18)。

5.褐腐病

褐腐病又称白腐病、湿泡病、疣孢霉病。主要危害双孢蘑菇、草菇、平菇等。只感染子实体,不感染菌丝体。

图21-18 褐斑菌

子实体受到感染时,表面出现一层白色棉毛状菌丝,菌柄肿大成水泡状畸形,进而褐腐死亡(图21-19)。如果子实体未分化时被感染,就会形成不规则的组织块,表面有白毛绒状菌丝,组织块逐渐变褐,从内部渗出褐色的汁液而腐烂,并散发恶臭气味。出菇后期被侵染,不仅形成畸形菇,菇体表面还会出现白色绒状菌丝,最后变为褐色病斑。

6.软腐病

软腐病又称绵腐病、葡萄枝霉病(图21-20)。

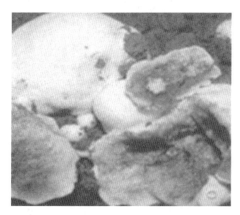

图 21-19　褐腐菌

图 21-20　软腐病

感染后先在菇床覆土表面出现白色珠网状菌丝,并迅速蔓延,严重时可形成一层很厚的白色菌被。病菌菌丝蔓延到菌柄基部时,呈现黑褐色水渍状;蔓延到菌盖,形成不规则病斑。此时,菌柄基部变软、腐烂,子实体倒伏,子实体表面呈白色絮状。如不及时处理,在湿度较大的情况下,可把子实体全部"吞噬",而只看到一团白色的菌丝,后期白色菌丝变为水红色。轻者影响产量和质量,发病严重时,会造成绝收。

(二)子实体阶真菌病害预防措施

(1)玉米芯为主料时,由于玉米芯质地较硬,不同的玉米芯供应商粉碎的玉米芯颗粒大小各不相同,颗粒大的玉米芯往往预湿不透彻,灭菌过程中蒸汽就无法完全穿透干物质。发菌时,真菌孢子就会从未预湿透的玉米芯颗粒上萌发,3～10 d 后便能在培养料表面形成褐斑。因此,需在拌料前一天傍晚预湿玉米芯,第二天早上使用。这种处理方法在冬、春、秋季效果很好,但是在夏天由于气温很高,玉米芯很容易发热、发酸,必须在夜里气温较低的时候预湿。预湿时添加 2% 石灰。或采用三次拌料或延长拌料时间等措施。

(2)及时认真地检查菌种、挑选菌种;做好接种室、培养室的卫生,定期检查测定冷却室、接种室是否洁净,发现问题及时解决。

(3)选择好栽培袋,一般情况下栽培袋的厚度在 0.04～0.05 mm(4～5 丝),要选择质量稳定有资质的栽培袋供应厂家。装袋、搬运过程轻拿轻放,防止栽培袋破损,使真菌孢子从破损处侵入感染节。

二、常见细菌性病害的识别及其防治

(一)细菌性斑点病

1. 为害特征

细菌性斑点病又名细菌性褐斑病、细菌性麻脸病、假单胞杆菌病。主要危害金针菇、双孢蘑菇和平菇等(图 21-21)。

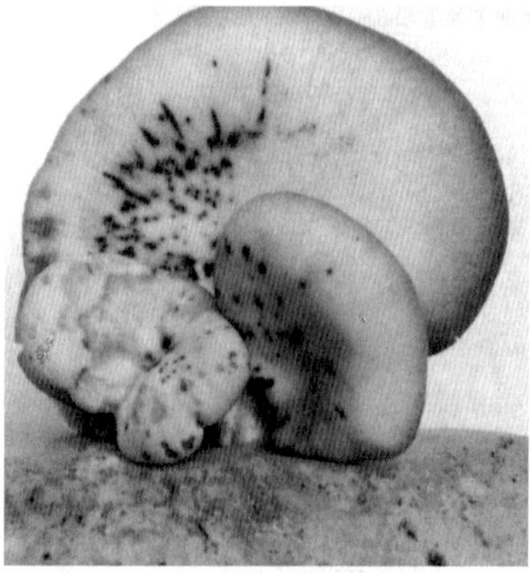

发病部位在菌盖和菌柄上,病斑褐色,菌盖上的病斑圆形、椭圆形或不规则形,潮湿时,中央灰白色,有乳白的黏液,

图 21-21　平菇细菌性褐斑病

稍凹陷;菌柄上的病斑棱形或长椭圆形,褐色有轮斑。条件适宜时,会迅速扩展,严重时,菌柄、盖变成黑褐色,最后腐烂。

2.发生原因

(1)出菇环境条件不适宜,导致潜伏病原菌大爆发。主要原因是灭菌不彻底,菌丝培养阶段,忽视了培养库的通风换气,造成二氧化碳浓度过高,菇蕾形成阶段出菇场所通风不足。在补充新风过程中室内外温差过大,出现"结露",库房湿度偏高,潜伏病原菌就会大量繁殖,产生病害。

(2)栽培期初次侵染后,通过喷水、害虫和人工操作发生再次侵染。在气温高、湿度大、通风不良、喷水多的条件下易发病,蔓延快。

3.防治方法

(1)搞好环境卫生。染病老菇棚重新使用前,喷洒 50% 多菌灵,用量为 $10 \ g/m^2$,闷棚 2 d 以后再启用;菇房使用前均严格消毒。

(2)出菇期间,当温度高于18℃时,切勿向子实体喷水,加强通风换气管理,避免出现高温、高湿环境。每次喷水后,通风换气,降低菇体表面上水分,可防止细菌性病害。

(3)出菇场所通风处用防虫网,防止昆虫进入带菌传播,采菇用具严格消毒,防止人为传播。

(4)发病初期立即停水并降温至 15℃ 以下,通风排湿,及时清除病菇,清理料面,发病部位洒施石灰粉或喷洒多菌灵 500 倍液,采取昼盖夜开方式使棚温尽量降低,可抑制病菌危害。

(5)袋料栽培收第一潮菇后,彻底清理杂菌污染料面,剔除菇根和弱菇,然后喷洒 10% 的石灰水,以降低培养料酸度。

(二)细菌性黄褐病

病害发生于菌盖表面,起初菌盖变为淡黄色,而后产生凹陷状小斑,斑点逐渐扩大并相互愈合,导致菌丝组织腐烂(图 21-22)。

发生原因及防治方法同细菌性斑点病。

三、黏菌病害的识别与防治

黏菌是一群类似霉菌的生物。与食用菌竞争空间和营养,同时还可为害食用菌菌丝和孢子,显著影响食用菌生产。

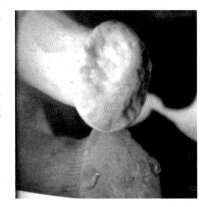

图 21-22　细菌性黄褐病

(一)为害特征

黏菌常在食用菌菇床、菌筒及段木上发生,初期为黏菌的营养体生长扩展阶段,侵染后半天即可在床面上出现一团黏稠的液体,颜色因黏菌种类不同而异,有白色、黄白色、鲜黄色或土灰色等,没有菌丝,继续扩展,前缘呈现扇状或羽毛状(图 21-23),边缘清晰,有时形成不定形的高达几厘米的隆起状。培养料变潮湿,逐渐腐烂,菌丝消失,子实体水浸状腐烂。

(二)发生原因

黏菌在自然界中分布很广,特别喜欢生长在有机物质丰富的场所。黏菌孢子通过气流传播。在食用菌菌丝和杂菌混生的部位,由于高温高湿的环境条件,黏菌往往乘机侵染和发作,生长迅速,并产生臭味。

(三)防治方法

(1)床栽食用菌的培养料要通过高温堆制和二次发酵;控制适宜的含水量,防止菌袋表面长期处于水湿状态,并保持适当的通风透光条件,可有效控制黏菌生长。

(2)发病初期,停止向菇床喷水,撒石灰让其干燥后,挖除病区,喷洒药剂,过4～5 d再次用药防治,能有效控制该菌的蔓延危害。

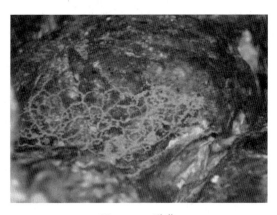

图 21-23　黏菌

四、病毒病的识别及其防治

病毒病是食用菌生产中较为普遍的一种重要病害,病毒具有很强的侵染性。主要危害双孢蘑菇、香菇、平菇、草菇、茯苓、银耳等。其侵染时病毒浓度及发病条件等不同而表现出不同的症状,如小老菇多、钉头菇、木乃伊状菇等,与生理性病害表现的症状极易混淆。

(一)为害特征

出菇期感染病毒后,有的子实体菌柄肿胀呈近球形或烧瓶形,不会形成菌盖或只会出现很小的菌盖,或只在近球形的子实体顶面保留菌盖的痕迹,后期就会产生裂缝,露出白色菌肉;有的菌柄变扁或弯曲,表面凹凸不平或有瘤状突起,菌盖变小、畸形,有深的缺刻和呈波浪形;有的菌盖及菌柄上出现明显的水渍状条纹或条斑。发病严重的子实体,不能形成担孢子。有的因发育受阻,菇型矮化,盖厚、柄短或盖小。

(二)发生原因

病毒病可以通过食用菌菌种和孢子传染,也可通过手和工具传染,由于培养料中菌丝体有相互连接的特性,会引起病毒向周围健康的菌丝蔓延。

(三)防治方法

(1)严格把好母种关,选用无病毒的菌种。

(2)制种过程要严格规范操作,做到培养的菌丝脱毒健壮。凡生长异常,特别是菌丝不整齐的母种要剔除;原种、栽培种在培养阶段要经常检查,凡菌丝有缺刻或花斑块的要坚决淘汰。

(3)对出菇中发现病菇的菌袋要挑出隔离并烧毁,生产结束后,对患病的菇房进行严格地消毒,将菇床架拆开进行清洗,进行严格地熏蒸消毒处理,防止病毒长期潜伏。

五、常见生理性病害的识别与预防

(一)畸形菇

1. 为害特征

食用菌栽培过程中常常出现形状不规则的子实体或形成未分化的组织块,出现原基堆积成的花菜状子实体,菌柄不分化或极少分化,无菌盖;原基发生后的畸形是由异常分化的菌柄组成珊瑚状子实体、无菌盖或者极小,也常出现菌柄肥大、菌盖小、菌肉薄或者无菌盖的高脚菇等畸形菇。常见的畸形菇还有菌盖紧抱不展,呈"拳头状";柄长肥粗、菌盖小,呈"花瓶状";菌盖凹陷、边裂外卷,呈"破碗状";菌盖窄长,呈"牛舌状";菌盖面斑点,呈"麻脸状";菌盖中瘤肿突起,呈"胀腹状";两菌盖并展、菌柄紧连,呈"蝴蝶状";菌盖弯曲不平,呈"波边状";菌盖圆包裹、菌褶收缩,呈"光头状";菌盖面纵裂沟缝,呈"花菇状";数菇并生,呈"莲花状"等。

2.发生原因

(1)氧气不足,二氧化碳累积量过高。栽培环境过于密闭,栽培密度过大,通风不良,就会出现柄长、盖小易开伞的畸形菇;冬季室内用煤加温,一氧化碳中毒产生的瘤状突起;床栽时覆土过厚、过干,土粒偏大或空气湿度偏低,对菇体产生机械压迫,就会出现平顶、凹心或鳞片菇。

(2)栽培环境的温度低于子实体分化所需的最低温度。如香菇高温型品种,栽培时一旦原基形成后,气温突然下降,不能满足其子实体分化所需的最低温度时便出现"荔枝菇";而平菇会形成"瘤盖菇"。

(3)由于栽培环境静止湿度达到饱和状态,在菌盖上又长出小菇蕾,出现了二次分化现象。水分与温度变化不协调而诱发菌柄开裂,裂片卷起。

(4)香菇、平菇原基期光线不足,使菌柄徒长,分化期以后,通风不良,供氧差、光照不足、温度偏高,就会出现高脚菇。光线不足时,香菇菌盖淡黄色,木耳不黑。

(5)病毒危害、药害及物理、化学诱变剂的作用,也可形成畸形菇。

3.预防措施

减少机械创伤,加强通风透光,使用菌株的温型与出菇时的环境温度相符。了解所栽培的品种正常发育的最低温度,同时控制好栽培场所温度,采用变温措施时,也应控制在适温范围内,且降温时间不要过长;防止病毒感染,正确使用有关药剂,避免药害影响。

(二)幼菇枯萎

1.为害特征

在出菇期间并无病虫危害,而从幼小的菇蕾到大小不等的子实体都变黄、萎缩、停止生长而死亡,有时甚至成批出现。生理性病害的死菇,手触摸时表面干爽无黏液。

2.发生原因

菌袋缺水和空气相对湿度过低;向菇体喷淋大量冷水,菇体遭受冷水刺激,造成死菇;幼菇遭受强风吹袭,失水枯萎;强光曝晒幼菇。

3.预防措施

保持基质含水量适当,喷水要得当,既要保证适宜的空气相对湿度,又要避免重水过头,特别是高温季节,要注意遮阳、降温,同时严禁向菇体直接给水,给水降温时要向空中和地面喷雾,适当通风,合理用药。

(三)着色菇

1.为害特征

幼菇整个或部分菌盖变为黄色、焦黄色或淡蓝色,子实体的正常生长受到抑制,长速减缓。

2.发生原因

低温季节使用煤炉,容易使菇棚内的一氧化碳浓度升高,造成子实体中毒而变色,菌盖变色后很难恢复正常;塑料棚薄膜中可能会含有一些不明成分的化学物质,溶于冷凝水中后滴落在子实体上,使菌盖变焦黄;覆土材料中常常含有农药残留或被外界有害气体侵入等,均利于该病的发生。

3.预防措施

根据具体症状,及时找出病因,采取相应措施解决。

(四)不出菇

1.发生原因

使用菌种(株)的温型与出菇时的环境温度不相符,如高温型品种,出菇期安排在低温季节或低温型品种出菇期安排在高温季节,都会导致不出菇;出菇时温度持续过高或者持续过低,菌丝体不能进行正常的生理代谢,影响出菇;发菌过程中,温度过高、温差过大,菌袋表面形成一层较厚的菌皮,隔断水分和氧气的供应,造成不出菇。

2.预防措施

选择适宜温型的菌种或选择广温型菌种,以便更好地适应出菇期的温度;科学调控出菇时的环境条件,在确保有适宜温度的同时,还要保证湿度、通风和光照能满足食用菌出菇的需求;出现老菌皮的,可以采用搔菌的方法,将老菌皮表面划破,促使其出菇。

五、食用菌病害的善后处理

(一)染病子实体及菌袋的处理

(1)真菌性病害　如果发现较早,可摘除子实体,并注意不要随意乱丢,同时加强通风,对病区菌袋用克霉灵等药物杀灭料表面病菌。

(2)细菌性病害　及时摘除感病子实体,对病区菌袋喷洒适量的杀菌剂后,继续下潮菇的管理;对感病严重的菌袋作报废处理。

(二)菌糠的处理

感病较轻或出菇时间短的菌糠,需用适当的药物处理后,可作有机肥料;感病较重的菌糠,需使用生物菌种发酵处理,才能作有机肥料。

(三)发病后栽培场所的处理

1.菇棚内的处理

(1)药物处理　菌袋入棚前,根据菇棚使用时间长短及上季生产发病情况,使用杀菌剂喷洒消毒,尤其是进出口、通风口、木质立杆及棚顶等处须严格喷洒,不留任何死角。

(2)高温闷棚　利用太阳的高温和药物熏蒸进行棚内消毒。这种方法成本低、污染小、操作简单、效果好。

(3)曝晒法　选择晴天,揭去棚膜,进行曝晒。

2.菇棚外的处理

菇棚周围环境清洁,原料仓库、菇房、配料场应与菇棚保持一定距离,尽量清除污染源。

思考与练习

1.什么是食用菌生理性病害？菌袋生理病害发生的原因有哪些？

2.链孢霉为害特征怎样？发生的原因有哪些？如何防治？

3.菌袋细菌病害发生的原因有哪些？如何防治？

4.菌丝体阶段常发生的真菌病害有哪些？防治措施有哪些？

5.出菇阶段生理病害发生的原因有哪些？如何防治？

6.如何预防出菇阶段的病原性病害发生？

项目二十二

食用菌常见虫害的识别及防治

知识目标：了解食用菌主要虫害的危害症状；掌握食用菌主要虫害发生的规律；熟悉食用菌主要虫害的防治方法。

技能目标：能识别食用菌虫害；能采取正确的措施防治虫害；能够进行病虫害的综合防治措施。

在食用菌生长发育中常受到许多害虫的危害，危害特征为咬食。危害食用菌的害虫一般有昆虫、线虫、螨类及软体动物，其中以昆虫类发生的危害最为严重，其发生量也最大。虫害以春、秋两季发生最重，直接影响食用菌产量和品质，间接导致病菌感染，严重的造成绝收。

二维码34　食用菌虫害的识别与防治

一、常见虫害的识别与防治

危害食用菌的害虫常见的有眼菌蚊、菇蝇、跳虫、螨类、线虫、蛞蝓等，能咬食食用菌的菌丝或子实体，危害较重的是眼菌蚊和螨类。

(一)蚊蝇类

为害食用菌的蚊类主要属3个科，即菌蚊科、眼菌蚊科和瘿蚊科，俗称为菇蚊。把果蝇(图22-1)、蚤蝇和厩腐蝇等为害食用菌的双翅目昆虫的俗称为菇蝇。菇蚊蝇以幼虫钻蛀为害，且个体小、为害隐蔽，适生能力强、繁殖速度快，食用菌生产中一旦发生为害很难彻底控制，一般造成的产量损失为15％～30％，严重时甚至绝产。

1.为害特征

菇蚊蝇主要以幼虫为害食用菌的菌丝体和子实体，常爬行于菌丝之间，咬食菌丝，使培养料发黑、变松、下陷，菌丝由白色变成黄褐色，造成出菇困难。出菇后，幼虫从菇柄基部取食为害，并逐渐蛀食到菇体内部，以原基和幼菇受害最重，被害菇变褐后，呈革质状，且幼虫造成的伤口容易被病菌感染而腐烂。为害轻微时，幼虫爬上菌柄和菌盖上取食，留下许多虫蛀伤痕或条纹缺刻；在子实体生长期，大量的幼虫群集于菌柄基部或菌盖与菌柄的交接部，使被害处呈橘黄色，影响菇体外观和商品价值。菇蚊蝇成虫不直接取食为害食用菌，但常携带病菌、线虫和螨类出入菇房，造成间接为害。

2.发生原因

(1)菇蚊蝇食性杂，喜腐殖质，常集居在不洁净之处，如垃圾、废料、死菇和老根上。菇蚊蝇

黑腹果蝇　　　　　　　　　　　杂腹菇果蝇

图 22-1　果蝇

的卵、幼虫、蛹主要随培养料或覆土进入菌床,成虫则直接飞入菇房繁殖产卵。

（2）菇蚊通过棉塞、盖环的缝隙或培养袋破孔进入培养料产卵。幼虫喜欢温暖潮湿的生活环境。在 25℃下 3～4 d 可生一代,幼虫在孵化 1 周内虫口数能扩大 12～20 倍,温湿度与食料等条件适宜时,短期内可使虫口数猛增,造成严重危害。开袋出菇后,大量的蛆发育为成虫,又在培养基中产卵,以此不断循环。

3. 防治方法

根据菇蚊蝇发生特点,以"预防为主,防重于治,物理防治为主"的综合防治措施。

（1）消除虫源　及时清除废料、收获后的菇根、烂菇等,严禁堆放在菇房周围,可堆沤后作废料;生产结束后或开始前,选用敌敌畏等烟剂进行棚室熏烟灭虫或喷洒杀虫剂杀虫,减少虫源、确保生产环境安全。

（2）阻断虫源　菇房门口、窗口、通风口安装 40 目或 40 目以上的防虫网,把菇蚊蝇成虫阻挡在菇房外,避免其发生和为害。

（3）物理诱杀　利用菇蚊蝇成虫的趋光性,在菇房内安装菇蚊蝇诱虫灯或悬挂黄板,监测并杀灭成虫。容量在 3 万棒的一个大棚,悬挂 30～60 张粘虫板;可同时挂杀虫灯效果更好。一般菇棚不会特别宽,在较窄的菇棚内杀虫灯一列分布就可,较宽的菇棚可以两列分布,为每 120～150 m² 挂一个(图 22-2)。

（4）清水漫杀　当采收完一潮子实体后,让菌丝恢复 5～7 d,向菌袋灌入洁净的清水,灌水

图 22-2　粘虫板＋杀虫灯诱杀

量以水位高出培养基表面2～3 cm为宜,浸泡24～48 h。随后用竹制牙签在培养料表面扎小孔,使袋内积水流出,保持培养基表面湿润而无积水,使菇蝇、菇蚊的虫蛆窒息。

(5)药剂防治 若菇蚊菇蝇大量发生,粘虫板很难控制时,优先选用生物药剂防治。菇床、菌袋用药,必须选用高效低毒、低残留的无公害药剂,用药应在菇体采摘后进行,以免造成药害或残留超标,用药后要适当控制出菇时间,严格执行农药安全间隔期,避免子实体中药剂残留超标。生物药剂可选用0.1%鱼藤精,或5%天然除虫菊素,或Bti(苏云金芽孢杆菌以色列变种)粉剂等。

(二)螨类

螨虫也称菌虱、菌蜘蛛、菇螨。危害食用菌的螨类主要有蒲螨和粉螨,蒲螨类常见的有害长头螨;粉螨类常见的有腐食酪螨。在食用菌生产的各个阶段均能造成危害。大量发生时,菌袋犹如撒上了一层土黄色粉末,几天内就能食尽栽培袋上的全部菌丝。如在早期未能及时发现和有效控制,足以导致生产上的毁灭性损失。

1.为害特征

危害菌丝时,咬断菌丝,使菌丝枯萎、衰退,菌丝吃光后,培养料变黑腐烂,并传播杂菌;危害菇蕾和幼菇时,使菇蕾和幼菇死亡,被害的子实体表面形成不规则的褐色凹陷斑点,萎缩成畸形菇。若为害菇(耳)根,可影响出菇(耳),造成子实体腐烂和畸形,有的还可造成病害的传播。

2.发生原因

菌种带螨是引起螨虫大爆发的重要原因。

棉籽壳、麸皮上大量存在,棉籽壳、玉米芯、麸皮、木屑堆场和厂区周围草丛上大量存在,这些原材料是螨虫来源。

小型栽培企业受到各种客观条件的限制,布局极不合理,原料库和栽培室,甚至菌种房间的距离过近,工作行走路线交叉,螨虫会随着人员走动带到栽培室,甚至菌种室内。

接种后的菌包如果放置于螨虫基数比较大的环境,很快就可检测到卵囊内的螨虫个体,且大部分集中于料面。

3.预防措施

(1)引种时避免菌种带螨。

(2)保持菌种室卫生,要严格控制人员进出菌种室频率,进入菌种室要换鞋,菌种室每周用克螨特、炔螨、阿维菌素等杀螨剂拖地,防止螨虫二次传播。

(3)原料库远离培养室,或在原材料仓库和厂房冷库四周设置防螨虫水沟;培养室和出菇室门口要有缓冲区;培养室通风口需封装防虫网,门外经常撒石灰,以防螨虫进入。

(4)注意保持厂区卫生,填料车间天天要冲洗地面。

(5)菇房使用之前,密闭加热至42℃,保持2 h,闷一晚,可彻底杀灭螨虫。发现螨虫的房间应尽早隔离,并及时用杀螨剂处理。

(三)跳虫类

跳虫密集时形似烟灰,又称烟灰虫。为害食用菌的跳虫有数种,常见的有角跳虫、黑角跳虫、黑扁跳虫、姬圆跳虫等。

1.为害特征

跳虫多发生在培养料上,常密集在菇床表面上或阴暗潮湿处,主要咬食子实体,也咬食菌丝。常群集为害,轻者菌盖表层被蚕食,出现"小麻子坑"状,重者菌褶内充满跳虫,将菌褶吃光,直至将子实体和菇蕾全部吃光。同时还能携带、传播病害。跳虫繁殖很快,大发生时,大量跳虫云集于菌柄、菌盖交界处,侵害菌褶,一旦受惊,跳虫将跳离菇体,躲入潮湿阴暗的角落。

2.防治方法

(1)环境清洁卫生,消灭虫源。菇房用前进行晾晒、干燥、杀虫处理。

(2)诱杀法。跳虫有喜水的习性,可用小盆盛清水,放于发生跳虫的地方,连续几次,将会大大减少虫口密度。

(3)出菇前,可喷洒 500 倍敌百虫或 1 500 倍乐果乳剂。出菇期间,可喷洒 1 500 倍菊乐合酯。用 1 000 倍敌敌畏,加少量蜂蜜诱杀跳虫,效果很好。此法既安全,又无残毒,还能诱杀其他害虫。用 1 000～2 000 倍的氯氰菊酯进行喷施,也可以有效地杀灭跳虫,值得注意的是,高浓度的菊酯类药物对菌丝发育有一定的影响。

(四)蛞蝓类

蛞蝓俗称鼻涕虫,是一种软体动物。为害食用菌的有野蛞蝓、双线嗜黏液蛞蝓、黄蛞蝓等几种。各种食用菌均会受害,在气温 10～20℃ 时,特别是菇房或菇场过于潮湿时,尤为猖獗。蛞蝓不耐高温,夏季身体瘦小发育不良,一般晚上活动。见图 22-3。

图 22-3　蛞蝓

1.为害特征

蛞蝓取食食用菌的原基和子实体,将子实体咬成缺刻或锯齿状,此外,蛞蝓所爬之处留下一条白色黏滞带痕迹,常携带和传播病害。

2.防治方法

(1)搞好栽培场所的环境卫生,经常打扫场地,清除场地垃圾、砖瓦、石块、枯枝落叶和杂草等,破坏蛞蝓的隐蔽场所。

(2)利用野蛞蝓昼伏夜出,阴雨天危害的特点,早晨或晚上进行人工捕捉,直接杀死或放在 5%盐水里脱水死亡。在蛞蝓经常出现的地方,傍晚用生石灰粉或草木灰撒成封锁带,蛞蝓爬过后会因身体失水而死亡,效果很好,但每隔 2～3 d 就要撒 1 次。

(3)在蛞蝓大量发生期,辅以药剂防治。药剂可选用 10 倍食盐水、碳酸氢铵 1 000 倍液或 6%密达颗粒剂 1～1.5 g/m²。

(五)线虫类

由于虫体微小,肉眼无法观察到,常被误认为是杂菌为害,或是高温"烧菌"所致。不同食用菌被线虫危害后表现出来的症状也都不同。

1.为害特征

为害食用菌的线虫有多种,其中滑刃线虫以刺吸菌丝体造成菌丝衰败,垫刃线虫在培养料中较少,但在覆土层中较普遍。蘑菇受线虫侵害后,菌丝体变得稀疏,培养料下沉、变黑,发黏发臭,菌丝消失而不出菇,幼菇受害后萎缩死亡。香菇脱袋后在转色期间受害,菌筒产生"退菌"现象,最后菌筒松散而报废。现蕾期受害,菇盖中央先变黄,渐及整个菇蕾。幼蕾期受害,菇体畸形,柄长,盖小,整个菇体呈软腐状。子实体受害时,从菌柄到菌盖颜色由浅变深,软腐呈水渍状,黄褐色,最后枯萎。线虫为害处极易招致细菌生长,使培养料变黑、黏湿,有刺鼻的腐臭味。

线虫分布广泛,土壤、培养料以及污水中都有线虫的存在;未经严格消毒的老菇房、床架等都可能有线虫的存活。可通过人体、工具、昆虫或喷水等进行传播。

2.防治方法

(1)搞好出菇室卫生,并控制好环境条件。出菇期间要加强通风,防止菇房闷热、潮湿。消灭各种媒介害虫,防止线虫传播。

(2)拌料和管理用水要洁净。

(3)出菇期可用1%的醋酸或25%的米醋喷洒。

二、食用菌病虫害综合防治措施

生产中应遵循以农业防治为主,药剂防治为辅的防治方针,对所发生的病虫害进行综合控制。

1.农业防治

(1)搞好环境卫生,杜绝虫源、菌源　做好接种室、培养室和栽培场所的环境卫生,定期检查,发现有污染的菌袋立即处理,不可随地乱丢。菇房用前要彻底清扫干净,并彻底消毒。

(2)选择优良菌种　对优良菌种除要求高产、优质、抗逆性强外,还要纯度高、无病虫感染且菌龄适宜。针对不同的生产季节进行不同温型品种配套。菌种的来源要正,严格控制扩繁的代数。

(3)选用合适的原、辅材料　选用无霉变、无虫害的新鲜原辅材料,调适培养料的营养成分,做好培养料的发酵、灭菌等前处理工作,形成适合于食用菌菌丝生长,且能有效抑制杂菌发生的基质环境。

(4)创造适宜生长的环境条件　栽培管理过程中,可采取通风、控水、遮光等措施,创造一个有利于食用菌生长而不利于杂菌生长的环境条件,以达到控制病害污染的目的。

(5)注意合理轮作换潮　翻耕曝晒场地,结合撒石灰或其他药物,拌入土内,可以杀死土中的多种害虫;场地轮休也可以大大减少害虫的发生数量。

(6)缩短出菇(耳)时间　缩短子实体的生长周期,做到快出菇(耳)、早收菇(耳),以减少害虫危害的机会。

2.物理防治

(1)阻隔法　栽培场所门窗、通风处等用60目防虫网,防止菇蝇、菇蚊等成虫入室危害。

(2)高(低)温杀虫法　栽培食用菌时,先将培养料上堆,让料发热60℃以上,并保持一定的时间,可以杀死料中大量的害虫;干菇(耳)放在水泥场上曝晒可杀死其中害虫;贮藏期间可以将生了虫的菇体取出放在冷库中或冰箱中杀死其中的害虫。

（3）诱杀　悬挂食用菌专用杀虫灯,或挂黄色粘虫板诱杀。对螨类可在菇床上铺纱布,撒上一层刚炒好的菜籽饼粉,螨虫会聚集于纱布上,然后把纱布放入石灰水里浸泡,螨虫便被杀死,连续几次,杀螨效果可在90％以上。

（4）水浸法　将水注入栽培袋（或瓶）内,或浸入水中压实,浸泡2～3 h,幼虫便会窒息死亡。

3．生物防治

（1）细菌制剂　苏云金芽孢杆菌、阿维菌素可防治螨类、蝇蚊类、线虫。

（2）植物制剂　除虫菊酯、鱼藤酮、烟碱、苦皮藤、烟草浸出液对多种食用菌害虫具有较好的防治效果。

（3）抗生素类药剂　链霉素、金霉素防治食用菌细菌性病害,效果理想。硫酸铜、波尔多液等为无菌杀螨杀菌剂。

4．化学防治

不提倡使用药剂,尤其是在出菇期,食用菌栽培周期短,且直接食用,农药极易残留在子实体内。在栽培过程中,必须使用农药时应注意:严禁使用剧毒农药,对残效期长,不易分解及有刺激性气味的农药,不能直接用于菌床或菌袋上;尽量选用高效、低毒、低残留、对人畜和食用菌无害的药剂,并掌握适当的浓度,适期进行防治。

思考与练习

1．食用菌常发生的病虫害有哪些种类？如何防治？

2．简述食用菌病虫害的综合防治原则及防治措施。

保鲜与
加工篇

项目二十三　食用菌保鲜
项目二十四　食用菌加工

项目二十三

食用菌保鲜

食用菌的保鲜加工是食用菌产业化大生产链条中的一个重要组织环节，既是生产、流通、消费中不可缺的环节，又是为食用菌产业化提供扩大再生产和增加效益的基础。由于食用菌采收后，仍进行呼吸作用和酶生化反应，导致褐变、菌柄伸长、枯萎、软化、变色、发黏、自溶甚至腐烂变质等，严重影响食用菌的外观、品质和风味，失去食用价值。为了减少损失，调节、丰富食用菌的市场供应，满足国内外市场的需要，提高食用菌产业的效益，大规模进行食用菌生产必须要对产品进行保鲜、贮藏与加工。

二维码 35　食用菌保鲜

一、食用菌保鲜原理

根据食用菌生理特征，通过适当降低环境温度、提高二氧化碳浓度、添加防腐剂等物理、化学或综合方法，降低菇体呼吸强度，减轻微生物活动、抑制酶活性等，达到保持食用菌商品和营养价值，延长货架寿命和加工前的保质期的目的。

二、影响食用菌鲜度的因素

(一)温度

鲜菇的保鲜性能与其生理代谢活动关系密切。在一定的范围内，温度越高，鲜菇的生理代谢活动越强，物质消耗越多，保鲜效果越差。据试验，在一定温度范围内(5～35℃)，温度每升高 10 ℃，呼吸强度增大 1～1.5 倍。所以，温度是影响食用菌保鲜的一个重要因素。

(二)水分与湿度

菇体水分直接影响鲜品的保鲜期。采摘食用菌鲜品前 3 d 最好不要喷水，以降低菇体水分，延长保鲜期。另外，不同菇类在贮藏过程中，对空气湿度要求不一样。一般以 95%～100%为宜，低于 90%，常会导致菇体收缩而变色、变形和变质。

(三)气体成分

在贮存鲜菇产品时,氧气浓度降至 5% 左右,可明显降低呼吸作用,抑制开伞。但是氧气的浓度也不是越低越好,如果太低,会促进菇体内的无氧呼吸,基质消耗增多,不利于保鲜。几乎大多数菇类,在保鲜贮藏期内,空气中的二氧化碳含量越高,保鲜效果越好。但二氧化碳浓度过高,对菇体有损害。一般空气中二氧化碳浓度以 1%～5% 比较适宜。

(四)酸碱度

酸碱度能影响菇体褐变。菇体内的多酚酶是促使变褐的重要因素。变褐不仅影响其外观,而且影响其风味和营养价值,使商品价值降低。当 pH 为 4～5 时,多酚氧化酶活性最强,当 pH 小于 2.5 或大于 10 时,多酚氧化酶变性失活,护色效果最佳。低 pH 同时可抑制微生物的活性,防止腐败。

(五)病虫害

鲜菇保鲜时,常因细菌、霉菌、酵母等的活动而腐败变质。此外,菇蝇、菌螨等害虫也严重地影响菇的质量。食用菌即使在低温下,仍会受到低温菌的污染。

三、常用的贮藏保鲜技术

(一)低温贮藏保鲜

低温保鲜是保鲜贮藏食用菌的常用方法。它通过降低鲜菇的贮藏温度,来减缓菇体的褐变反应,抑制腐败微生物的污染。但菇类常规的低温保鲜,并不是温度越低越好,合理的保鲜温度是 0～5℃,不能低于 0℃,以免发生冻害。鲜菇的低温保鲜常见的有冷藏保鲜和冰藏保鲜等几种方式。

通常将冷藏库、冷藏车、冷柜等组成贮藏、运输、销售冷链系统。

短期贮存和运输时还可使用冰块降温保鲜或冷藏车运输等方法,一般菇类控制冷藏温度 1～3℃,经长途运输后,菇体保持原有色泽及形态不变,效果较好。

出库的保鲜菇需立即进入冷藏车运送出去,防止因温差而导致菇面结露,以延长鲜菇在货架上的寿命。

冷藏运输一般不能超过 3 d,否则菇盖表面颜色会变深,菇柄切口处变黑。此外,常在包装箱内加一小包除臭剂,消除厌氧呼吸产生的怪味。

冰藏是利用天然或机制冰块,放在贮存食用菌的容器中,通过冰块降低温度,达到保鲜目的的方法。常在菇体运输中使用,方法是在包装容器内垫一层薄膜,底部放 4～6 cm 厚的碎冰,在中部放置冰袋,四周放菇体,装八成满时将四周向内折叠,膜上再盖厚约 5 cm 的碎冰,最后加盖运输。

(二)速冻保鲜

食用菌速冻加工是将烫漂冷却的食用菌置于低温环境,使其迅速通过冰晶形成阶段,然后置于低温冷库中冻藏的加工方法。采用快速冻结的先进设备和科学工艺,可在 30～40 min 内完成冻结过程,使冻品的中心温度达到 -18℃,菇体中的水可以在短时间内均匀地形成冰晶而不破坏细胞结构。菇体解冻后,很容易恢复原来的组织结构,较大程度地保持鲜菇的营养

二维码 36　食用
菌速冻保鲜

价值和风味。

方法是将鲜菇经冰水预冷后,捞出沥干,迅速置于-60~-50℃的超低温冰库中速冻,然后放入-24~-18℃冷库中贮藏,通过"冷链"工程上市。速冻香菇保藏期达1.5~2年。

(三)气调保鲜

气调保鲜是通过适当地降低氧气浓度和提高二氧化碳浓度,来抑制菇体新陈代谢及微生物活动。气调保鲜费用较低,适合长途运输,且产品货架寿命较长,效果很好。气调保鲜分为自发气调、充气气调和抽真空保鲜。

二维码 37　食用菌套盘包装保鲜

(1)自发气调　薄膜包装保鲜技术简称 MA 保鲜技术,是利用包装、覆被、薄膜内衬等方法,使鲜活食用菌在改变了气体成分的小环境中贮藏。该方法在贮藏过程中氧和二氧化碳的浓度变化不确定,因而多用于短期贮藏、运输以及作为鲜销的一种临时性贮藏方式。薄膜包装可减少菇体中水分蒸发,保护产品免受机械损伤,另外,包装材料来源广,保存费用低,而且既卫生又美观,是鲜销包装贮藏的良好方法。

食用菌包装方式的较优组合为采用厚度为 0.05 m 的防雾聚乙烯(PE)薄膜包装,每袋装菇为总容积的 80%,贮藏的第 3 天在单面用细针扎 2 个小孔;贮藏温度在 3℃±1℃时保鲜时间可达到 9 d。

(2)充气气调　将鲜菇装入复合塑料袋后,往袋内注入一定数量的氮气后密封,可有效抑制其细胞酶的活性,从而延长保鲜期。充气气调贮藏保鲜法效率高,但所需设备投资大,成本也高。适合规模化生产单位周年化栽培或反季节栽培时使用。

将菇体封闭入容器后,利用机械设备人为地控制贮藏环境中的气体组成,使得食用菌产品贮藏期延长,贮藏质量进一步提高。人工降低氧气浓度有多种方法,如充二氧化碳或充氮气法。

(3)抽真空保鲜　采用抽真空热合机,将鲜菇包装袋内的空气抽出,造成一定的真空度,以抑制微生物的生长和繁殖。常用于金针菇鲜菇小包装,具体方法是将新采收的金针菇经整理后,称重 105 g 或 205 g,装入 20 μm 厚的低密度聚乙烯薄膜袋,抽真空封口,将包装袋竖立放入专用筐或纸箱内,1~3℃低温冷藏,可保鲜 13 d 左右。

(4)硅窗法保鲜　将硅橡胶按比例地镶嵌在塑料包装袋壁,就形成了具有保鲜作用的"硅窗"保鲜袋。该塑料袋能依靠"硅窗"自动调节袋内氧与二氧化碳的比例。从而达到使鲜菇安全贮藏的目的。但也存在费用偏高等问题。

(5)排氧法保鲜　将整理后的鲜菇置入容器内,鲜菇较多时可置于特定房间内,充放二氧化碳气体,约 15~30 h 后,分装塑料袋并密封,如再配合低温运输,效果更佳。

(四)化学保鲜

采用符合食品卫生标准的化学药剂处理鲜菇,通过抑制鲜菇体内的酶活性和生理生化过程,改变菇体酸碱度,抑制或杀死微生物,隔绝空气等,以达到保鲜的目的。如氯化钠、比久、L-抗坏血酸等。常用的化学保鲜方法如下:

(1)B_9 保鲜　根据鲜菇品种、质地及大小,配制 0.003%~0.1% B_9 溶液浸泡鲜菇 10~15 min 后,取出沥干,装袋密封,在室温下,能有效防止变褐,延长保鲜期。适用于双孢蘑菇、香菇、平菇、金针菇等菌类保鲜。

（2）焦亚硫酸钠处理　先用 0.01％焦亚硫酸钠水溶液漂洗菇体 3～5 min,再用 0.1％～0.5％焦亚硫酸钠水溶液浸泡 30 min,捞出后沥去焦亚硫酸钠溶液,装袋贮存在阴凉处,在10～25℃下可保鲜 8～10 d,食用时,要用清水漂洗。焦亚硫酸钠不但具有保鲜作用,而且对鲜菇有护色作用,使鲜菇在运输贮藏过程中,保持原有色泽不变。

（3）盐水浸泡　将整理后的鲜菇在 0.5％～0.8％食盐溶液中浸泡 10～20 min,因品种、质地、大小等确定具体时间,捞出后装入塑料袋密封,在15℃下,可保鲜 3～5 d。其护色和保鲜的效果非常明显。

二维码 38　食用菌盐渍技术

（4）保鲜液浸泡　将 0.02％～0.05％的抗坏血酸和 0.01％～0.02％的柠檬酸配成保鲜液。把鲜菇体浸泡在此液中,10～20 min 后捞出沥干水分,装入非铁质容器内,可保鲜 3～5 d。用此方法菇体色泽如新,整菇率高。

（五）涂膜保鲜

涂膜保鲜是在表面涂上一层无毒、稳定、无明显异味、不产生对人体有害的物质、具有良好附着力和一定机械强度的涂膜剂,经干燥后在果蔬表面形成一层不易察觉、无色且透明的半透膜。涂膜保鲜法以其低廉的成本和良好的保鲜效果而备受关注。涂膜材料有多糖类（如壳聚糖、海藻酸钠、魔芋葡甘聚糖）、蛋白类（玉米醇溶蛋白、乳清蛋白、大豆分离蛋白）、酯类涂膜保鲜剂（米糠蜡、乙酰单甘酯、蔗糖脂肪酸酯）等。

（六）辐射保鲜

辐射保鲜食用菌是一种成本低、处理规模大、见效显著的保鲜方法。用钴 60 等放射源产生的 γ 射线照射后,可以抑制菇体酶活性,降低代谢强度,杀死有害微生物,达到保鲜效果。

（七）负离子保鲜

空气中负离子可抑制菇体生化代谢过程,还能净化空气。负离子发生器在产生负离子的同时还产生臭氧。臭氧具有强氧化力,有杀菌和抑制机体活性的作用,臭氧遇到有机体会分解,不聚集。负离子与空气中正离子结合则消失,不残留有害物质。因此,负离子对菇体有良好的保鲜作用,其成本低,操作简便。

◆◆◆ 任务一　杏鲍菇冷链综合保鲜技术 ◆◆◆

杏鲍菇冷链保鲜工艺流程:采收→削菇→分级称重记录→预冷→包装→入库→打件发货。

1. 采菇

采收前一天将出菇房温度降低 1℃,以增加杏鲍菇的硬度,并停止加湿。采收时后轻轻放入筐内,菌盖统一朝向中间,筐内菇不得放太满,以叠筐子时不能压到下面筐内菇体为宜。注意不能损伤菇体,筐内外不沾培养基及脏水。

二维码 39　食用菌冷链综合保鲜技术

2. 削菇

削菇车间室内温度设置在 10℃以下,湿度 85％～90％。削菇方法是将菇脚基部的培养料渣削掉,注意以清除干净料渣为准,尽量减少对菇体可食部分的损失,同时要将菇体软腐、褐变、污染和有杂质的部分剥除掉;将菇分成单根,从菇体根部削去边角料,修整菇脚使之圆整。削菇全程控制在 60 min 内完成。

3.分级、称重

按杏鲍菇分级标准,将削好的菇分放在不同塑料筐子内,菇帽对菇帽并排摆放,称重,按照级别号和来源编号记录。

4.预冷

削好分级的菇整齐排放在栅栏式塑料筐内,装至菇面距筐口 5 cm 时堆叠放在榻板上,满 25 筐时(30％装载量)转入真空预冷机预冷。杏鲍菇中心温度设定值为 4.0℃,雾化补水量 3％;预冷好的杏鲍菇转运至包装车间进行包装。全程要求 25 min 内完成,水分干耗量控制在 2.0％以内。

5.包装

包装车间室内温度设置在 8℃ 以下,湿度 85％～90％。包装材料采用特定的聚乙烯 (PE)保鲜包装袋,根据大小选择厚度,一般选择 0.05～0.10 mm。经过打冷处理后的杏鲍菇根据等级进行包装,每 2.5 kg 一袋,包装袋用吸尘器抽成真空后扎口装箱,一般 10 kg 或 20 kg 一件,装入印有厂家商标的纸箱后运输销售。

外销时,选取相应的包装盒,将包装袋套在盒子内置于电子秤上,选取相应级别的菇,按分级标准摆放,质量在标准范围内时收拢包装袋口,抽真空至袋膜贴菇体紧缩成型,提起袋口,旋转 5 圈后用胶带扎牢。

6.入库冷藏

及时将已符合外包装数量的成品菇拉入成品冷库,按等级有秩序错落叠放在叉板上,叠放时要合理考虑箱与箱之间、垛与垛之间的距离,确保库内温湿度均匀,保证冷气能顺畅循环到泡沫箱底部菇体,并标识包装日期。

成品冷藏库温度 1～5℃,相对湿度 90％左右,保持冷藏库干净整洁有序,并经常检查,确保温湿度在规定的范围。为保证菇体达到冷藏温度,冷藏过程中泡沫箱不封箱盖,接到发货通知前才封箱,封箱胶带要粘牢固、箱盖要封紧,以防运输过程中漏冷太快和箱体破裂。夏季可在泡沫箱内放冰块。按照成品标识内容及相关要求喷上相应代码或贴标,标识内容应清晰,并具有可追溯性。在产品入库、封箱和发货时,尽量少开冷藏库门。

7.打件发货

在商业营销过程中,特大菇、大菇、中菇使用防雾薄膜保鲜包装袋,包装好后呈紧凑方形,抽真空排除多余空气,包装袋皱缩成形,袋口旋转扭紧,并用胶带扎紧袋口。4 袋装成 1 个小件,合计 10 kg,整齐排放在泡沫箱内。

有商标字样的面朝上,泡沫箱盖好后用不干胶将缝隙口密封,捆扎牢固,外观平整不挤胀,3 个小件(12 袋)装成为 1 个大件,合计 30 kg。把握"先进先出"的出货原则,保鲜运输车辆应配备冷藏、防雨、防晒、防尘等设施,车厢内温度控制在 0～4℃,清洁卫生。

任务二　双孢蘑菇速冻保鲜技术

速冻双孢蘑菇品质的好坏,主要是由菇色、菇体大小均匀性、嫩度、风味等几方面决定的。凡是菇色淡乳黄,大小均匀一致,味道鲜美,质地嫩脆者为上品。而速冻双孢蘑菇品质的好坏又取决于速冻工艺。

速冻工艺流程:原料挑选—护色—漂洗—热烫—冷却—沥干—速冻—分级—复选—包冰衣—包装—检验—冷藏。

1. 原料挑选

应选择新鲜,菌盖完整,色泽正常,无病虫害,无杂质,无严重机械损伤,菌盖直径为 2～5 cm,菌柄切削平整,不带泥根的上等菇作为速冻的原料。

2. 护色

常用薄膜气调包装,将刚采摘的蘑菇立即放入 0.06～0.08 m 聚乙烯袋中,每袋可放20 kg,将袋口扎紧。由于蘑菇与外界空气基本隔断,因此亦可抑制酶促褐变的反应。另一方面,由于薄膜袋较薄,尚有一定的透气性,可使袋内维持低氧气浓度和较高的二氧化碳浓度,蘑菇在一段时间内仍然能维持最低限度的呼吸作用,而不至于达到有害的程度。但时间必须严格控制在 4～6 h 以内,此时测定薄膜袋内气体成分为:氧气 2%～3%,二氧化碳 20%。若超过这一时间,由于袋内缺氧,蘑菇无法维持最低限度的呼吸作用而可能导致金黄色葡萄球菌滋生。

3. 热烫

采用漂烫机或漂烫池通入蒸汽连续漂烫,一般大级菇漂烫 2.5 min,中级菇漂烫 2 min,小级菇漂烫 1.5 min,漂烫液中可添加 0.3% 的柠檬酸,将 pH 控制在 3.5～4.0。漂烫过程中应注意水质混浊度和 pH 的变化,适时更换漂烫液。

4. 冷却

热烫后,迅速将蘑菇送入 3～5℃的冷却水池中冷却 15～20 min,以最快的速度使漂烫后的菇体降到 10℃以内。冷却水含余氯 0.4～0.7 mg/kg。

5. 沥干

蘑菇速冻前还要进行沥干,否则蘑菇表面含水分过多会冻结成团,不利于包装,影响外观,而且过多的水分还会增加冷冻负荷。沥干可用振动筛,甩干机(离心机)或流化床预冷装置进行。

6. 速冻

采用流化床速冻装置,将冷却、沥干的蘑菇均匀地放入流化床传送带上,由于蘑菇在流化床中仅能形成半流化状态,因此传送带的双孢蘑菇层厚度为 80～120 cm,流化床装置内空气温度要求 -35～-30℃,冷气流 4～6 m/s,速冻时间 12～18 min,蘑菇中心温度为 -18℃以下。

7. 分级复选

速冻后的蘑菇应按菌盖形态大小和菌柄长度采用滚筒式分级机或机械振筒式分级机进行

分级复选,剔除不合速冻蘑菇标准要求的菇。如畸形、斑点、锈溃、空心、脱柄、开伞、变色菇、薄菇等。

8.包冰衣

将冻结后的菇体倒进有孔塑料筐或不锈钢丝篮中,再浸入 $1\sim3℃$ 的清洁水中 $2\sim3$ s,拿出后左右振动,摇匀沥干,并再操作 1 次。冷却水要求清洁干净,含余氯 $0.4\sim0.7$ mg/kg。

9.包装检验

包装必须保证在 $-5℃$ 以下低温环境中进行,包装间在包装前 1 h 必须开紫外灯灭菌,所有包装用工器具,工作人员的工作服、帽、鞋、手均要定时消毒

内包装可用耐低温、透气性低、不透水、无异味、无毒性、厚度为 $0.06\sim0.08$ mm 聚乙烯薄膜袋。外包装纸箱,每箱净质量 10 kg,纸箱表面必须涂油,防潮性良好,内衬清洁蜡纸,外用胶带纸封口。所有包装材料在包装前须在 $-10℃$ 以下低温间预冷。

用真空包装机装袋。装箱后整箱进行复磅。合格者在纸箱上打印品名、规格、重量、生产日期、贮存条件和期限、批号和生产厂家。将检验后符合质量标准的速冻蘑菇用封口条封箱后,迅速放入冷藏库冷藏。

10.冷藏

冷藏库温度 $-20\sim-18℃$,温度波动范围应尽可能小,一般控制在 $\pm1℃$ 以内,相对湿度 95%,湿度波动 $\leqslant5\%$,速冻食用菌产品一般可贮藏 1 年不变质。

外运销售,以冷藏车或冷藏集装箱为运输工具,运输过程中的低温应稳定。速冻菇产品即买即食,解冻可在常温、冷水和冷藏箱中进行。

任务三　蟹味菇套盘包装保鲜技术

蟹味菇多利用塑料薄膜封闭气调法,亦称简易气调或限气贮藏法,简称 MA 贮藏。是在一定低温条件下,对鲜菇进行预冷,并采用透明塑料托盘,配合不结雾拉伸保鲜膜进行分级小包装,简称 CA 分级包装。

(一)生产前材料用具准备

1.周转箱

规格为 40 cm×8 cm×16 cm,底部实板,四周预设直径 $2\sim3$ cm 的圆孔,底下四角均有内缩插接角块,以便于码高多层。

2.保鲜包装材料选用

托盘　聚苯乙烯(PS)托盘:规格按鲜菇 100 g 装用 15 cm×11 cm×2.5 cm,200 g 装用 15 cm×11 cm×3 cm,300 g 装用 15 cm×11 cm×4 cm。

拉伸保鲜膜　每筒膜长 500 m,宽 30 cm,厚度 $1.0\sim1.5$ mm。拉伸膜要求具有透气性好,有利于托盘内水蒸气的蒸发。目前,常见塑料保鲜膜及包装制品有适于菇品超市包装的密度 $0.91\sim0.98$ g/cm^3 的低密度聚乙烯(LKPE);还有类似玻璃般的光泽和透明度的热定型双向拉伸聚丙烯材料防结雾的保鲜膜(OPP)。

3.整理工具

薄片不锈钢刀或竹片刀。

4.包装材料

小包装封口、打箱设备,泡沫保鲜箱:规格为 16 cm×8 cm×4 cm。

(二)蟹味菇套盘包装工艺流程

采收装箱→削菇→产品分级→包装→预冷→分装→入库。

1.采收装箱

鲜菇采收后顺头排放(不使头尾相接,以免造成污染),在 40 cm×8 cm×16 cm 的周转箱内,并尽快送往低温车间进行整理。

2.削菇

先用小刀将鲜菇基部削净,去掉泥土、基料等杂物,鳞片多时应一并除去。

3.产品分级

蟹味菇保鲜菇品的等级标准是以菇盖直径大小、开伞程度、菌柄长短、朵形好坏、色泽程度来划分。

4.包装

一般以每盒 100 g、200 g 或 300 g 装量将菇品按大小、长短,分成同一规格标准定量,排放于托盘上,采用托盘式薄膜拉伸裹包机械和袋装封口机械,进行分级包装。

要求外观优美,菇形整齐,色泽一致。保鲜膜覆盖托盘上,紧缩贴于菇体上。

5.预冷

低温车间内温度为 1～3℃。鲜菇成箱搬入车间后分开摆放,不得再码高多层,以便于菇体充分降温。

6.分装入库

待菇体内部降温至 3℃ 以下时,将小包装盒再装入泡沫保鲜箱内,用透明胶带封口入库。冷藏温度为 0～4℃,相对湿度为 85％～95％。

短期贮存和运输时还可使用冰块降温保鲜或冷藏车运输等方法,冷藏温度控制在 1～3℃即可。

鲜菇 MA 贮藏保鲜,在超市冷贮货柜上 0～4℃ 条件下贮藏,商品货架期可达 15～20 d。

思考与练习

1.简述香菇低温贮藏保鲜方法。

2.简述双孢蘑菇速冻保鲜方法。

3.简述双孢蘑菇冻干方法。

4.说明金针菇抽真空保鲜方法。

项目二十四

食用菌加工

知识目标：了解各类食用菌产品加工的意义；掌握常见食用菌产品的盐渍技术、干制技术、罐藏技术；了解食用菌的精细加工、深加工及冻干加工技术。

技能目标：能够按照工艺流程进行食用菌干制加工、盐渍加工和罐藏。

食用菌的保鲜贮藏是在保持菇体生活力的状态下延缓子实体的衰老、变质的方法，虽然可以很好地保持菇体的外观和营养，但贮藏期有限，一般不超过 30 d。为了达到长期保藏的目的，在保持菇体的外貌和原有质地结构的基础上，采用一定手段处理，防止食用菌变色、变味、变质的技术称为食用菌的加工。我国食用菌目前仍以鲜品和初加工产品销售为主，初产品中干品和盐渍品为主。部分食用菌被加工成汤料、调味品、强化食品、保健品或药品。常用的初加工方式有食用菌的干制、盐渍和罐藏技术等。

一、干制加工技术

食用菌干制加工也称为烘干、脱水加工等，是在确保产品质量指标（色、香、味、形和营养等）的前提下，在自然条件或人工条件，促使新鲜菇体中水分蒸发，使水分含量减少到 13% 以下，称为食用干制。优点是干制设备和技术可简可繁；干制品耐贮藏，不易腐败变质；干制品色泽、外观及浸水膨胀后的风味能够保持食用菌固有的特色，对于有些食用菌（如香菇）经过干制

二维码 40　食用菌
干制加工

加工，可增加风味；或解决食用菌周年上市问题。香菇、黑木耳、银耳、竹荪等主要以干制品销售。是一种常用的食用菌加工方法，菌类的干制分为晒干、烘干和冷冻干燥等方法。

(一)晒干法

晒干是指利用太阳光的热能，使新鲜食用菌脱水干燥的方法。适用于竹荪、银耳、木耳等品种。该法的优点是不需设备，节省能源，简单易行。缺点是干燥时间长，风味较差，常受天气变化的制约，干燥度不足，易返潮。对于厚度较大、含水高的肉质菌类不太适合，很难晒至含水量 13% 以下，适于小规模培育场的生产加工。

采用晒干法时，应选择阳光照射时间长，通风良好的地方，将鲜菇（耳）薄薄地摊在苇席或竹帘上，厚薄整理均匀、不重叠。如果是伞状菇，要将菌盖向上，菇柄向下。晒到半干时，进行

翻动。翻动时伞状菇要将菌柄向上,这样有利于子实体均匀干燥。在晴朗天气,3~5 d便可晒干。晒干后装入塑料袋中,迅速密封后即可贮藏。晒干所用时间越短,干制品质量越好。

(二)烘烤法

将鲜菇放在烘箱、烘笼或烤房中,用电、煤、柴作为热源,对易腐烂的鲜菇进行烘烤脱水的方法。此法的特点是干燥速度快,可保存较多的干物质,相对地增加产品产量,同时在色、香、外形上均比晒干法提高2~3个等级。烘干后产品的含水量在10%~13%,较耐久贮藏。适于大规模生产和加工出口产品。

1.烘箱干制法

烘箱操作时,将鲜菇摊放在烘筛上,伞形菇要菌盖向上,菌柄向下,非伞形菇要摊平。将摊好鲜菇的烘筛,放入烘箱搁牢,再在烘箱底部放进热源。烘烤温度不能太高,控制在40~50℃为宜。若先把鲜菇晒至半干,再进行烘烤,既可缩短烘烤时间,节省能源,又能提高烘烤质量。

2.烘房干制法

烘房干制法是指利用专门砌建的烘房进行食用菌脱水干燥的方法。在烘烤过程中必须注意通风换气,及时把水蒸气外逸出去;升温与降温不应过快,只能逐渐增减,否则菇盖起皱影响质量。

(三)热风干燥法

采用热风干燥机产生的干燥热气流过物体表面,干湿交换充分而迅速,高湿的气体及时排走。具有脱水速度快,脱水效率高,节省燃料,操作容易,干度均匀,菇体不变色、变质,适宜大量加工。

热风干燥机用柴油作燃料,设有一个燃烧室和一个排烟管,将燃烧室点燃,打开风扇,验证箱内没有漏烟后,即可将食用菌烘筛放入箱内进行干燥脱水。干燥温度应掌握先低、后高、再低的曲线,可以通过调节风口大小来控制,干燥全过程需8~10 h。

(四)真空冷冻干燥技术

真空冷冻干燥又称冷冻干燥法或升华干燥,简称冻干。先把新鲜产品冷冻至冰点以下,水分变为冰,然后在较高真空下将水分由固态直接升华为气态而除去,产品即被干燥。如将经过清理、洗净的食用菌放在一个密闭的容器里,在-20℃的温度下冷冻,然后在很高的真空条件下,通过缓慢地升温,经过10~12 h,才能达到升华干燥,产品含水量在7%。

其优点是食用菌无需杀青,预处理干净的菇体即可用于加工,制品能较好地保持原有的色、香、味、形和营养价值。缺点是成本高。

(五)微波干制

微波是指频率为300 MHz至300 kMHz,波长为1 mm至1 m的高频交流电。常用的加热频率为915 MHz和2 450 MHz。微波干制具有加热速度快,加热均匀,热效率高,反应灵敏,无明火等优点。

(六)食用菌快速干制法

利用一种高压常温干燥系统,在将新鲜食用菌放入密闭干燥器后,迅速输入高压干燥空气流,此时水分便迅速渗透到气流中。经5 min后,将带水分的高压气体排出,并重复2~3次,即可除去新鲜食用菌中98%的水分。用这种方法干制的食用菌,养分无变化,色泽、风味正常。用塑料袋密封贮藏 2～3 年也不会发霉变质。

二、食用菌腌制技术

食用菌的盐渍技术是利用高浓度的食盐溶液产生的高渗透压作用来抑制有害微生物的生存,从而达到长期保藏的目的。盐水菇是我国大宗出口的食用菌产品之一。

盐渍加工时,首先通过漂烫(杀青)来终止菇体内的生物化学活动,同时增加了菇体细胞膜的透性,排除菇体内的空气,然后在预煮冷却后的菇体中加入食盐,利用渗透压的作用,将菇体中的部分水分析出,而盐水慢慢渗入,使菇体逐渐饱满,含盐量与食盐溶液保持平衡。这样,在高浓度(20％～25％)的盐液产生的高渗透压的作用下,造成有害微生物的生理干燥而停止生长发育,使之处于休眠或死亡状态。这是盐渍加工品得以较长时间保藏的主要原因。

不同的腌制方法和不同的腌制液,可腌制出不同的产品、不同的口味。常用的腌制方法有盐水腌制、糟汁腌制、酱汁腌制、醋汁腌制。

三、食用菌罐藏加工

食用菌罐藏是将经过一系列处理后的子实体密封在一定容器里,经过一定高温处理,杀灭其中绝大多数微生物(致病菌、产毒菌和腐败菌),使其在适温条件下能长期保存的加工方法。食用菌经过罐藏加工后,可保藏 2 年,也便于携带运输,食用方便。目前,食用菌罐头按照盛装容器可分为铁皮罐头、玻璃瓶罐头和软罐头,其中软罐头的发展相当快,已有逐渐取代部分金属罐头的趋势。

菇体处于密封的容器中,与外界空气及各种微生物隔绝,经过高温杀菌处理,罐内微生物的营养体被完全杀死,幸存下来的各种微生物孢子或芽孢因罐内形成了一定真空度而无法活动;同时由于高温破坏了菇体内的酶系统,从而阻止了菇体变质。

在利用不同原料制作软罐头时,需根据原料的特点作适当的技术调整。

四、食用菌深加工

食用菌产品已进入精深加工的产业化阶段。食用菌深加工是改变食用菌的传统面貌,包括改进食用菌保鲜技术,充分利用原料加工成速食食品,科学提取食用菌多糖等有效成分,加工成药品、保健食品、化妆美容产品等。目前,我国利用大型真菌类加工的保健食品已进入商品化生产或尚在中试阶段的产品有 500 种之多,其中主要有营养口服液类、保健饮料类、保健茶类、保健滋补酒类、保健胶囊类等 5 个系列的产品,市场潜力巨大,前景诱人。食用菌即食产品的市场潜力也很大。

食用菌精深加工的原料可以是食用菌子实体、液体或固体培养的菌丝体,也可以是子实体下脚料,如双孢蘑菇、香菇、平菇、木耳、银耳、猴头、茯苓、灵芝、灰树花、蛹虫草等许多食用菌。将干净的子实体或粉末或提取液,按成品要求加入米、面中,制成时令点心和滋补食品。以传统工艺制成各种糕饼、面粥,如香菇面包、八宝粥、双孢蘑菇挂面等;食用菌饮料主要有食用菌酒、食用菌汽水、食用菌可乐、食用菌冲剂、食用菌茶等;食用菌调味品主要有食用菌酱油、食用菌醋、麻辣酱、调味汁、方便汤料等;保健药品主要有灰树花多糖胶囊、多糖口服液、灵芝破壁孢子粉胶囊、灵芝切片保健茶、蛹虫草胶囊、灵芝虫草酒、天麻茶等。

食用菌精深加工食品的研制成功,不仅为人们生活增添了新的美食及保健佳品,而且通过加工增值,可大大促进食用菌产业的发展,形成食用菌生产、产品加工、内销外贸一体化的产业化格局,为今后食用菌的生产开发提供了一条高效发展模式,使食用菌产业进入一个高层次发展水平,产生更大的效益。

任务一　香菇干制技术

我国香菇 60%以干制品形式销售,其干制生产工艺:物料准备—初分级与修剪—上筛入机房—温度控制—烘烤调控—质量检验—贮藏。

1.物料准备

厚菇应在四五分成熟时采收,一般采收均不能超过八成熟。采收前 1 d 禁止浇水,采收时应选择香菇菌膜自然破裂,菌盖尚未开伞,边缘内卷,菌褶伸开的无病变、无畸形的菇体。采收时要用手指轻轻掐住菌柄扭取,不得碰菌褶,轻拿轻放,积压不得过厚。搬运或置于周转筐时,应避免碰压变形或破损。

2.初分级与修剪

剪除菇根,留菇柄长 1~2 cm。先分拣出花菇、厚菇、薄菇,然后按品种与大小不同分装于盘中,在阳光下曝晒 2~3 h,以去除部分水分。装盘时应使菌盖朝上,菌柄朝下,摆匀放正,不可重叠积压,以防伤菇而影响质量。

3.上筛入机房

香菇装盘后放在烤架上,送入烘干室进行烘烤。应把大而厚及水分含量高的放在上层,小而薄及含水量低的放在下层。一般摆放 8~10 层,若摆放过多,则易使上层、中层、下层的物料受热温度不均匀。每层的间距应为 30 cm。

4.温度控制

烘干室温度升到 30℃时,才可以将香菇入室烘干。烘干时必须先低温,然后逐渐升高温度。一般要求 38℃下烘干 10 h,45℃下烘干 8 h,60℃下烘烤 2 h。香菇含水分越高,需要在低温条件下烘烤的时间就越长。如果烘烤刚开始,温度就骤然升高,会造成组织失水太快,使香菇菌盖变形不圆整、菌褶倒叠、菌盖龟裂、颜色变黑、破坏酶的活性,使香菇失去原有的香味。香菇送入烘干室后应连续烘烤,直至干燥,加热不可中断,温度也不能忽高忽低,否则会使香菇颜色变黑,品质下降。

5.烘烤调控

香菇的烘制过程中,除了严格控制加热温度,及时排湿也是重要环节。排湿的基本原则是在香菇烘烤前期,烘干室温度为 38℃时,应满负荷排湿;当温度上升到 45℃时,可间断排湿。60℃以后,可以不排湿。如果排湿过度,易使香菇色浅发白。如果烘出的香菇带有水浸状的黄色,说明排湿不好,或者温度不够,特别是中途停热更容易造成这种现象。

6.质量检验

烘烤至 16~18 h 时,可打开烘干室门,检验香菇干度是否合格。检验时,用手指压按菌盖与菌柄交界处,若只呈现痕迹,说明干燥合格;若手感发软,菌褶也发软,则还需继续烘干。

合格烘干品的特征是:有香菇的特殊香味;菌褶黄色,菌褶直立、完整、不倒状;菇体含水量不超过 13%；香菇保持原有的形状，菌盖圆平，保持自然色泽。

7.贮藏

香菇烘干后，如果不妥善贮藏，很容易返潮。特别是在雨季气温高、湿度大时更易引起霉变及虫蛀。所以香菇烘干后，要迅速分等级装入塑料袋中，再放入一小包无水氯化钠，以免菇体内的糖分渗出而变色，同时防止麦蛾等产卵和孵化。

 任务二　双孢蘑菇真空冻干技术

我国双孢蘑菇以鲜品、盐渍品、冻干品和罐头形式销售，其冻干工艺流程为：原料清洗漂白—漂洗—切片—分选—装盘—冻结—冷冻干燥—包装。

（1）原料清洗、漂白　食用菌收获后至加工的时间最好不超过 3 h，否则难以获得优质产品。收购的原料菇用 0.9～1.4 MPa 压力喷淋水彻底清洗，为防止子实体褐变，有时需要加入焦亚硫酸钠漂白。

（2）漂洗　经过漂白的菇片必须在流动水中彻底漂洗，避免 SO_2 残留超标。

（3）切片　用切片机将子实体切成 5 mm 厚的薄片。

（4）分选　将不符合要求的切片剔除。

（5）装盘　将菇片均匀摆放到物料盘上，一般 1 cm 的装料厚度比较合适。物料盘一般为 0.35 m^2，每盘约装 3 kg。

（6）冻结　装盘后送至冷冻室冻结，冻结速度越快，最终产品质量越好。当菇片温度降至 −30～−25℃时，即可送至干燥室进行冷冻干燥。冻结操作一般在 4～6 h 内完成。

（7）冷冻干燥　在较高真空度下，当菇片表面的冰消失时开始供热，缓慢升温，约经 10 h 左右，菇片因升华而脱水干燥。当含水量低于 7% 时干燥结束。

（8）包装　因干菇片含水量极低，易吸潮，所以冷却后要防潮性好的塑料袋真空密封，包装环境相对湿度越低越好，以防产品回潮。

冻干产品具有良好的复水性，只要在热水中浸泡数分钟就能恢复原状，复水率可达 80%，除硬度略逊于鲜菇外，其风味与鲜菇相比几乎相同。

 任务三　滑菇盐渍技术

生产工艺：鲜菇采收分级—清洗护色—漂洗—漂烫（杀青）—冷却—盐渍—调酸—装桶—成品。

设备设施准备：盐渍加工场应设置选菇分级台、漂洗池、杀青锅、冷却槽、盐渍池或盐渍缸、盐库和成品包装库等配套设施。

用具：有不锈钢剪或刀、铝锅、波美计、pH 试纸、竹编盖、多孔铝盆或塑料盒、铝勺塑料包装桶等。尽可能不使用铁制品工具、容器。

材料:应选购精制盐。低质晒盐,往往杂质含量较高,常混有嗜盐细菌、酵母等。若要使用这种盐,则应将食盐放入缸中,冲入沸水,使食盐溶解澄清,并用纱布过滤后再使用。

(1)鲜菇采收分级 鲜菇采摘后,剔除有病虫危害的个体,削去蒂柄,按加工的不同标准分级。一级菇的菌盖直径为1～2 cm,不开伞;二级菇的菌盖直径为2～3 cm,半开伞;等外品为全开伞菇。

(2)清洗护色 分级后尽快用0.5％盐水或0.02％焦亚硫酸钠溶液进行漂洗,以除去菇体外表杂质。用于漂洗的盐水浓度不应超过0.6％,过浓则易导致菇体发红,若用焦亚硫酸钠漂洗,则应先放在0.02％溶液中漂洗干净,然后再置入0.05％焦亚硫酸钠溶液中护色10 min。

(3)漂洗 漂洗后用清水冲洗3～4次。

(4)漂烫 鲜菇漂洗后,及时捞出,并投入10％沸腾盐水中杀青。每100 kg开水一次煮菇40 kg,并使水温保持在98℃以上。杀青过程中要尽量使菇体全部淹没,并用工具上下搅动,应时常用漏勺捞出泡沫。时间因菇体大小而异,一般需3～4 min。判断方法是将样菇投入冷水中,菇体沉底,抛开后,菇体内外均呈黄色,若不具备这些特点,则未熟,若杀青不足,在保藏过程中会变色,甚至腐烂;时间过长,菇体熟烂,会变得软绵绵。

(5)冷却 将杀青后的菇及时投入凉水(或流动冷水)中冷却。当菇体温度降低至室温时,方可捞出盐渍。

(6)盐渍 可采用一次盐渍或二次盐渍法,分级后分别装缸。

一次盐渍法:此法又可分为层盐层菇法和盐菇混拌法。层盐层菇法:先在缸底铺一层1～2 cm厚的食盐,然后铺上一层2～3 cm厚的菇,依此至装满缸,然后用重物压紧,注入饱和食盐水淹没菇体,以防止腐烂变色。此法菇盐用量比为10∶7左右,腌制25～30 d即可取出装桶;盐菇混拌法:按1 kg菇0.4 kg食盐的比例,将盐与菇充分拌匀后,装入缸内盐渍,其他处理同层盐层菇法。

二次盐渍法:第1次盐渍1 d后倒一次缸(即将菇体捞出,上下翻动后装缸或换上新盐水再装缸盐渍),第2次盐渍20 d。此法菇盐用比为10∶4。其他处理同一次盐渍法。

(7)调酸装桶 将盐渍好沥干水的菇装入塑料桶中,每桶装70 kg,边装边均匀地撒些精盐,上面用盐盖顶,每桶用盐量为5 kg。最后注入饱和盐水。为保证成品菇品质稳定,应在饱和食盐水中加入调酸剂。调酸剂的配制:柠檬酸、偏磷酸钠、明矾按42∶50∶8进行配比混合,用饱和盐水溶解而成,pH为3.5～4,将配好的溶液注入装有菇体的塑料桶中,再将塑料桶盖紧,最后放入铁桶中盖好盖子,桶外标明品名、等级、自重、净重和产地,即可储存或外销。

任务四 双孢蘑菇软罐头加工技术

生产工艺:选料—漂洗—漂烫(杀青)—冷却—分级—修整—称重—装罐—注液、护色—密封—杀菌—冷却—擦干—装箱。

(1)选料 原料菇要求菇形圆整、质地细密、菇色洁白、富有弹性,菌盖直径1.5～4.0 cm,无机械损伤和病虫害,菌柄切面平整,选择纽扣菇和整菇作加工原料。当天采收当天加工为佳,以确保罐头产品的质量。

(2)漂洗 将采收后的原料菇及时运送到罐头加工车间,并迅速将其放入流水槽内轻轻搅动,洗去泥沙。水流漂洗要求迅速,水量充足。

(3)漂烫、冷却 利用热蒸汽处理 10～15 min。蘑菇流出的汁液可作罐头的填充液,使罐头产品保持较好的香味。再将经过热烫后的蘑菇立即转移到流水槽中进行冷却。

(4)分级、修整 将热烫、冷却后的双孢蘑菇采用滚筒式分级机进行分级,小厂也可采用人工分级。还要进行选拣、修整和切片,分成纽扣蘑、整菇、片菇、碎菇 4 个规格。

(5)称重、装罐 按照不同规格、等级分别称重和装罐,同一袋内要大小均匀,摆放整齐,并且要按各种罐头的规定重量称重装足。所采用的包装袋应当根据汤液的 pH 而定。

(6)注液、护色 汤液一般为 2%～3% 的食盐水,内含 0.1%～0.2% 柠檬酸。所用的水中铁含量应低于 100 mg/kg,氯含量应低于 0.2 mg/kg,以防止产品变黑。注液时,先将精制食盐溶解在水中煮沸,经沉淀后再使用。为保持双孢菇罐头的色泽明亮,可在每 500 g 罐头中添加 0.5～0.6 g 维生素 C,并将汤液的 pH 调节到适当的范围。

pH 不同时,所采用的包装材料和杀菌方法就不同。pH 为 3.4～4.4 的汤液按照蘑菇与汤液 6:1 的比例注入袋中,将成品经过一段时间平衡后,选用耐 121～130℃ 的蒸煮袋包装;pH 为 3.0～4.0 的汤液按照蘑菇与汤液 6:4 的比例注入袋中,将成品经过一段时间平衡后,选用一般的蒸煮袋包装。

(7)密封、杀菌、冷却 将蒸煮袋用封口机密封。再根据产品的 pH 和包装材料的耐热能力选择杀菌方法。pH 为 3.4～4.4 的软包装罐头,采用 121～130℃ 的高温高压杀菌 50 min,然后用反压冷却的方法进行冷却;pH 为 3.0～4.0 的软包装罐头,可采用 90～100℃ 的温度杀菌 30 min,然后迅速用冷却水冷却到常温。

(8)擦干、装箱 将冷却后的软包装袋表面水分擦干,再装箱入库或上市销售。

 知识拓展

影响干燥作用的因素

在干燥过程中,干燥作用的快慢受许多因素的相互影响和制约。

(1)干燥介质的温度 空气中相对湿度减少 10%,饱和差就增加 100%,所以可采取升高温度,同时降低相对湿度来提高干制质量。食用菌干制时,特别是初期,一般不宜采用过高的温度,否则因骤然高温,组织中汁液迅速膨胀,易使细胞壁破裂,内容物流失,原料中糖分和其他有机物常因高温而分解或焦化,有损产品外观和风味,初期的高温低湿易造成结壳现象,而影响水分的扩散。

(2)干燥介质的相对湿度 在温度不变化情况下,相对湿度越低,则空气的饱和差越大,食用菌的干燥速度越快。升高温度同时又降低相对湿度,则原料与外界水蒸气分压相差越大,水分的蒸发就越容易。

(3)气流循环的速度 干燥空气的流动速度越快,食用菌表面的水分蒸发也越快。据测定,风速在 3 m/s 以下,水分蒸发速度与风速大体成正比例关系。

(4)食用菌种类和状态 食用菌种类不同,干燥速度也各不相同。原料切分的大小与干燥速度有直接关系。切分小,蒸发面大,干燥速度也越快。

（5）原料的装载量　装载量的多少与厚度以不妨碍空气流通为原则。烘盘上原料装载量多，厚度大，则不利于空气流通，影响水分蒸发。干燥过程中可以随着原料体积的变化，改变其厚度。干燥初期易薄些，干燥后期可厚些。

思考与练习

1. 说明香菇干制方法。

2. 说明滑菇腌制方法。

3. 说明双孢蘑菇罐藏的方法。

参 考 文 献

[1] 常明昌. 2009.食用菌栽培[M].北京:中国农业出版社.

[2] 陈俏彪. 2015.食用菌栽培技术[M].北京:中国农业出版社.

[3] 黄毅. 2014.食用菌工厂化栽培[M].福州.福建科学技术出版社.

[4] 李明,等. 2006.食用菌病虫害防治关键技术[M].北京:中国三峡出版社农业科教出版中心.

[5] 杨桂梅,苏允平. 2014.食用菌生产[M].北京:中国农业大学出版社.

[6] 班立桐.双孢蘑菇发酵隧道建设与工厂化生产规划[J].天津农林科技,(207):15.

[7] 陈洋.2019.宣城地区羊肚菌栽培技术[J].现代农业科技,(99-101):17.

[8] 杜习慧.2014.羊肚菌的多样性、演化历史及栽培研究进展[J].菌物学报,(183-197):33(2).

[9] 高君辉,冯志勇,唐利华.食用菌工厂化生产及环境控制技术[J].食用菌,2010,(4):3-5.

[10] 李钦艳,黄坚,钟莹莹,等. 2018.夏季香菇的代料栽培[J].食用菌,26(4):259-262.

[11] 李术臣,刘光东,杨文平,等. 2018.北方反季层架立体栽培香菇关键技术[J].食用菌,(1):56-57.

[12] 李玉,于海龙,周峰,等. 2011.工厂化瓶栽杏鲍菇疏蕾研究[J].上海农业学报,27(1):52-54.

[13] 刘海强,肖奎,李翔,等. 2015.杏鲍菇冷链保鲜及商品化处理技术[J].农产品加工,(6):42-44.

[14] 刘乃旭,颜正飞,何欣,等. 2016.不同搔菌方式对杏鲍菇菌丝恢复的影响研究[J].食药用菌,24(4):252-255.

[15] 马庆芳.2019.寒冷地区暖棚内草菇和羊肚菌轮作栽培技术[J].食用菌(46~48):41(6).

[16] 马雪梅,安玉森,李艳华,等. 2012.小孔单片黑木耳栽培技术[J].黑龙江农业科学,(2):160-161.

[17] 任俊.2019.高山羊肚菌人工种植技术[J].农村新技术,(18-21):10.

[18] 沈敏.2001.双孢菇三区制工厂化栽培技术[J].安徽农学通报,(13):219.

[19] 沈敏.2017.双孢菇高产优质工厂化生产技术[J].安徽农学通报,(02-03):35.

[20] 陶永新,朱坚. 2010.国外木腐菌工厂化的前沿技术及生产革新[J].北方园艺,(15):42-44.

[21] 谭方河.2019.阐释我国羊肚菌外营养袋栽培技术的发展历程[J].食药用菌,(257-263):27(4).

[22] 王丽娥,赵文娟,秦涛,等.2009.食用菌液体菌种发酵罐规范化操作规程[J].食用菌,(5):62-63.

[23] 王延锋,戴元平,徐连堂,等.2014.黑木耳棚室立体吊袋栽培技术集成与示范[J].中国食用菌,(1):30-33.

［24］王勇,魏雪生,张志军,等.2010.食用菌污染袋白色链孢霉的发生及防治[J].北方园艺,(23).

［25］吴治国,张文武,王健胜,等.2013.杏鲍菇工厂化瓶栽综合丰产技术研究[J].食用菌,(5).

［26］刑作山,李洪忠,陈长青,等.2009.食用菌干制加工技术[J].中国食用菌,(3):56-57.

［27］张功友.2017.承德地区双层拱棚栽培错季香菇新技术要点[J].中国农业文摘-农业工程,(3)70-71.

［28］郑华荣,郑雪平,张良,等.2015.工厂化瓶栽杏鲍菇技术概述[J].食用菌,(2):36-37.

［29］周峰,李正鹏,尚晓冬,等.2017.工厂化瓶栽杏鲍菇培养及出菇技术浅析[J].安徽农学通报,(12).

［30］王泽生.2005.国内外食用菌产业现状与发展趋势[会议论文].